国家自然科学基金(62074118)资助
中央高校基本科研业务费专项资金(QTZX25017)资助

硅基半导体应变理论与生长动力学

戴显英 等 著

西安电子科技大学出版社

内 容 简 介

硅基半导体应变技术是 21 世纪延续摩尔定律的关键技术之一。根据 IRDS(国际设备和系统路线图)对 DRAM 技术发展趋势的预测,在今后很长一段时间内,硅基半导体应变技术仍然是提升半导体器件与电路迁移率和高场传输特性的可持续改进关键技术。

本书共分为 9 章,主要内容包括硅基半导体应变理论与技术、硅基半导体应变能带理论与空间群、应变锗能带结构计算、硅基半导体应变弹塑性力学理论、临界带隙应变 $Ge_{1-x}Sn_x$ 合金能带特性与迁移率计算、硅基半导体应变材料的 RPCVD 计算流体动力学模拟、硅基半导体应变材料 CVD 生长机理与生长动力学模型、硅基半导体应变材料的缺陷形成机理与控制方法、硅基半导体应变材料的生长动力学与制备实验等。

本书主要面向硅基半导体应变理论与技术领域的研究者,同时也可作为本科微电子科学与工程专业和研究生微电子学与固体电子学专业相关课程的教学参考书。

图书在版编目(CIP)数据

硅基半导体应变理论与生长动力学 / 戴显英等著. -- 西安 :西安电子科技大学出版社,2025. 3. -- ISBN 978-7-5606-7503-9

Ⅰ. O47

中国国家版本馆 CIP 数据核字第 2025ZP1214 号

策　　划　戚文艳
责任编辑　赵远璐　刘玉芳
出版发行　西安电子科技大学出版社(西安市太白南路 2 号)
电　　话　(029) 88202421　88201467　　邮　　编　710071
网　　址　www. xduph. com　　　　　　　电子邮箱　xdupfxb001@163. com
经　　销　新华书店
印刷单位　陕西精工印务有限公司
版　　次　2025 年 3 月第 1 版　　　　　2025 年 3 月第 1 次印刷
开　　本　787 毫米×1092 毫米　1/16　印张　12.5
字　　数　287 千字
定　　价　47.00 元

ISBN 978-7-5606-7503-9

XDUP 7804001-1

Preface / 前 言

    自 20 世纪 60 年代以来，硅（Si）基半导体（硅、锗、锗硅等以硅晶圆为衬底的半导体材料）技术取得了飞速的发展，特别是 Si CMOS 技术以其低功耗、低噪声、高输入阻抗、高集成度、高可靠性等优点，在集成电路领域占据着主导地位，现在仍保持强劲的发展态势。

    尺寸缩小技术可以提升产品性能，但进入纳米工艺后，等比例缩小的缺点越来越突出，限制了微缩技术的进一步发展。尤其值得指出的是，尺寸缩小技术难以实现模拟集成电路输出功率、驱动能力、动态范围、线性度等性能指标之间的协同优化，必须采用新的技术来提升 Si CMOS 器件及电路的性能。

    自 20 世纪 80 年代中后期以来，大量研究表明，合理引入应变可显著改善器件性能，硅基半导体应变技术开始成为 21 世纪微电子发展的一项主流技术。根据 IRDS 对 DRAM 技术发展趋势的预测，在今后很长一段时间内，硅基半导体应变技术仍然是提升半导体器件与电路迁移率和高场传输特性的可持续改进关键技术。

    硅基半导体应变技术是一种通过引入应力来改变硅、锗硅以及锗材料的能带结构和晶格常数，以提高载流子迁移率，进而提升材料和器件性能的技术。该技术的主要优势在于：① 具有低功耗和更高的开关速度；② 具有低噪声系数和较高的截止频率；③ 硅基应变工艺与传统体硅工艺兼容，可实现全新的设计；④ 延续了常规硅工艺巨大的经济性。

    硅基半导体应变技术的出现为利用强大而成熟的硅技术推动高速/高性能集成电路的发展带来了新的生机，并提供了一个可行的方向。研究表明，即使到了 2026 年，应变技术仍是提升迁移率、高场输运和准弹道输运、FD-SOI（fully depleted silicon on insulator，全耗尽绝缘体上硅）以及 FinFET（鳍式场效应晶体管）、GAAFET（环栅场效应晶体管）多栅结构特性的最佳成熟技术。

    应变技术为硅基集成电路和器件提供了能带工程和应变工程。利用应变 Si/SiGe 或应变 SiGe/Si 能带的不连续性，可以实现异质 PN 结，设计和制造高速、高频的 SiGe HBT（异质结双极晶体管）及相应的集成电路。利用 Si/SiGe 异质结可以改变材料的物理性质，形成限制电子（或空穴）的量子阱，增强载流子的迁移率，制造高性能硅基量子阱器件和电路。

    半导体锗的电子与空穴迁移率分别是硅的 2.8 倍和 4.2 倍，尤其锗的空穴迁移率是常见半导体中最高的。因而，IRDS 把锗及应变锗作为 16 纳米及以下工艺节点 Si CMOS 器件及集成电路增强沟道载流子驱动能力的最佳材料。

    相对于 MBE（分子束外延）技术，CVD（化学气相沉积）技术具有设备简便、沉积速率高、可批量生长等优势，是硅基半导体应变材料制备及其器件与电路制造的首选技术。而 CVD 技术中的 RPCVD（减压化学气相沉积）和 UHVCVD（超高真空化学气相沉积）更是以其各自突出的工艺优点，成为硅基半导体应变材料外延生长的主流技术。

    硅基半导体应变材料的 CVD 生长动力学主要涉及材料的生长机理、生长特性、生长速率模型等，其研究可为硅基半导体应变材料的制备工艺提供理论指导。硅基半导体应变材料的缺陷行为主要涉及硅基半导体应变材料的缺陷形成机理以及缺陷密度的控制,其研究可为高质量硅基半导体应变材料的结构生长及制备提供理论指导。

西安电子科技大学微电子学院在张鹤鸣教授的领导与指导下,自20世纪90年代中期就开展了硅基半导体应变理论与技术的研究,在硅基半导体应变理论、硅基半导体材料设计、硅基半导体材料生长、硅基半导体器件以及硅基半导体超高速集成电路等方面取得了一系列研究成果,获得授权发明专利和实用新型专利100余项,发表论文200余篇。

本书主要面向硅基半导体应变理论与技术领域的研究者,同时也可作为本科微电子科学与工程专业和研究生微电子学与固体电子学专业相关课程的教学参考书。全书共分为9章,各章内容如下。

第1章为硅基半导体应变理论与技术,主要介绍应力与应变的概念和应变Si的晶格结构、能带结构、载流子迁移率增强机理等应变理论,以及硅基半导体的局部和全局应变技术等。

第2章为硅基半导体应变能带理论与空间群,主要介绍布洛赫定理、能带的形成、密度泛函理论和$k \cdot p$方法等半导体应变能带理论,以及空间群与能带对称性。

第3章为应变锗能带结构计算,主要介绍单轴与双轴应变张量模型,应变情况下的各个能谷偏移以及基于$30k \cdot p$方法的单轴应变锗导带能谷能级、带隙宽度、电子有效质量、电子态密度有效质量计算。

第4章为硅基半导体应变弹塑性力学理论,主要介绍双轴与单轴应力引入技术及其特点、弹性力学理论基础和塑性力学基本理论。

第5章为临界带隙应变$Ge_{1-x}Sn_x$合金能带特性与迁移率计算,主要介绍在(001)面双轴张应力作用下$Ge_{1-x}Sn_x$合金的带隙转变条件、带隙转变临界状态下Sn组分和双轴张应力的关系、采用$8k \cdot p$方法得到的临界带隙双轴张应变$Ge_{1-x}Sn_x$的能带结构,以及由二阶函数拟合方法得到的电子与空穴的有效质量和迁移率。

第6章为硅基半导体应变材料的RPCVD计算流体动力学模拟,主要介绍计算流体动力学的微分控制方程,FLUENT仿真模型与边界条件,FLUENT模拟压强场、密度场、速度场及温度场分布结果以及FLUENT模拟的正交法优化。

第7章为硅基半导体应变材料CVD生长机理与生长动力学模型,主要介绍硅基半导体应变材料的CVD生长理论与机理研究,重点论述生长动力学模型的研究工作及成果,包括创新提出的分速率机制、分立流密度机制以及基于Grove理论的适用于低温应变生长和高温弛豫生长的CVD生长动力学模型,并对模型进行实验验证。

第8章为硅基半导体应变材料的缺陷形成机理与控制方法,主要介绍硅基半导体应变材料的缺陷机理、位错行为及缺陷控制技术的研究工作,包括渐变组分SiGe缓冲层、低温Si、低温SiGe及离子注入等降低表面穿透位错密度的工艺技术研究,以及缺陷控制实验研究。

第9章为硅基半导体应变材料的生长动力学与制备实验,主要介绍硅基半导体应变材料的RPCVD生长实验及特性表征的研究工作,包括表面形貌及粗糙度的AFM(原子力显微镜)表征、应力与Ge组分的Raman(拉曼)光谱表征、缺陷的TEM(透射电子显微镜)表征、表面穿透位错密度的DIC(微分干涉相衬)显微镜表征等研究工作及成果,为硅基半导体应变材料的缺陷形成机理与缺陷控制研究提供实验基础。

本书第 1、4 章由戴显英编写，第 2 章由戴显英、底琳佳和徐斯元编写，第 3、5 章由戴显英和底琳佳编写，第 6 章由戴显英和郭静静编写，第 7 章由戴显英和王船宝编写，第 8 章由戴显英、邓文洪和奚鹏程编写，第 9 章由戴显英和邓文洪编写。2021 级硕士生荆熠博和徐浩对全书的章节标题、图表公式编号以及目录进行了编辑处理，戴显英对全书进行了审核。

本书受国家自然科学基金（62074118）和中央高校基本科研业务费专项资金（QTZX25017）共同资助，特此表示感谢。

戴显英

2024 年 11 月 11 日于西安电子科技大学

CONTENTS / 目　录

1

第 1 章

硅基半导体应变理论与技术

传统的体 Si 半导体制造工艺进入纳米尺度后，依靠缩减特征尺寸提升器件性能的方法存在很大的局限性。因此具有优异性能的应变 Si 材料获得了人们广泛的关注，作为延续摩尔定律的重要工具被应用于集成电路制造中。应变 Si 技术最大的优点就是能大幅增强载流子迁移率，原因在于其改变了 Si 的晶格结构和能带结构，降低了有效质量和能谷间散射。本章先简要介绍应力与应变的概念，接着讨论应变 Si 晶格结构和能带结构、载流子迁移率增强机理，最后介绍局部和全局应变技术以及机械致应变技术。

1.1 硅基半导体应变理论

应力与应变是力学理论中的基本概念，它们之间是一种共生的关系。应力是应变的起因，应变是应力的结果。日常生活中应力与应变无处不在，比如：拉扯橡皮筋，橡皮筋会被拉长；用手掰铁片，铁片会发生弯曲等。要研究 Si 受力作用产生的晶格变化以及进一步研究其能带结构的改变对迁移率的影响，需要先从应力与应变的概念开始。

1.1.1 应力与应变的概念

外力，通俗地讲是施加在物体上的外部作用，与物体所处的外部环境有关。自然界的外力多种多样，比较常见的有压力、风力、晶格失配力和热力等。根据外力作用点所处的位置不同，外力可分为体积外力和表面外力。顾名思义，体积外力作用在物体体积内的每个质点上，这种力的典型代表就是重力，空间中的万有引力也属于这一类型；而表面外力的作用点仅分布于物体表面，靠力的传递性影响物体内的每个质点，这种力的典型代表有飞机飞行时受到的风的阻力，大气中的压力，物体在水下受到的液压力等。

物体内各点能够结合在一起构成一个整体，靠的就是物体内各点的相互作用。虽然内部相互作用是物体内部的固有性质，其存在与否和外力没有直接关系，但是外力可以改变这种相互作用的大小。在外力作用下，物体内各点的相互作用会在原来的基础上叠加一个变化量。本书研究的内力就是在外力作用下相互作用力的变化量，其随着外力的增大而增大。

为了直观地研究物体内各点的内力，人们发明了截面法，如图 1.1 所示。

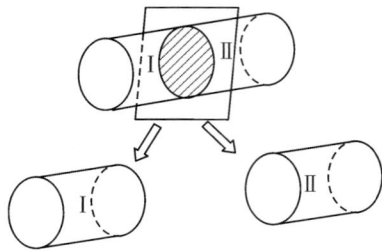

图 1.1 截面法研究物体内各点的内力

截面法分为以下三个步骤：

（1）分割取舍。对于图 1.1 中选取的圆柱体，先用一个假想的截面把圆柱体分成两部分（Ⅰ 和 Ⅱ），任意选取其中一部分（Ⅰ）进行后续研究，直接舍弃另一部分（Ⅱ）。

（2）代替。由于内力是物体内部的相互作用，因此舍弃部分（Ⅱ）对选取部分（Ⅰ）的作用力就需要用截面上的力代替。

（3）求解。建立选取部分（Ⅰ）的弹性力学平衡方程，求解未知的内力。如图 1.2（a）所示，在截面上任意一点 C 处选取一块微小的区域，记为 ΔA，其面积也记为 ΔA；ΔA 上各点力的矢量和记为 $\Delta \boldsymbol{F}$，其大小和方向与 C 点的位置和 ΔA 的大小有关。$\Delta \boldsymbol{F}$ 与 ΔA 的比值记为 $\boldsymbol{p}_{\mathrm{m}}$，即

$$\boldsymbol{p}_{\mathrm{m}} = \frac{\Delta \boldsymbol{F}}{\Delta A} \tag{1-1}$$

式中，$\boldsymbol{p}_{\mathrm{m}}$ 是一个矢量，称为平均内力。根据定义式（1-1）可以看出，$\boldsymbol{p}_{\mathrm{m}}$ 代表的就是 ΔA 上内力的密度。进一步缩小 ΔA，使其逼近无穷小，就得到了矢量 $\boldsymbol{p}_{\mathrm{m}}$ 的极限值：

$$\boldsymbol{p} = \lim_{\Delta A \to 0} \boldsymbol{p}_{\mathrm{m}} = \lim_{\Delta A \to 0} \frac{\Delta \boldsymbol{F}}{\Delta A} \tag{1-2}$$

式中，矢量 $\boldsymbol{p}$ 就是 C 点处的应力。在国际单位制中，应力的基本单位是帕斯卡（Pa），它代表单位面积上力的大小，即 $1\ \mathrm{Pa} = 1\ \mathrm{N/m^2}$。由于 $1\ \mathrm{Pa}$ 的量太小，使用不便，因此研究中常使用兆帕（MPa），$1\ \mathrm{MPa} = 10^6\ \mathrm{Pa}$。

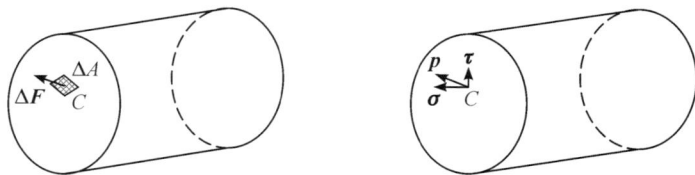

(a) C点处的区域ΔA和C点处的力$\Delta \boldsymbol{F}$　　(b) 将C点处的应力$\boldsymbol{p}$分解为$\boldsymbol{\tau}$和$\boldsymbol{\sigma}$

图 1.2 应力的定义和分解

由式（1-2）可以看出 C 点处的应力 $\boldsymbol{p}$ 是 $\Delta \boldsymbol{F}$ 和 ΔA 比值的极限值。$\boldsymbol{p}$ 是一个矢量，不同点处 $\boldsymbol{p}$ 的大小和方向并不一致。通常选取截面的法线和切线为坐标轴建立直角坐标系，把 $\boldsymbol{p}$ 分解成两个垂直的分量，与法线方向平行的分量为正应力（$\boldsymbol{\sigma}$），与切线方向平行的分量为切应力（$\boldsymbol{\tau}$），如图 1.2（b）所示。

应力的传递受空间的限制而迅速衰减。法国物理学家圣维南于 1855 年提出：外力作用于力平衡体系上一小块面积（或体积）所引起的应力，在距离外力施加区域稍远的地方，影响可忽略不计，即外力的影响范围主要集中在作用区域附近。

在外力作用下，物体内各点发生了移动。根据发生移动后物体内各点能否保持初始状态的相对位置，外力对物体的影响可分为两种：第一种，若在外力作用下，物体内各点仍能保持初始状态的相对位置，则称外力使物体发生了刚体位移；第二种，若各点发生移动后初始状态的相对位置改变了，则称外力使物体发生了"变形"。应变描述的就是物体变形的程度，即在外力作用下物体初始状态形状的改变程度。应变的方式多种多样，常见的有拉伸、弯曲、挤压、扭转、剪切等。

1.1.2　应变 Si 晶格结构

Si 和 Ge 均为 IV 族元素，它们在元素周期表中的位置相近，具有较好的相容性。Si 和 Ge 能按任意比例合成 $Si_{1-x}Ge_x$ 混合晶体，x 的取值范围是 0 到 1，$Si_{1-x}Ge_x$ 的性质随着 x 的变化而变化。Si 和 Ge 的晶格常数存在差异，在 300 K 温度下 Ge 的晶格常数为 0.5658 nm，Si 的晶格常数为 0.5428 nm，Ge 的晶格常数比 Si 的大 4.2%。生长应变 Si 较普遍的方法是利用异质界面的晶格失配应力。例如，在 SiGe 晶体表面生长较薄的 Si 单晶时，SiGe 和 Si 之间会形成共价键，由于晶格常数的差异，这些共价键会"拉扯"Si 的晶格，破坏体 Si 的晶格结构，如图 1.3 所示为在弛豫 SiGe 上生长应变 Si 的示意图。

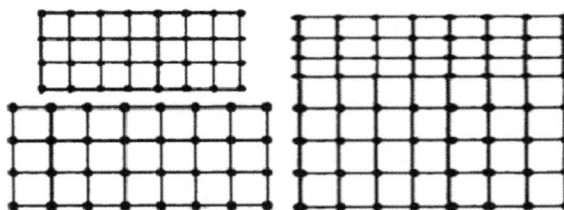

图 1.3　在弛豫 SiGe 上生长应变 Si 的示意图

$Si_{1-x}Ge_x$ 混合晶体的晶格常数是 Ge 组分占比 x 的函数，即

$$a_{Si_{1-x}Ge_x} = (1-x)a_{Si} + xa_{Ge} + 0.000\,273\,3x^2$$
$$\approx (1-x)a_{Si} + xa_{Ge} \tag{1-3}$$

界面的晶格失配应力对 Si 和 SiGe 均有影响，当其施加在较厚的外延 SiGe 层上时，可以忽略不计；当其施加在较薄的单晶 Si 层上时，会使 Si 发生张应变。如果增加单晶 Si 层的厚度，Si 原子数增多，使这些原子发生应变的能量也增加，当能量超出晶格形变所能承受的范围时，单晶 Si 层会在某些点上产生位错来释放能量，这种现象叫作弛豫，弛豫时的外延层厚度在材料生长学中叫作临界厚度。目前已经有针对临界厚度的量化模型，例如 M.B 模型：

$$h_c \approx \frac{b}{2\pi f}\frac{(1-\nu\cos^2\theta)}{(1+\nu)\cos\lambda}\left[\ln\left(\frac{h_c}{b}\right)+1\right] \tag{1-4}$$

式中，h_c 为临界厚度，b 为滑动距离，ν 为泊松比，λ 为界面与伯格斯矢量间的夹角，θ 为伯格斯矢量与位错线间的夹角，f 为外延层与衬底材料的晶格失配率。除了上述参数，温度也会对临界厚度产生重要影响。失配位错的产生和蔓延会受到低温的限制，发生弛豫时的外延层厚度更大。除了 M.B 模型，van der Merwe 模型也比较常用：

$$h_c \approx \frac{19}{16\pi^2}\frac{(1+\nu)}{(1-\nu)}\frac{b}{f} \qquad (1-5)$$

式中各字母的含义同式(1-4)。

1.1.3 应变 Si 能带结构

体 Si 自由电子的导带底能谷位于[100]方向，形状为旋转椭球面，其长轴与[100]方向重合。由于体 Si 的对称性，位于[$\bar{1}$00]、[010]、[0$\bar{1}$0]、[001]和[00$\bar{1}$]方向的自由电子的能谷和[100]方向的能谷共同形成了导带底的六度简并能谷。自由电子导带的极小值位于[100]方向上从布里渊区中心点到边界的 0.85 倍处。

SiGe 界面处的晶格失配应力使体 Si 的晶格发生双轴张应变，自由电子的能带结构也被改变，与异质界面垂直的两个能谷成为一组（二度简并能谷 Δ_2），与异质界面平行的四个能谷成为另一组（四度简并能谷 Δ_4）。无应变 Si 导带等能面和双轴张应变 Si 导带等能面的分裂如图 1.4 所示。

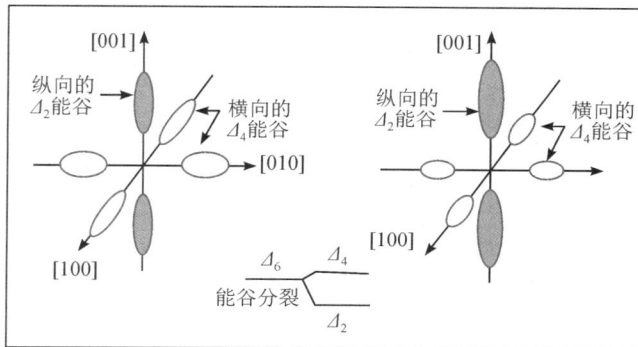

图 1.4   无应变 Si 导带等能面和双轴张应变 Si 导带等能面的分裂

在应力作用下，Δ_2 能谷的能量极小值下降，Δ_4 能谷的能量极小值升高。Δ_2 和 Δ_4 能谷间的能量差为

$$\Delta E_{sSi} = 0.67x \text{ eV} \qquad (1-6)$$

式中，ΔE_{sSi} 为 Δ_2 和 Δ_4 能谷间的能量差，x 为弛豫 $Si_{1-x}Ge_x$ 中的 Ge 组分占比。由式(1-6)可以看出，SiGe 合金中 Ge 组分占比越高，导带底 Δ_2 和 Δ_4 能谷间的能量差越大，两者成正比关系。应力作用下体 Si 导带的分裂如图 1.5 所示。

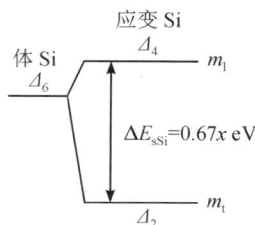

图 1.5   应力作用下体 Si 导带的分裂

张应力除了能使导带分裂，还会使 Si 价带中的空穴能级分裂，如图 1.6 所示。价带顶轻、重空穴带在 Γ 点的能量差可用式(1-7)表示：

$$\Delta E_{(L-H)sSi}=0.38x \text{ eV} \tag{1-7}$$

由式(1-7)可以看出，Ge 组分占比 x 决定了价带顶轻、重空穴带在 Γ 点的能量差。

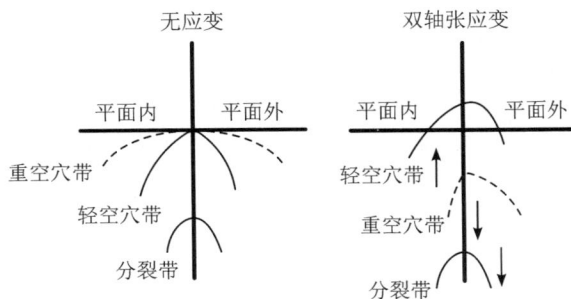

图 1.6　张应力对 Si 价带的影响

禁带宽度随导带和价带的分裂也发生了改变。根据禁带宽度的定义，其由导带底极小值与价带顶极大值的差值决定。无应变时 Si 的禁带宽度为 1.11 eV。发生双轴张应变后，Si 的禁带宽度由 Δ_2 导带极小值与轻空穴价带顶极大值的差值决定。禁带宽度的值为

$$E_{g, sSi}=1.11-0.6x \text{ eV} \tag{1-8}$$

由式(1-8)可以看出，禁带宽度与 Ge 组分占比 x 有关，Ge 组分占比越大，禁带宽度越窄，但禁带宽度不会减小到 0。

1.1.4　应变 Si 载流子迁移率增强机理

载流子迁移率是衡量器件性能的重要指标，应变 Si 技术对载流子迁移率的增强主要体现在有效质量和散射两方面。

根据半导体物理学理论，电子迁移率的表达式为

$$\mu_n=\frac{q\tau_n}{m_n^*} \tag{1-9}$$

空穴迁移率的表达式为

$$\mu_p=\frac{q\tau_p}{m_p^*} \tag{1-10}$$

式中，m_n^* 和 m_p^* 分别是电子和空穴的有效质量；τ_n 和 τ_p 分别是电子和空穴的平均自由时间，与散射概率 P 互为倒数。由式(1-9)和式(1-10)可以看出，载流子迁移率主要受有效质量和散射影响。

1. 电子迁移率增强机理

体 Si 材料的自由电子均匀地分布在六个旋转椭球面内，椭球的长轴和短轴方向各有一个有效质量，分别为 m_l 和 m_t。将[100]、[010]和[001]方向分别设定为 x 轴、y 轴和 z 轴来建立坐标系。六度简并能谷中电子沿不同方向的迁移率不同，为便于研究，设定 x 轴正方向为电场方向，那么[100]方向的能谷中电子沿电场方向的迁移率为

$$\mu_1 = \frac{q\tau_n}{m_1} \tag{1-11}$$

其余电子沿电场方向的迁移率为

$$\mu_2 = \mu_3 = \frac{q\tau_n}{m_t} \tag{1-12}$$

假设单位体积中电子数为 n，六度简并能谷中电子密度相同，均为电子总密度的六分之一 $(n/6)$，那么在电场作用下，体 Si 中总的电流密度是各个方向电流密度的和，应当为

$$J_x = q\frac{n}{3}\mu_1 E_x + q\frac{n}{3}\mu_2 E_x + q\frac{n}{3}\mu_3 E_x = q\frac{n}{3}(\mu_1 + \mu_2 + \mu_3)E_x \tag{1-13}$$

取

$$\mu_c = \frac{1}{3}(\mu_1 + \mu_2 + \mu_3) \tag{1-14}$$

则 μ_c 称为电导迁移率。根据电子迁移率的表达式（1-9），对于电导迁移率 μ_c，其定义式为

$$\mu_c = \frac{q\tau_n}{m_c} \tag{1-15}$$

联立式（1-11）、式（1-12）、式（1-14）、式（1-15）得

$$m_c = \left[\frac{1}{3}\left(\frac{1}{m_1} + \frac{2}{m_t}\right)\right]^{-1} \tag{1-16}$$

式中，m_c 称为电导有效质量。式（1-15）表明多能谷半导体迁移率也服从式（1-9），但应该用电导有效质量 m_c 代替电子有效质量 m_n^*。体 Si 材料的 $m_1 = 0.98m_0$，$m_t = 0.19m_0$，代入式（1-16）得 $m_c = 0.26m_0$，这里 m_0 为电子惯性质量。

众所周知，电子往往趋向于先占据能量较低的能级。体 Si 能谷分裂后，二度简并能谷 Δ_2 能量较低，先被电子占据。假设单位体积中占据 Δ_2 能谷的电子数占总电子数的比率为 x，则在 [100] 和 [010] 方向的 Δ_2 能谷中单位体积电子数均为 $(1-x)n/2$，从而体 Si 发生双轴张应变时的电流密度为

$$\begin{aligned} J_{xs} &= \frac{1}{2}n(1-x)q\mu_1 E_x + \frac{1}{2}n(1-x)q\mu_2 E_x + nxq\mu_3 E_x \\ &= nq\left(\frac{1-x}{2}\mu_1 + \frac{1-x}{2}\mu_2 + x\mu_3\right)E_x \end{aligned} \tag{1-17}$$

此时，电导迁移率 μ_{cs} 为

$$\mu_{cs} = \frac{1-x}{2}\mu_1 + \frac{1-x}{2}\mu_2 + x\mu_3 \tag{1-18}$$

将式（1-11）和式（1-12）代入式（1-18）得

$$\mu_{cs} = \frac{1-x}{2m_1}q\tau_n + \frac{1-x}{2m_t}q\tau_n + \frac{x}{m_t}q\tau_n \tag{1-19}$$

再将式（1-19）代入式（1-15）得到在双轴张应变下电导有效质量 m_{cs} 为

$$m_{cs} = \frac{2m_1 m_t}{m_1 + m_t + x(m_1 - m_t)} \tag{1-20}$$

由式（1-20）可以看出，随着 x 的增大，电导有效质量 m_{cs} 变小。

除了减小电导有效质量，应变 Si 技术还可以帮助电子降低被散射的概率。由于能谷分裂，Δ_2 和 Δ_4 谷间声子散射减小，有利于提高电子迁移率。

2. 空穴迁移率增强机理

常温下，空穴迁移率较小，只有电子迁移率的 $1/4 \sim 1/3$。在制作 CMOS 时，为了使 PMOS 和 NMOS 的驱动能力一致，就要增大 PMOS 沟道的宽长比，这就使得 PMOS 的面积是 NMOS 的 $2 \sim 3$ 倍，容易造成面积的浪费。应变 Si 技术对空穴迁移率的提高能弥补空穴和电子之间载流子迁移率的差距，有效减小 PMOS 的面积。

应变 Si 技术增强空穴迁移率的机理主要体现在两个方面。一方面，价带顶的轻空穴和重空穴对空穴的电导有效质量影响不同，电导迁移率主要由重空穴控制。轻、重空穴带受应力影响分裂后，重空穴带上移，轻空穴带下移，轻空穴带先被占据，重空穴带极值附近的曲率半径也减小，导致空穴的电导有效质量降低。另一方面，随着轻、重空穴带的分裂，空穴在这两个能级间的散射降低。应力越大，轻、重空穴带之间的能量差越大，空穴受到的散射越小，迁移率的提高也越明显。所以，应力同时影响空穴的电导有效质量和散射概率，大大提高了空穴的迁移率。

与应力对电子迁移率的提高不同，应力对空穴迁移率的提高与应力的作用方向有关。此外，单轴应力和双轴应力对电子迁移率的增强区别不大。但是对于空穴来说，单轴应力比双轴应力具有更大的优势。对于双轴应力来说，随着电场的增大，迁移率的提高逐渐减缓，这是由于量子限制效应影响了应力对迁移率的提高。单轴应力下空穴迁移率随电场增大的衰减比双轴应力下的小。

1.2　硅基半导体应变技术

随着研究的深入，Si 基半导体应变技术种类越来越多。在众多应变技术中，比较具有代表性的是：局部应变技术、全局应变技术和机械致应变技术。相较于机械致应变技术，局部应变技术和全局应变技术被提出的时间较早，是制备应变 Si 材料的传统技术。机械致应变技术较新颖，但还不成熟。

1.2.1　局部应变技术

局部应变技术也称为工艺致应变技术，其用到了成熟的半导体制造工艺，可在集成电路生产制造过程中引入应变。该类技术将应变引入 MOS 器件沟道区域，提高电子或空穴的迁移率，从而提升 MOS 器件的性能。目前，较成熟的局部应变技术有浅槽隔离（shallow trench isolation，STI）技术、嵌入式锗硅源漏（embedded SiGe S/D）技术、应力衬垫技术和应力记忆技术等。

1. 浅槽隔离技术

浅槽隔离最初被用作 MOS 器件之间的隔离手段，防止闩锁效应发生。随着器件尺寸的缩减，该技术产生的应变作用逐渐明显，甚至可较大程度地提高器件运行速度。

浅槽隔离技术先用刻蚀工艺在衬底上刻蚀出浅槽，然后在浅槽中填上 SiO_2 绝缘介质形成隔离墙。退火后，沟道被两侧浅槽内的 SiO_2 挤压，发生单轴压应变。浅槽隔离结构如图 1.7 所示。此外，还可对浅槽进行离子注入，退火增大应力。

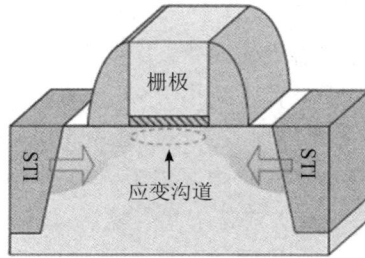

图 1.7　浅槽隔离结构

2. 嵌入式锗硅源漏技术

嵌入式锗硅源漏技术在隔离墙形成后刻蚀出两个凹槽，然后在凹槽中填充 SiGe 或 SiC，利用晶格失配，在沟道中引入应力。如图 1.8 所示为使用嵌入式锗硅源漏技术的 PMOS。

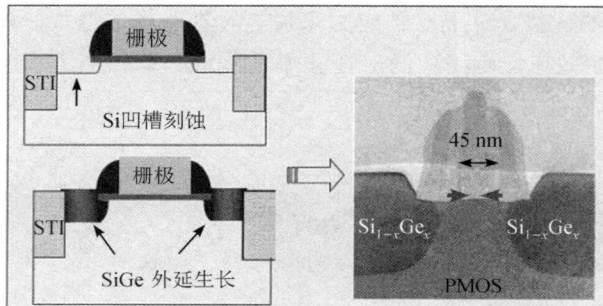

图 1.8　使用嵌入式锗硅源漏技术的 PMOS

对于 PMOS，凹槽内填充 SiGe，由于 SiGe 的晶格常数大于 Si 的晶格常数，因此其对沟道两侧的 Si 施加压应力。沟道两侧被挤压，发生压应变，提高了空穴迁移率，PMOS 的性能得到提升。

对于 NMOS，凹槽内填充 SiC，由于 SiC 的晶格常数小于 Si 的晶格常数，因此其对沟道两侧的 Si 有拉伸的力。沟道发生张应变，可提升 NMOS 的性能。但是在半导体工艺中，如果控制不好，C 原子容易扩散形成杂质，影响器件性能，所以用 SiC 引入张应力的技术还不完善。

3. 应力衬垫技术

应力衬垫技术也称为双应力线（DSL）技术，是一种可同时提升 NMOS 和 PMOS 性能的应变 Si 技术。

由于电子和空穴迁移率的提高与应力的性质有关，因此在 NMOS 和 PMOS 上要沉积不同应力的 SiN 薄膜，如图 1.9 所示为双应力线结构。

对于 NMOS，源漏区上沉积的张应力 SiN 薄膜有收缩的趋势，源漏区被压缩，相应地沟道被拉伸，发生张应变。同理，对于 PMOS，源漏区上沉积的压应力 SiN 薄膜有扩张的趋势，源漏区被拉伸，相应地沟道被压缩，发生压应变。

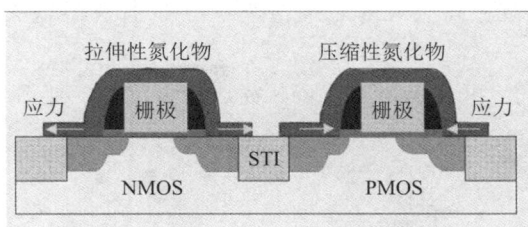

图 1.9　双应力线结构

该技术的关键是确定合适的工艺条件和沉积方法，获得高应力的 SiN 薄膜。目前的制备技术和后续处理工艺已经能得到应力较高的 SiN 薄膜。应力衬垫技术的工艺流程如图 1.10 所示，其中（a）～（e）对应的工艺依次是：制作 CMOS 器件；将第一层 SiN 薄膜（张应力）覆盖在整个晶圆上；将 NMOS 区域以外的 SiN 薄膜刻蚀掉；将第二层 SiN 薄膜（压应力）沉积在整个晶圆上；将 PMOS 区域以外第二次沉积的 SiN 薄膜刻蚀掉。

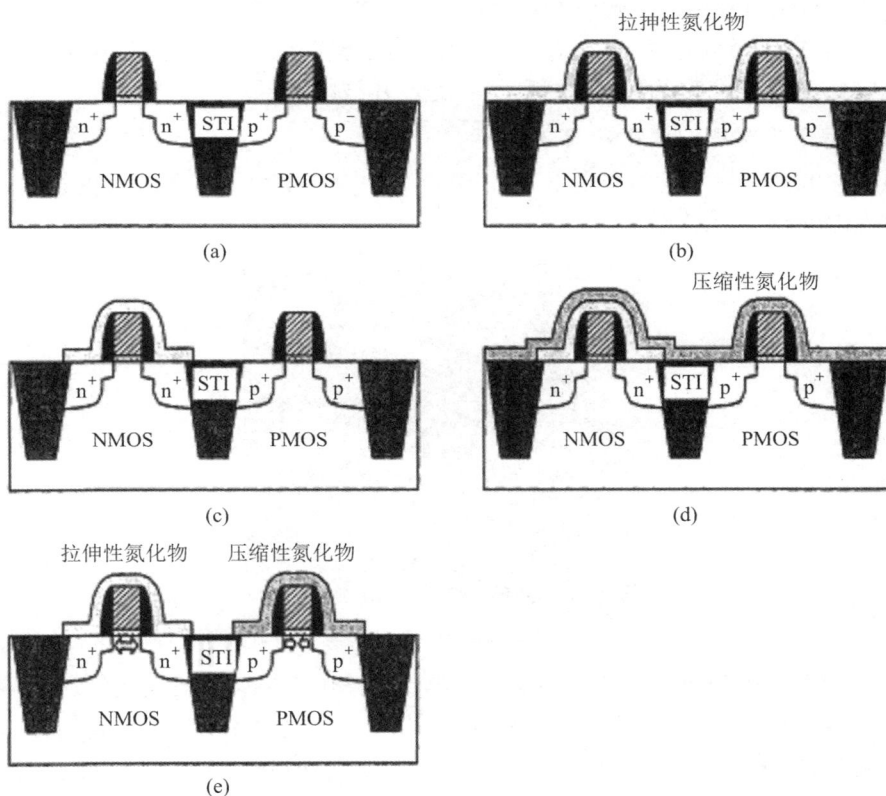

图 1.10　应力衬垫技术的工艺流程

4. 应力记忆技术

应力记忆技术先在栅或源漏区沉积一层 SiN 薄膜，器件应力分布如图 1.11 所示。不同于应力衬垫技术，该 SiN 薄膜只是暂时提供应力的牺牲层。接着进行高温退火，在退火过程中，由于受到外力作用，重结晶时 Si 的晶格始终处在应变状态，退火完成后应力被保持住。应力记忆技术的工艺步骤如下：① 在沟道上沉积多晶 Si 栅；② 进行离子注入，形成源漏区；③ 在多晶 Si 栅上沉积高应力的 SiN 薄膜；④ 进行高温退火，使多晶 Si 栅重结晶；⑤ 去除 SiN 牺牲层。

为了进一步提高应力，可在上述工艺步骤完成后再沉积一层 SiN 薄膜。

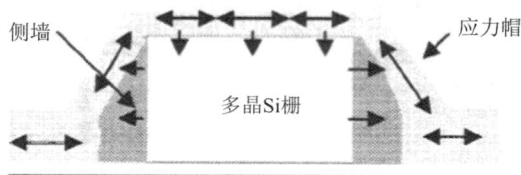

图 1.11　使用应力记忆技术的器件应力分布

1.2.2　全局应变技术

全局应变技术也称为衬底致应变技术，这种技术很早就被提出，可用于制备晶圆级应变 Si 材料。目前，比较成熟的全局应变技术有：基于锗硅虚衬底的应变 Si 技术、基于锗硅虚衬底的应变 SOI 技术和无锗硅虚衬底的应变 SOI 技术。

1. 基于锗硅虚衬底的应变 Si 技术

利用锗硅虚衬底制备全局应变 Si 是较早的技术，该技术中基于锗硅虚衬底的应变 Si 结构如图 1.12 所示。

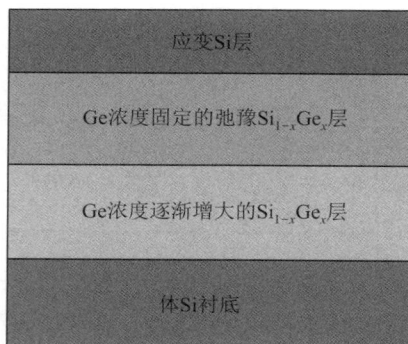

图 1.12　基于锗硅虚衬底的应变 Si 结构

在图 1.12 中，最下面一层是体 Si 衬底，起到支撑作用。体 Si 衬底上面是 Ge 浓度逐渐增大的 $Si_{1-x}Ge_x$ 层，由于工艺的限制，$Si_{1-x}Ge_x$ 中 Ge 的浓度有最大值，此时 Si 的应变最大。为了得到应变最大的 Si，在 Ge 浓度固定（最高浓度）的弛豫 $Si_{1-x}Ge_x$ 层上生长应变 Si 层，器件在该层被制造。

该技术的工艺流程分为三步：先在体 Si 衬底上生长一层 Ge 浓度逐渐增大的 $Si_{1-x}Ge_x$ 层，然后生长 Ge 浓度固定的弛豫 $Si_{1-x}Ge_x$ 层，最后外延生长一层薄的应变 Si 层。然而，该技术的缺点明显：高温会加剧 Ge 扩散到 Si 中形成杂质，影响器件性能。此外，为了提高应变，需要较厚的 $Si_{1-x}Ge_x$ 缓冲层，不利于器件散热，而且 Si 和 Ge 都是半导体材料，绝缘度不高，会有较大的漏电流。

2. 基于锗硅虚衬底的应变 SOI 技术

基于锗硅虚衬底的应变 SOI 技术也称为绝缘体上锗硅(SGOI)技术。该技术将 Ge 浓度渐变的 $Si_{1-x}Ge_x$ 层换成 SiO_2 埋层(BOX 层),不仅结合了 SOI 寄生电容小、功耗低、能够防止闩锁效应等优点,还能有效提高电子迁移率。基于锗硅虚衬底的应变 SOI 结构如图 1.13 所示,由下向上分别是 Si 衬底、SiO_2 埋层、弛豫 $Si_{1-x}Ge_x$ 层、应变 Si 层。

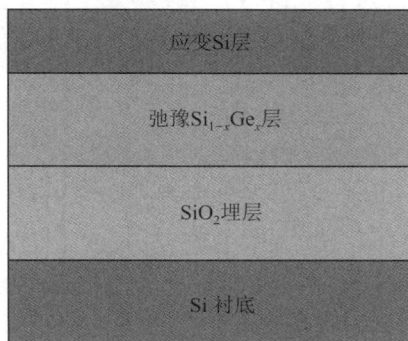

图 1.13　基于锗硅虚衬底的应变 SOI 结构

制备 SGOI 的方法与制备 SOI 的方法相似,主要用到了键合、智能剥离、层转移和 Ge 浓缩等技术。具体的制备工艺为先在一片 Si 衬底上生长弛豫 $Si_{1-x}Ge_x$ 层和应变 Si 层,然后将其转移到生长了 SiO_2 埋层的 Si 衬底上。

3. 无锗硅虚衬底的应变 SOI 技术

无锗硅虚衬底的应变 SOI 即绝缘体上应变 Si(SSOI),其结构如图 1.14 所示,类似 SGOI 的结构,但是没有弛豫 $Si_{1-x}Ge_x$ 层。采用这样的结构,SSOI 材料没有 Ge 杂质扩散,同时也可以把顶层 Si 做得更薄,实现全耗尽,增强 SOI CMOS 器件的驱动能力。

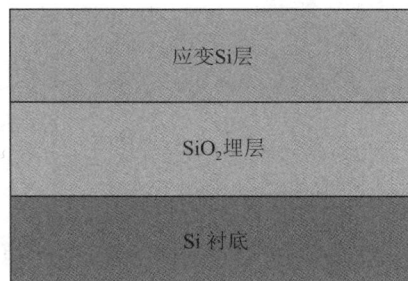

图 1.14　无锗硅虚衬底的应变 SOI 结构

SSOI 技术将应变 Si 技术和 SOI 材料结合起来,具有很多优点:载流子迁移率高、无闩锁效应、隔离面积小、寄生电容小、能够抑制短沟道效应、无 Ge 杂质扩散等。此外,该技术还不受工艺尺寸的限制,与局部应变技术相比,可减少光刻步骤,有效降低成本。

一般的 SSOI 制备工艺用到了键合、智能剥离、背面腐蚀减薄技术,其流程如图 1.15 所示,其中(a)～(d)对应的工艺依次是:生长应变 Si;将 H^+ 注入弛豫 $Si_{1-x}Ge_x$ 层中,与生长了 SiO_2 埋层的 Si 衬底键合;进行智能剥离,退火增强 SiO_2 埋层与应变 Si 层界面的结合力;用 CMP(化学机械抛光)处理应变 Si 层表面,得到 SSOI。

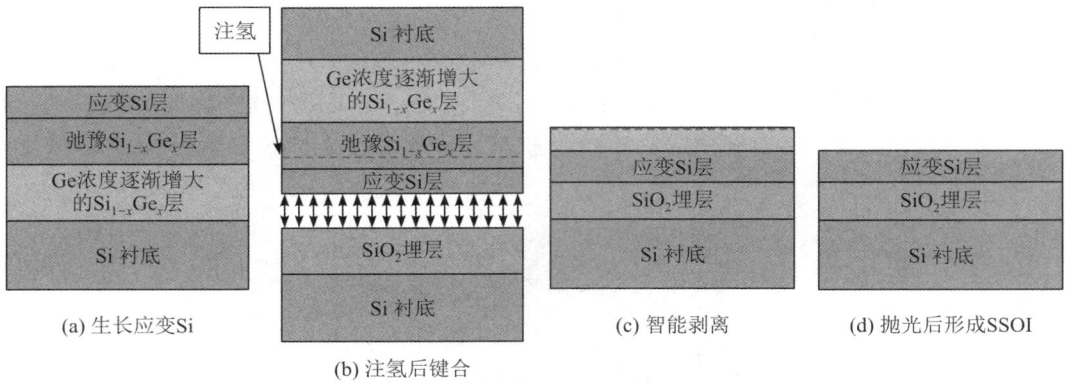

(a) 生长应变Si

(b) 注氢后键合

(c) 智能剥离

(d) 抛光后形成SSOI

图 1.15   SSOI 制备工艺流程

对比以上三种全局应变技术，绝缘体上应变 Si 技术更有优势。该技术去除较厚的 $Si_{1-x}Ge_x$ 层，不仅减少了 Ge 杂质扩散，还能提升器件散热性能。但是这种技术用到的制备工艺也相对复杂。

1.2.3 机械致应变技术

机械致应变技术通过机械操作台将应力直接加载在 Si 晶圆片上，使 Si 晶圆片发生弯曲，在 Si 晶圆片中引入应变，如图 1.16 所示。

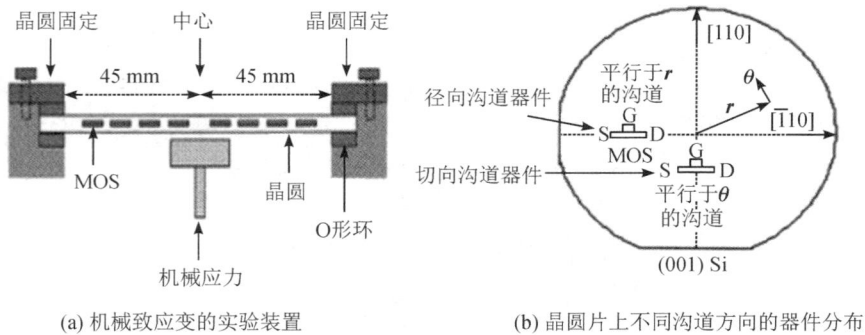

(a) 机械致应变的实验装置

(b) 晶圆片上不同沟道方向的器件分布

图 1.16   机械致应变技术

采用机械致应变技术时，先将 Si 晶圆片置于机械操作台中，两端固定，然后对中心的机械推杆施加外力，使其缓慢上移。晶圆中心处受到机械推杆施加的外力而发生形变，带动整个晶圆逐渐弯曲。晶圆上各点受到的力与该点到晶圆中心的距离有关。根据圣维南定理，应力主要分布在作用点区域附近，在稍远的地方，应力迅速减小，所以晶圆上的应力分布并不均匀，距离晶圆中心越远，应力越小。

随着机械推杆施加的外力的增大，晶圆中心的位移也越来越大。当晶圆中心的位移达到 0.9 mm 时，晶圆上各点应变分布如图 1.17 所示。

由于机械致应变的实验装置的对称性特点，沿着晶圆中心到边缘各点的应变相同，因此可将某一条径向上各点受力沿径向以及切向进行分解。

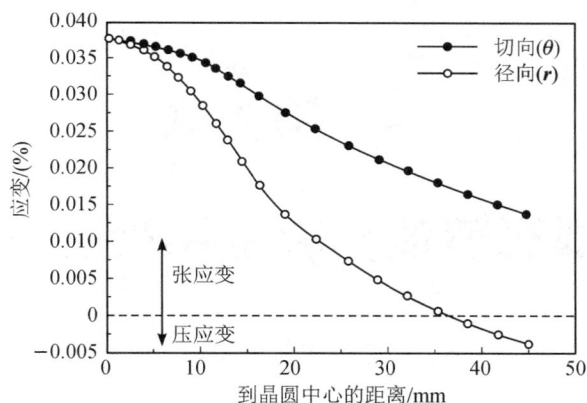

图 1.17　晶圆中心的位移为 0.9 mm 时晶圆上各点应变分布

由图 1.17 可以看出，沿径向的应变和沿切向的应变有很大不同。晶圆上各点切向的应变始终为张应变，应变的大小和该点到晶圆中心的距离有关，距离越远，应变越小；径向的应变由张应变转变为压应变。这种技术与传统的全局应变技术有很大不同，它的应变来源于机械弯曲力，避免了锗硅虚衬底对材料性能的影响。但是，Si 是脆性材料，如果施加的机械弯曲力过大，则会产生很多的位错和缺陷，甚至使 Si 晶圆片碎裂，因此利用该技术引入的应变不高，还有待进一步完善。

2

第 2 章
硅基半导体应变能带理论与空间群

半导体材料具有区别于其他材料的属性，这与半导体中电子的状态及其运动有密切关系。因此，掌握半导体中电子的状态及其运动规律是研究和利用半导体物理性质的基础。但在实际晶体中，准确求解包含所有原子核和电子相互作用的薛定谔方程是十分困难的，为了将问题简化，通常会采取以下三大近似：

（1）绝热近似（或称作 Born-Oppenheimer 近似）：考虑到电子与离子实质量的巨大差异，假设在离子实运动的每个瞬间，电子可以迅速调整其运动状态到离子实势场瞬时分布情况下的本征态。也就是说，在研究电子运动规律时，可认为离子实固定在其瞬时位置上，从而将多体问题转化为多电子问题。

（2）平均场近似：在多电子体系中，把每个电子看作是在离子实势场及其他电子产生的平均势场中运动。这样，就把多电子问题转化为单电子问题。

（3）周期场近似：假设上述平均势场为周期势场，且其周期为晶格周期。该近似使得单电子薛定谔方程的本征波函数为布洛赫波的形式，并使单电子能谱呈现为能带。

本章首先简单介绍能带理论，包括布洛赫定理以及三种简单近似下的能带结构；接着列出两种能带计算方法：密度泛函理论和 $\boldsymbol{k} \cdot \boldsymbol{p}$ 方法；最后讨论空间群与能带对称性。

2.1　能带理论

能带理论是现代固体电子技术的理论基础，对微电子技术的发展起着不可估量的作用。它是讨论晶体中电子的状态及其运动的一种重要的近似理论，是单电子近似的理论，即把晶体中每个电子的运动看作是在一个等效势场中的独立运动。单电子近似下的电子运动规律具有布洛赫波的形式，因此，要想深入认识能带理论，需要从布洛赫定理开始。

2.1.1　布洛赫定理

晶体中电子所处势场是与晶格同周期的周期性势场，即

$$V(\boldsymbol{r}+\boldsymbol{R}_n)=V(\boldsymbol{r})$$

$$(2-1)$$

式中，r 为位置矢量，R_n 为布拉维格子的所有格矢。在周期性势场中运动的电子，其能量 $E(k)$ 和波函数 $\psi_k(r)$ 满足单电子薛定谔方程：

$$\left[-\frac{\hbar^2}{2m}\nabla^2 + V(r)\right]\psi_k(r) = E(k)\psi_k(r) \tag{2-2}$$

式中，$\hbar$ 为约化普朗克常数，$\hbar = \dfrac{h}{2\pi}$；m 为电子质量；∇^2 为拉普拉斯算子；k 为波矢。布洛赫定理指出，方程（2-2）的解是按布拉维格子周期性调幅的平面波，称为布洛赫波函数，即

$$\psi_k(r) = e^{ikr}u_k(r) \tag{2-3}$$

且

$$u_k(r + R_n) = u_k(r) \tag{2-4}$$

从式（2-3）和式（2-4）可以看出，布洛赫定理也可表述为对于薛定谔方程（2-2）的每个本征解，存在一波矢 k，使得

$$\psi_k(r + R_n) = e^{ikR_n}\psi_k(r) \tag{2-5}$$

式（2-5）对布拉维格子的所有格矢 R_n 均成立。它表明在不同原胞的对应点上，波函数只是相差了一个相位因子 e^{ikR_n}。而相位因子不会影响波函数模的大小，因此不同原胞对应点上出现电子的概率相同，这也是晶格周期性的反映。

布洛赫波函数的相位因子 e^{ikR_n} 描述了晶体中电子的共有化运动，即电子可以在整个晶体中自由运动；而周期调幅因子 $u_k(r)$ 则描述了电子在原胞中的运动，取决于原胞中电子所处的势场。

2.1.2　波矢 k 的物理意义及取值

波矢 k 是用来标记电子状态的量子数，它的取值由周期性的边界条件所决定，即

$$\psi_k(r + N_i a_i) = \psi_k(r),\ i = 1,\ 2,\ 3 \tag{2-6}$$

式中，a_i 是原胞的基矢，N_i 是沿着 a_i 方向的原胞数。因此，晶体中总的原胞数为 $N = N_1 N_2 N_3$。

由式（2-5）可得

$$\psi_k(r + N_i a_i) = e^{ikN_i a_i}\psi_k(r),\ i = 1,\ 2,\ 3 \tag{2-7}$$

则周期性的边界条件要求

$$e^{ikN_i a_i} = 1,\ i = 1,\ 2,\ 3 \tag{2-8}$$

或等价地表示为

$$kN_i a_i = 2\pi l_i,\ i = 1,\ 2,\ 3,\ l_i\ 为整数 \tag{2-9}$$

用相应倒格子的基矢 $b_i(i = 1,\ 2,\ 3)$ 表示波矢 k，则有

$$k = k_1 b_1 + k_2 b_2 + k_3 b_3 \tag{2-10}$$

根据式（2-9），并由正格子与倒格子基矢间的正交关系 $a_i b_j = 2\pi\delta_{ij} = \begin{cases} 2\pi, & i = j \\ 0, & i \neq j \end{cases}$，$i,\ j = 1,$

2，3 可得

$$k = \frac{l_1}{N_1}b_1 + \frac{l_2}{N_2}b_2 + \frac{l_3}{N_3}b_3 \tag{2-11}$$

可见，允许的波矢 k 可以看作是倒空间中以 $b_i/N_i (i=1,2,3)$ 为基矢的布拉维格子的格矢。

在倒空间中，每个允许的波矢 k 所占体积为

$$\Delta k = \frac{b_1}{N_1} \cdot \left(\frac{b_2}{N_2} \times \frac{b_3}{N_3}\right) = \frac{1}{N}b_1 \cdot (b_2 \times b_3) = \frac{(2\pi)^3}{N\Omega} \tag{2-12}$$

式中，$b_1 \cdot (b_2 \times b_3) = (2\pi)^3/\Omega$ 为倒格子原胞体积，Ω 为正格子原胞体积。因此，在倒空间的一个原胞中，允许的波矢 k 的数目为实空间中晶体的总原胞数。

此外，周期性的边界条件表明，波矢 k 和 $k' = k + G_n$（G_n 为倒格矢）实际上是等效的，它们描述了同一状态（因为 $e^{iG_n \cdot R_n} = 1$）。相应地，倒空间被划分成一系列周期性重复的单元，当把波矢 k 限制在一个单元内时，仅描述这个单元内的电子状态即可得到整个倒空间的电子状态，而这个单元就是常说的第一布里渊区（first Brillouin zone，FBZ）或简约布里渊区。

2.1.3 能带的形成

布洛赫定理从周期性势场所具有的平移对称性出发，得到了电子波函数的普遍形成，但是无法给出晶体中电子波函数的具体形式，也不能得到电子能谱，即能带结构的表达形式。为便于理解能带的形成，下面简要介绍求解薛定谔方程时的三个简单近似模型。

1. 空晶格模型

考虑一种晶体，其中电子所受到的周期性势场为零，但晶体仍保留原有的几何结构，这就是空晶格模型。由于该模型体系仍具有周期性，所以电子波函数应符合布洛赫波函数的形式，即有

$$\psi_{nk}(r) = e^{ikr}u_{nk}(r) = e^{ikr}e^{i(k+G_n)r} \tag{2-13}$$

这里的倒格矢 G_n 起到了能带指标 n 的作用，相应的本征能量为

$$E_n(k) = \frac{\hbar^2}{2m}(k+G_n)^2 \tag{2-14}$$

在倒空间中，任意一个倒格矢均可作为空间零点，即通常所说的 Γ 点，因此研究空晶格模型的能带结构，只要利用倒空间的周期性，研究 FBZ 内的波函数和本征能量随波矢 k 的变化情况即可。图 2.1 给出了纯自由电子与一维空晶格模型的能带结构，其中 a 代表晶格常数，FBZ 内的每个 k_i 点代表了倒空间中所有符合 $k_i + G_n$ 的点，能带指标为 n 的能带可以看作是由第 n 布里渊区平移过来的能带 $E_n(k)$ 按 n 由低到高排列形成的。

对于二维、三维晶格，布里渊区相对复杂。由于边界位置不同，从布里渊区中心到边界的长度也不尽相同，这使得高布里渊区的能带移到第一布里渊区后，反而比低布里渊区的能带低，从而引起能带重叠现象。在讨论金属和半导体能带结构时，空晶格能带常可作为参考对象。

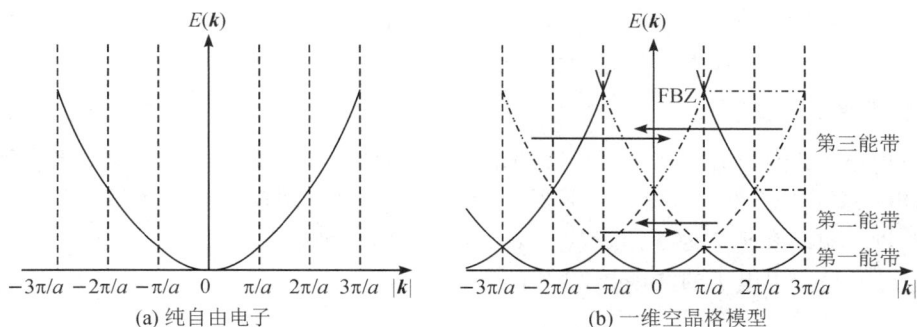

图 2.1　纯自由电子与一维空晶格模型的能带结构

2. 近自由电子近似模型

在求解薛定谔方程的过程中，还可引入一个简单的近似模型——近自由电子近似模型。它假设晶体中的价电子行为接近于自由电子，起伏性很弱的周期性势场可以看作是自由电子稳定势场的微扰。这个模型虽然简单，但是能够给出在周期性势场中运动的电子本征态的一些基本特点。

讨论长度为 $L = Na$ 的一维晶体，这里 N 表示晶格常数为 a 的原胞的数目。由于近自由电子近似假设势场的周期性起伏很小，因此将周期性势场 $V(x)$ 视为微扰项 H'，即有

$$H = H_0 + H' = -\frac{\hbar^2}{2m}\frac{\mathrm{d}^2}{\mathrm{d}x^2} + V(x) \tag{2-15}$$

式中，H 为近自由电子的哈密顿量，H_0 为真空自由电子的哈密顿量，$\dfrac{\mathrm{d}^2}{\mathrm{d}x^2}$ 为拉普拉斯算子（∇^2）。

根据逐级近似的思想，晶体中电子的能量和波函数可写成以下形式：

$$\begin{cases} E_k = E_k^{(0)} + E_k^{(1)} + E_k^{(2)} + \cdots \\ \psi_k = \psi_k^{(0)} + \psi_k^{(1)} + \psi_k^{(2)} + \cdots \end{cases} \tag{2-16}$$

其中，零级微扰近似下晶体中电子的能量和波函数为

$$\begin{cases} E_k^{(0)} = \dfrac{\hbar^2 k^2}{2m} \\ \psi_k^{(0)} = \sqrt{\dfrac{1}{L}}\, \mathrm{e}^{ikx} \end{cases} \tag{2-17}$$

根据微扰理论，可由零级微扰近似下的结果计算出各级微扰近似下的修正值。因此，近自由电子近似可以看作是用自由电子平面波函数去组成晶体中电子的波函数。图 2.2 给出了

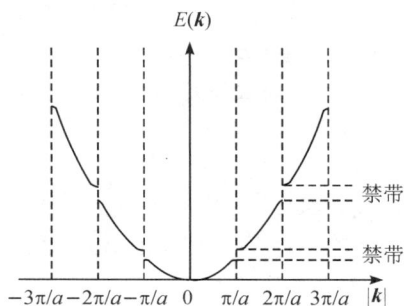

图 2.2　由近自由电子近似得到的一维晶体能带结构

由近自由电子近似得到的一维晶体能带结构，可见在布里渊区边界，形成了不允许电子存在的禁带，这是电子在周期性势场中运动的结果。

3. 紧束缚近似模型

近自由电子近似适用于价电子，特别是金属中的价电子。但对于半导体、绝缘体、金属内层等，电子受到原子核束缚较强，且原子间相互作用因间距较大等而较弱，此时晶体中的电子更接近于束缚在孤立原子附近的电子，这就是紧束缚近似模型。它是从原子轨道波函数出发，组成晶体中电子的波函数，即有

$$\psi_k(\boldsymbol{r}) = \sum_{n=1}^{N} a_n \psi_i(\boldsymbol{r} - \boldsymbol{R}_n) \tag{2-18}$$

式中，N 是原子数，a_n 是原子轨道的线性组合系数，$\boldsymbol{R}_n$ 是第 n 个原子的位矢，$\psi_i(\boldsymbol{r} - \boldsymbol{R}_n)$ 是将该原子视为孤立原子时的自由原子波函数，此波函数应满足以下薛定谔方程：

$$\left[-\frac{\hbar^2}{2m}\nabla^2 + V(\boldsymbol{r} - \boldsymbol{R}_n) \right] \psi_i(\boldsymbol{r} - \boldsymbol{R}_n) = E_i \psi_i(\boldsymbol{r} - \boldsymbol{R}_n) \tag{2-19}$$

式中，$V(\boldsymbol{r} - \boldsymbol{R}_n)$ 为第 n 个原子的势能，E_i 为与束缚态 ψ_i 相对应的原子能级。

布洛赫定理要求式(2-18)所示的电子波函数应具有以下形式：

$$\begin{aligned}
\psi_k(\boldsymbol{r}) &= \frac{1}{\sqrt{N}} \sum_{n=1}^{N} e^{i\boldsymbol{k}\cdot\boldsymbol{R}_n} \psi_i(\boldsymbol{r} - \boldsymbol{R}_n) \\
&= \frac{1}{\sqrt{N}} e^{i\boldsymbol{k}\cdot\boldsymbol{r}} \sum_{n=1}^{N} e^{-i\boldsymbol{k}\cdot(\boldsymbol{r}-\boldsymbol{R}_n)} \psi_i(\boldsymbol{r} - \boldsymbol{R}_n) \\
&= \frac{1}{\sqrt{N}} e^{i\boldsymbol{k}\cdot\boldsymbol{r}} u_k(\boldsymbol{r})
\end{aligned} \tag{2-20}$$

将其代入式(2-2)可以得到相应的能量 $E(\boldsymbol{k})$。

如果晶体中有 N 个原子，就有 N 个形式相同的束缚态波函数，它们具有相同的能量，在不考虑原子间相互作用时，这些原子构成一个 N 度简并的体系。但在实际晶体中，原子并不是真正孤立的，晶体中其他原子势场的微扰，会使得体系的简并度消除，原子能级分裂形成由 N 个不同能级构成的能带，如图 2.3 所示。能量低的能带对应内层电子能级，由于内层电子受到原子间相互作用的影响较小，所以能带较窄。

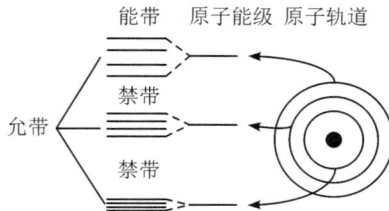

图 2.3　原子能级分裂形成能带的示意图

2.2　能带计算方法

由于晶体结构和周期性势场的复杂性，准确地进行能带计算是极为复杂的。同时能带

结构又与材料性质关系密切。目前，已存在许多能带计算方法，它们大致可分为两类：第一类为 ab initio 方法，即从头算方法，例如 Hartree-Fock 方法、密度泛函理论（density functional theory，DFT），它是一类利用变分法计算基态能量的自洽方法，需要大量的计算资源，该类方法不需要经验参数而是利用第一性原理计算电子能带结构；第二类为计算效率更高的半经验方法，例如经验赝势法（empirical pseudopotential method，EPM）、紧束缚法（tight binding method，TBM）及 $k \cdot p$ 方法，该类方法利用一系列经验参数来"再现"带隙能量、有效质量等实验结果。本节主要介绍密度泛函理论和 $k \cdot p$ 方法这两种能带计算方法。

2.2.1　密度泛函理论

DFT 是以电子密度分布为基本变量，研究多粒子体系基态性质的量子力学方法。相比于以波函数为变量的电子结构理论的经典方法——Hartree-Fock 方法，DFT 的计算复杂度大大降低。其主要思想基于 Hohenberg-Kohn 定理，即 N 个电子体系的基态电子密度 $n(\boldsymbol{r})$ 和作用在该体系上的势场 $V(\boldsymbol{r})$ 有一一对应的关系，所有的基态性质、能量、波函数等都由电子密度函数唯一确定。

DFT 最普遍的应用是通过 Kohn-Sham（KS）方法实现的。KS 方法将有相互作用的多粒子体系与无相互作用的多粒子体系通过交换关联项联系起来，从而达到求解有相互作用的多粒子体系的能量和电子密度的目的。KS 方程为

$$\left[-\frac{\hbar^2}{2m}\nabla^2 + U_{\mathrm{L}}(\boldsymbol{r}) + \int \frac{n(\boldsymbol{r}')}{|\boldsymbol{r}-\boldsymbol{r}'|}\mathrm{d}\boldsymbol{r}' + V_{\mathrm{xc}}(\boldsymbol{r}) \right] \psi_i(\boldsymbol{r}) = E_i \psi_i(\boldsymbol{r}) \qquad (2-21)$$

式中，$U_{\mathrm{L}}(\boldsymbol{r})$ 为晶格势场；$V_{\mathrm{xc}}(\boldsymbol{r})$ 为交换关联势，$V_{\mathrm{xc}}(\boldsymbol{r}) = \dfrac{\mathrm{d}E_{\mathrm{xc}}[n(\boldsymbol{r})]}{\mathrm{d}n(\boldsymbol{r})}$，$n(\boldsymbol{r}) = \displaystyle\sum_{i=1}^{N} |\psi_i(\boldsymbol{r})|^2$，$E_{\mathrm{xc}}$ 为交换关联泛函。在求解有相互作用的多粒子体系的能量和电子密度时，只有交换关联项用到了近似处理，所以交换关联项影响着整个计算的精度。目前，用得最多的交换关联泛函有局域密度近似（local density approximation，LDA）、广义梯度近似（generalized gradient approximation，GGA）以及杂化泛函等。

对方程（2-21）进行求解，要借助于计算机，采用自洽的计算方法。DFT 的优势在于只需要一些基本的物理常量值，如原子类型及其位置，就可以对体系进行计算，进而考察体系的热学、光学和电学性质，这对新结构、新材料的研究具有十分特殊的意义。然而，基于第一性原理的密度泛函理论仍存在一些劣势：① 交换关联泛函的近似程度决定着结果的可靠性，常用的 LDA、GGA 对半导体禁带宽度的预测存在明显的误差；② 计算量巨大，并且随着体系规模增大，运算复杂度迅速上升，这主要来源于自洽求解的时间复杂度和平面波展开需要的空间复杂度。

2.2.2　$k \cdot p$ 方法

在固体物理中，微扰理论是用来研究固体能带结构，特别是有效质量以及光学性质的

常用近似方法。它根据一些已知参数，如带隙能量及描述带间耦合的动量矩阵元，从倒空间中的 $\mathbf{k}_0$ 点外推出材料的能带结构。这些参数称为经验参数，可以通过实验或 ab initio 方法计算得到。当考虑的本征态足够多时，就可得到材料在整个布里渊区内的能带结构。事实上，$\mathbf{k} \cdot \mathbf{p}$ 方法能够给出能带极值点附近准确的能带色散关系，对于研究多原子体系能带性质十分有帮助。在介绍 $\mathbf{k} \cdot \mathbf{p}$ 方法之前，首先要了解在量子力学计算中广泛使用的定态微扰理论。

1. 定态微扰理论

微扰理论是求解薛定谔方程的一种常用近似方法。其主要思想是：先从哈密顿量的主要部分出发，略去次要部分，求得薛定谔方程的精确解；再根据简化问题的精确解，逐级考虑略去的次要部分对系统的影响，从而得出接近于原问题精确解的各级近似解。定态微扰理论的哈密顿量与时间无关。

假设体系的哈密顿量为 H，相应的薛定谔方程为

$$H\psi = E\psi \tag{2-22}$$

当存在小的附加量时，可将 H 划分成两部分：

$$H = H_0 + H' = H_0 + \lambda W \tag{2-23}$$

式中，H_0 表示未受微扰体系的哈密顿量，H' 被视为附加于 H_0 上的微扰，λ 表示标记微扰作用的无量纲参数，W 表示微扰作用项。微扰理论的具体形式多种多样，但它们的基本思想相同，即都为逐级近似。下面分别介绍非简并能级微扰理论和简并能级微扰理论。

1）非简并能级微扰理论

假设 H_0 的本征值和本征函数分别为 $E_n^{(0)}$ 和 $\psi_n^{(0)}$，则有

$$H_0\psi_n^{(0)} = E_n^{(0)}\psi_n^{(0)} \tag{2-24}$$

按照逐级近似的思想，可给出式（2-22）的解。易知

$$E_n = E_n^{(0)} + \lambda E_n^{(1)} + \lambda^2 E_n^{(2)} + \cdots \tag{2-25}$$

$$\psi_n = \psi_n^{(0)} + \lambda\psi_n^{(1)} + \lambda^2\psi_n^{(2)} + \cdots \tag{2-26}$$

式中，$E_n^{(1)}$，$E_n^{(2)}$……和 $\psi_n^{(1)}$，$\psi_n^{(2)}$……分别表示能级 E_n 和波函数 ψ_n 的一级、二级……修正。将式（2-25）、式（2-26）代入式（2-22），比较等号两端 λ 的同幂次项，可得到各级近似下的方程：

$$零级：H_0\psi_n^{(0)} = E_n^{(0)}\psi_n^{(0)} \tag{2-27}$$

$$一级：H_0\psi_n^{(1)} + W\psi_n^{(0)} = E_n^{(0)}\psi_n^{(1)} + E_n^{(1)}\psi_n^{(0)} \tag{2-28}$$

$$二级：H_0\psi_n^{(2)} + W\psi_n^{(1)} = E_n^{(0)}\psi_n^{(2)} + E_n^{(1)}\psi_n^{(1)} + E_n^{(2)}\psi_n^{(0)} \tag{2-29}$$

$$\cdots\cdots$$

在不考虑微扰时，假设体系 H_0 处于某个非简并能级 $E_k^{(0)}$，相应的波函数为 $\psi_k^{(0)}$。对于一级近似，可将波函数一级修正项按 H_0 的本征函数系 $\{\psi_n^{(0)}\}$ 展开为

$$\psi_n^{(1)} = \sum_l a_l^{(1)}\psi_l^{(0)} \tag{2-30}$$

将其代入式（2-28），可得

$$(H_0 - E_n^{(0)})\sum_l a_l^{(1)}\psi_l^{(0)} = -(W - E_n^{(1)})\psi_n^{(0)} \tag{2-31}$$

为求展开系数 $a_l^{(1)}$，以 $\psi_m^{(0)*}$ 左乘式(2-31)并对全空间积分，利用 $\{\psi_n^{(0)}\}$ 系的正交归一性，可得

$$(E_m^{(0)}-E_k^{(0)})a_m^{(1)}=-W_{mk}+E_k^{(1)}\delta_{mk} \qquad (2-32)$$

$$W_{mk}=\int \psi_m^{(0)*}W\psi_k^{(0)}\mathrm{d}\boldsymbol{r}=\langle\psi_m^{(0)}|W|\psi_k^{(0)}\rangle \qquad (2-33)$$

在式(2-32)中，当 $m=k$ 时，可得

$$E_k^{(1)}=W_{kk}=\langle\psi_k^{(0)}|W|\psi_k^{(0)}\rangle \qquad (2-34)$$

而当 $m\neq k$ 时，可求得

$$a_m^{(1)}=\frac{W_{mk}}{E_k^{(0)}-E_m^{(0)}} \qquad (2-35)$$

至于 $a_k^{(1)}$，可以证明其值为零。因此，在一级近似下，有

$$E_k=E_k^{(0)}+\lambda W_{kk}=E_k^{(0)}+H'_{kk} \qquad (2-36)$$

$$\psi_k=\psi_k^{(0)}+\sum_n{}'\frac{H'_{nk}}{E_k^{(0)}-E_n^{(0)}}\psi_n^{(0)} \qquad (2-37)$$

式中 $\sum_n{}'$ 是指对所有的能级 n 求和，$n\neq k$。

对于二级近似，采用同样的算法可得能级的二级修正为

$$E_k^{(2)}=\sum_n{}'a_n^{(1)}H'_{nk}=\sum_n{}'\frac{H'_{nk}H'_{nk}}{E_k^{(0)}-E_n^{(0)}} \qquad (2-38)$$

最终，非简并能级薛定谔方程的解可写成

$$E_k=E_k^{(0)}+H'_{kk}+\sum_n{}'\frac{|H'_{nk}|^2}{E_k^{(0)}-E_n^{(0)}}+\cdots \qquad (2-39)$$

$$\psi_k=\psi_k^{(0)}+\sum_n{}'\frac{H'_{nk}}{E_k^{(0)}-E_n^{(0)}}\psi_n^{(0)}+\cdots \qquad (2-40)$$

2) 简并能级微扰理论

假设 H_0 的第 n 个能级 $E_n^{(0)}$ 有 k 度简并，即对应于 $E_n^{(0)}$ 有 k 个本征波函数 $\psi_{nv}^{(0)}$（$v=1$，$2,\cdots,k$），且满足归一化条件

$$\langle\psi_{mu}^{(0)}|\psi_{nv}^{(0)}\rangle=\delta_{mn}\delta_{uv} \qquad (2-41)$$

考虑微扰存在下的能量本征方程：

$$H|\psi\rangle=(H_0+\lambda W)|\psi\rangle=E|\psi\rangle \qquad (2-42)$$

在 H_0 表象中，对式(2-42)左乘 ψ_{mu}，可得

$$\langle\psi_{mu}|(H_0+\lambda W)|\psi\rangle=\langle\psi_{mu}|E|\psi\rangle \qquad (2-43)$$

利用完备性关系 $\sum_{nv}|\psi_{nv}\rangle\langle\psi_{nv}|=1$，式(2-43)左边可化为

$$\sum_{nv}\langle\psi_{mu}|(H_0+\lambda W)|\psi_{nv}\rangle\langle\psi_{nv}|\psi\rangle=E_m^{(0)}C_{mu}+\lambda\sum_{nv}W_{mu,nv}C_{nv} \qquad (2-44)$$

式中，$C_{mu}=\langle\psi_{mu}|\psi\rangle$，$W_{mu,nv}=\langle\psi_{mu}|W|\psi_{nv}\rangle$，$C_{nv}=\langle\psi_{nv}|\psi\rangle$。因此，式(2-43)可化为

$$E_m^{(0)}C_{mu}+\lambda\sum_{nv}W_{mu,nv}C_{nv}=EC_{mu} \qquad (2-45)$$

此为在 H_0 表象中的能量本征方程。

与非简并情况类似，利用微扰理论逐级近似求解方程(2-45)，比较 λ 的同幂次项可得各级近似下的方程：

$$零级：(E^{(0)}-E_m^{(0)})C_{mu}^{(0)}=0 \qquad (2-46)$$

$$一级：(E^{(0)}-E_m^{(0)})C_{mu}^{(1)}+E^{(1)}C_{mu}^{(0)}-\sum_{nv}W_{mu,nv}C_{nv}^{(0)}=0 \qquad (2-47)$$

$$\cdots\cdots$$

此处讨论的能级为 $E_n^{(0)}$，即式(2-46)中 $E^{(0)}=E_n^{(0)}$，由于能级的简并性，它对应的零级波函数是不确定的。根据式(2-46)可得

$$C_{mu}^{(0)}=a_u\delta_{mn} \qquad (2-48)$$

式(2-48)表明，$E_n^{(0)}$ 的零级波函数是 $E_n^{(0)}$ 的各简并态 $\psi_{nv}^{(0)}(v=1,2,\cdots,k)$ 的某种线性叠加，即它们总是在 $E_n^{(0)}$ 的各简并态组成的 k 维子空间中，最终可以得到

$$|\psi_{n\alpha}\rangle=\sum_v a_{\alpha v}|\psi_{nv}\rangle,\ \alpha=1,2,\cdots,k \qquad (2-49)$$

$$E_n^{(1)}=E_n^{(0)}+\lambda E_{n\alpha}^{(1)},\ \alpha=1,2,\cdots,k \qquad (2-50)$$

需要指出的是，在 $E_n^{(0)}$ 的各简并态组成的 k 维子空间中，若选 $\psi_{nv}^{(0)}(v=1,2,\cdots,k)$ 为基矢，则微扰 $H'=\lambda W$ 是对角化的。因此，选择恰当的零级波函数，可以使微扰对角化。在简并能级微扰理论中，应充分考虑体系的对称性，进行零级波函数的选择，尽可能使 H' 接近于对角化。

2. $k\cdot p$ 方法

1) $k\cdot p$ 方法简介

根据2.1节的介绍，在单电子近似下，周期性势场中运动的电子的能量 $E(k)$ 和波函数 $\psi_k(r)$ 应满足薛定谔方程：

$$\left[-\frac{\hbar^2}{2m}\nabla^2+V(r)\right]\psi_k(r)=E(k)\psi_k(r) \qquad (2-51)$$

相应的解为布洛赫波函数

$$\psi_k(r)=e^{ik\cdot r}u_k(r) \qquad (2-52)$$

且满足完备正交性关系

$$\begin{cases}\sum_{nk}|\psi_{nk}\rangle\langle\psi_{nk}|=1\\\langle\psi_{mk'}|\psi_{nk}\rangle=\delta_{mn}\delta_{kk'}\end{cases} \qquad (2-53)$$

假设已知倒空间中某一点的布洛赫波函数和本征能量，通常选择 $|k|=0$ 的点，即 Γ 点，记相应的布洛赫波函数的周期调幅因子和本征能量分别为 $u_{n0}(r)$ 和 E_{n0}。根据布洛赫波函数的周期调幅因子的周期性，倒空间中任一点的布洛赫波函数可以表示为

$$\varphi_{nk}(r)=e^{ik\cdot r}\sum_n A_n(k)u_{n0}(r) \qquad (2-54)$$

式中，$A_n(k)$ 是与 k 相关的展开系数。将式(2-54)代入式(2-51)，并根据

$$\left[-\frac{\hbar^2}{2m}\nabla^2+V(r)\right]u_{n0}(r)=E_{n0}u_{n0}(r) \qquad (2-55)$$

$$(-i\hbar\nabla)e^{ik\cdot r}u_{nk}(r)=\hbar k e^{ik\cdot r}u_{nk}(r)+e^{ik\cdot r}(-i\hbar\nabla)u_{nk}(r) \qquad (2-56)$$

$$(-i\hbar \nabla)^2 e^{i\boldsymbol{k}\cdot\boldsymbol{r}} u_{nk}(\boldsymbol{r}) = \hbar^2 k^2 e^{i\boldsymbol{k}\cdot\boldsymbol{r}} u_{nk}(\boldsymbol{r}) + 2\hbar \boldsymbol{k} e^{i\boldsymbol{k}\cdot\boldsymbol{r}} (-i\hbar \nabla) u_{nk}(\boldsymbol{r}) + e^{i\boldsymbol{k}\cdot\boldsymbol{r}} (-i\hbar \nabla)^2 u_{nk}(\boldsymbol{r})$$

$$(2-57)$$

可将式(2-51)化为

$$\sum_n A_n(\boldsymbol{k})\left(E_{n0} + \frac{\hbar^2 k^2}{2m} + \frac{\hbar}{m}\boldsymbol{k}\cdot\boldsymbol{p}\right)u_{n0}(\boldsymbol{r}) = \sum_n A_n(\boldsymbol{k})E_{nk}u_{n0}(\boldsymbol{r}) \qquad (2-58)$$

式中，$\boldsymbol{p} = -i\hbar \nabla$ 为动量算符。

当 $\boldsymbol{k}$ 点接近于 Γ 点时，式(2-58)中的 $\frac{\hbar^2 k^2}{2m}$ 和 $\frac{\hbar}{m}\boldsymbol{k}\cdot\boldsymbol{p}$ 可视为微扰项。根据微扰理论，对式(2-58)左乘 $u_{m0}^*(\boldsymbol{r})$，并对整个晶胞积分，同时由式(2-53)所示的布洛赫波函数的完备正交性，最终可得到 $\boldsymbol{k}\cdot\boldsymbol{p}$ 久期方程：

$$\sum_n A_n(\boldsymbol{k})\left[\left(E_{n0} + \frac{\hbar^2 k^2}{2m} - E_{nk}\right)\delta_{nm} + \frac{\hbar}{m}\boldsymbol{k}\cdot\boldsymbol{p}_{nm}\right] = 0 \qquad (2-59)$$

式中，

$$\boldsymbol{p}_{nm} = \langle u_{m0}^* \mid \boldsymbol{p} \mid u_{n0}\rangle = \frac{(2\pi)^3}{V_{\text{cell}}}\int_{V_{\text{cell}}} u_{m0}^*(\boldsymbol{r})\boldsymbol{p}u_{n0}(\boldsymbol{r})\mathrm{d}\boldsymbol{r} \qquad (2-60)$$

为动量矩阵元，可从实验或其他能带计算方法中得出，是 $\boldsymbol{k}\cdot\boldsymbol{p}$ 方法中的重要参数之一。

从式(2-59)可以看出，薛定谔方程已不再包含晶格周期势，此时只需知道 Γ 点的布洛赫波函数和本征能量，通过计算

$$\det(H_{nm} - E_{nk}\delta_{nm}) = 0 \qquad (2-61)$$

其中

$$H_{nm} = \left(E_{n0} + \frac{\hbar^2 k^2}{2m}\right)\delta_{nm} + \frac{\hbar}{m}\boldsymbol{k}\cdot\boldsymbol{p}_{nm}$$

即可得到在任意 $\boldsymbol{k}$ 点处的本征能量，即能带色散关系。可见已知的本征能量 E_{n0} 是 $\boldsymbol{k}\cdot\boldsymbol{p}$ 方法中的另一重要参数。

一般而言，式(2-61)是一个精确的表达式，因为其包含了 Γ 点处的无穷多个布洛赫解。假设 $|\boldsymbol{k}| \ll (2\pi/a)$，且 $\boldsymbol{k}$ 点很接近 Γ 点，则在非简并情况下，可以通过二级微扰修正来计算 E_{nk}：

$$E_{nk} = E_{n0} + \frac{\hbar}{m}\boldsymbol{k}\cdot\boldsymbol{p}_{nn} + \frac{\hbar^2 k^2}{2m} + \frac{\hbar^2}{m}\sum_{m\neq n}\frac{(\boldsymbol{k}\cdot\boldsymbol{p}_{nm})(\boldsymbol{k}\cdot\boldsymbol{p}_{mn})}{E_{n0} - E_{m0}} \qquad (2-62)$$

如果 Γ 点是能带的极值点，则 $\boldsymbol{k}$ 的线性项为零，引入笛卡尔坐标 $\alpha, \beta = x, y, z$，式(2-62)可写为

$$E_{nk} = E_{n0} + \frac{\hbar^2 k^2}{2m} + \frac{\hbar^2}{m}\sum_{\alpha\beta}\sum_{m\neq n}\frac{(\boldsymbol{k}_\alpha\cdot\boldsymbol{p}_{nm})(\boldsymbol{k}_\beta\cdot\boldsymbol{p}_{mn})}{E_{n0} - E_{m0}}$$

$$= E_{n0} + \frac{\hbar^2}{2}\sum_{\alpha\beta}\boldsymbol{k}_\alpha(m_n^*)^{-1}\boldsymbol{k}_\beta \qquad (2-63)$$

其中

$$\left(\frac{1}{m_n^*}\right)_{\alpha,\beta} = \left(\frac{1}{m}\right)\delta_{\alpha,\beta} + \frac{2}{m^2}\sum_{m\neq n}\frac{(\boldsymbol{k}_\alpha\cdot\boldsymbol{p}_{nm})(\boldsymbol{k}_\beta\cdot\boldsymbol{p}_{mn})}{E_{n0} - E_{m0}} \qquad (2-64)$$

为有效质量张量。

2）高阶 $\boldsymbol{k}\cdot\boldsymbol{p}$ 方法的特点

在过去几十年中，作为 DFT 的变体，局域密度近似（LDA）被认为是研究应变半导体材料弹性性质和形变势的一种强有力的方法。最近，对 LDA DFT 方法进行 GW 多体修正，计算出来的半导体能带结构非常接近相应的实验值。DFT 属于 ab initio 方法。ab initio 方法是一类自洽方法，它利用变分法来计算多体系统的基态能量，因而需要大量的计算资源。然而，此类方法只能用在具有高对称性的特殊点上，而不适用于计算具有特定边界的大型系统的传输特性。

不同于 ab initio 方法，EPM、TBM 和 $\boldsymbol{k}\cdot\boldsymbol{p}$ 方法利用经验参数来"再现"实验测得的能带带隙、介电响应和载流子有效质量。在过去三四十年中，考虑自旋轨道耦合修正的 EPM 在计算直接带隙半导体弛豫和应变能带结构上获得了巨大成功。最近一些采用 TBM 的计算也给出了精确的结果。$\boldsymbol{k}\cdot\boldsymbol{p}$ 方法利用一组代表 $\varGamma$ 点带隙、动量矩阵元素和自旋轨道耦合的参数来计算能带结构，能够有效计算出来的能带数与参数的精确性息息相关。$6\boldsymbol{k}\cdot\boldsymbol{p}$、$8\boldsymbol{k}\cdot\boldsymbol{p}$ 和 $14\boldsymbol{k}\cdot\boldsymbol{p}$ 方法能精确描述半导体在布里渊区中心附近的最高价带和最低导带，但是不能计算间接带隙半导体的导带。低阶 $\boldsymbol{k}\cdot\boldsymbol{p}$ 方法中哈密顿函数通常只需要少量参数（通常少于 10 个），而高阶 $\boldsymbol{k}\cdot\boldsymbol{p}$ 方法，如 Pollak 提出的"full-zone"$\boldsymbol{k}\cdot\boldsymbol{p}$ 方法中则需要大量未知参数，一旦这些参数确定了，计算布里渊区中任意 $\boldsymbol{k}$ 点处的能带结构就变得很简单了。然而找出这样一组满意的参数需要一定的技巧并付出大量精力，所以"full-zone"$\boldsymbol{k}\cdot\boldsymbol{p}$ 方法只用来计算 Si、Ge 和 α-Sn 的能带结构，而很少用来计算应变半导体的能带结构。

3）$30\boldsymbol{k}\cdot\boldsymbol{p}$ 方法

单电子系统的非相对论性薛定谔方程为

$$\left[-\frac{\hbar^2}{2m}\nabla^2+V(\boldsymbol{r})\right]\psi(\boldsymbol{r})=E\psi(\boldsymbol{r}) \tag{2-65}$$

其中 $V(\boldsymbol{r})$ 是具有晶格周期性的势能。方程（2-65）的解由布洛赫波函数给出：

$$\psi(\boldsymbol{r})=\mathrm{e}^{\mathrm{i}\boldsymbol{k}\cdot\boldsymbol{r}}u_{n\boldsymbol{k}}(\boldsymbol{r}) \tag{2-66}$$

其中 $u_{n\boldsymbol{k}}$ 是第 n 条能带对应的与晶格同周期的函数。将式（2-66）代入方程（2-65），并利用以下关系：

$$\nabla\psi(\boldsymbol{r})=\mathrm{i}\boldsymbol{k}\psi(\boldsymbol{r})+\mathrm{e}^{\mathrm{i}\boldsymbol{k}\cdot\boldsymbol{r}}\,\nabla u_{n\boldsymbol{k}}(\boldsymbol{r}) \tag{2-67}$$

$$\nabla^2\psi(\boldsymbol{r})=-k^2\psi(\boldsymbol{r})+2\mathrm{i}\boldsymbol{k}\,\mathrm{e}^{\mathrm{i}\boldsymbol{k}\cdot\boldsymbol{r}}\,\nabla u_{n\boldsymbol{k}}(\boldsymbol{r})+\mathrm{e}^{\mathrm{i}\boldsymbol{k}\cdot\boldsymbol{r}}\nabla^2 u_{n\boldsymbol{k}}(\boldsymbol{r})$$
$$=\mathrm{e}^{\mathrm{i}\boldsymbol{k}\cdot\boldsymbol{r}}(-k^2+2\mathrm{i}\boldsymbol{k}\cdot\nabla+\nabla^2)u_{n\boldsymbol{k}}(\boldsymbol{r}) \tag{2-68}$$

我们可以得到

$$\left[-\frac{\hbar^2}{2m}\nabla^2-\mathrm{i}\frac{\hbar^2}{m}(\boldsymbol{k}\cdot\nabla)+V(\boldsymbol{r})\right]u_{n\boldsymbol{k}}(\boldsymbol{r})=\left[E_n(\boldsymbol{k})-\frac{\hbar^2k^2}{2m}\right]u_{n\boldsymbol{k}}(\boldsymbol{r}) \tag{2-69}$$

或者运用动量算符关系式 $-\mathrm{i}\hbar\,\nabla=\boldsymbol{p}$，我们可以得到

$$\left(H_0+\frac{\hbar}{m}\boldsymbol{k}\cdot\boldsymbol{p}\right)u_{n\boldsymbol{k}}(\boldsymbol{r})=\left[E_n(\boldsymbol{k})-\frac{\hbar^2k^2}{2m}\right]u_{n\boldsymbol{k}}(\boldsymbol{r}) \tag{2-70}$$

其中 $H_0=-(\hbar^2/2m)\nabla^2+V(\boldsymbol{r})$ 是 $|\boldsymbol{k}|=0$ 时的哈密顿量。方程（2-70）右边方括号中的项是没有任何算符的常数，因此这一项导致 $E_n(\boldsymbol{k})$ 产生 $\hbar^2k^2/2m$ 的能量偏移，当这一项被当作微扰项时，方程（2-70）就叫作 $\boldsymbol{k}\cdot\boldsymbol{p}$ 微扰方程。$|\boldsymbol{k}|=0$ 时方程（2-70）只含有算符 H_0，

对角化该矩阵可以得出$|\boldsymbol{k}|=0$时（在Γ点）的本征态和相应的本征能量。从这些解出发，并对角化$\boldsymbol{k}\cdot\boldsymbol{p}$哈密顿量，就有可能计算出整个布里渊区的能带结构。具有反对称性的半导体中，只有具有相反宇称性的本征态相互作用的矩阵元素才是允许的，其$\boldsymbol{k}\cdot\boldsymbol{p}$哈密顿量只含有非对角项。另外，我们可以通过群论对矩阵元素进行分类，这样矩阵元素的数目会大为减少。Cardona 和 Pollak 提出用 15 个在Γ点（$|\boldsymbol{k}|=0$时）的电子态（波函数）来计算能带结构，并且获得了非常精确的锗和硅的能带结构。接下来我们将基于 Cardona 和 Pollak 的研究给出利用$\boldsymbol{k}\cdot\boldsymbol{p}$方法计算锗和硅能带结构的过程，这里忽略了自旋轨道耦合效应。

　　首先我们利用群论对如图 2.4 所示的自由电子能带分类，其中$\langle111\rangle$、$\langle200\rangle$、$\langle220\rangle$分别代表倒格矢$\boldsymbol{G}_3$、$\boldsymbol{G}_4$和$\boldsymbol{G}_8$，（）中的数字 8、6、12 代表了波函数的简并度。在Γ点的 15 个电子态被分为Γ_1^l、Γ_1^u、$\Gamma_{2'}^l$、$\Gamma_{2'}^u$、$\Gamma_{25'}^l$、Γ_{15}、$\Gamma_{25'}^u$、$\Gamma_{12'}$，这里上标 l 和 u 分别对应能带较低和能带较高状态。表 2.1 给出了$\boldsymbol{k}\cdot\boldsymbol{p}$方法计算锗和硅能带结构的本征能量，作为对比，表中还给出了 OPW（正交化平面波）法和 EPM 的结果。

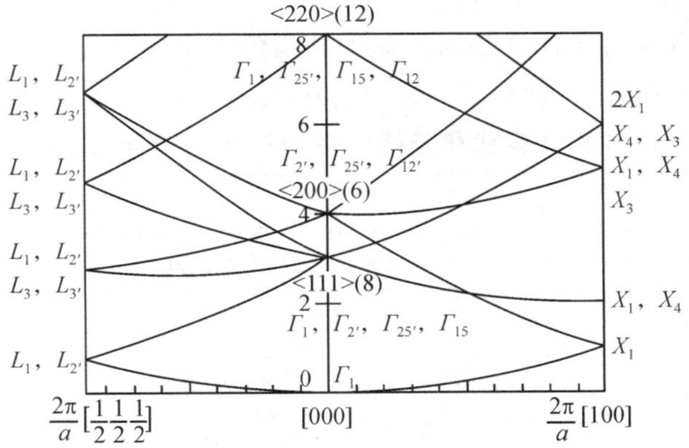

图 2.4　自由电子能带（面心立方晶格的空晶格能带）

表 2.1　$\boldsymbol{k}\cdot\boldsymbol{p}$方法计算锗和硅能带结构的本征能量（单位：Rydberg）

电子态	波函数方向	锗			硅		
		$\boldsymbol{k}\cdot\boldsymbol{p}$方法	OPW 法	EPM	$\boldsymbol{k}\cdot\boldsymbol{p}$方法	OPW 法	EPM
$\Gamma_{25'}^l$	[111]	0.00	0.00	0.00	0.00	0.00	0.00
$\Gamma_{2'}^l$	[111]	0.0728	-0.081	-0.007	0.265	0.164	0.23
Γ_{15}	[111]	0.232	0.231	0.272	0.252	0.238	0.28
Γ_1^u	[111]	0.571	0.571	0.444	0.520	0.692	0.52
Γ_1^l	[000]	-0.966	-0.929	-0.950	-0.950	-0.863	-0.97
$\Gamma_{12'}$	[200]	0.770	0.770	0.620	0.710	0.696	0.71
$\Gamma_{25'}^u$	[200]	1.25		0.890	0.940		0.94
$\Gamma_{2'}^u$	[200]	1.35		0.897	0.990		0.99

　　从群论特征标表中很明显能看出$\Gamma_{25'}$是三维的，有三个本征态。能量本征态由 EPM 或其他方法粗略估计得到。这些本征态已在表 2.1 中给出。动量算符$\boldsymbol{p}$与Γ_{15}具有相同的对

称性，因此 15 个本征态的动量矩阵元素含有非零分量，这些动量矩阵元素的表达式如下：

$$P = 2\mathrm{i}\langle \Gamma_{25'}^l \,|\, \boldsymbol{p} \,|\, \Gamma_{2'}^l \rangle \tag{2-71}$$

$$Q = 2\mathrm{i}\langle \Gamma_{25'}^l \,|\, \boldsymbol{p} \,|\, \Gamma_{15} \rangle \tag{2-72}$$

$$R = 2\mathrm{i}\langle \Gamma_{25'}^l \,|\, \boldsymbol{p} \,|\, \Gamma_{12'} \rangle \tag{2-73}$$

$$P'' = 2\mathrm{i}\langle \Gamma_{25'}^l \,|\, \boldsymbol{p} \,|\, \Gamma_{2'}^u \rangle \tag{2-74}$$

$$P' = 2\mathrm{i}\langle \Gamma_{25'}^u \,|\, \boldsymbol{p} \,|\, \Gamma_{2'}^l \rangle \tag{2-75}$$

$$Q' = 2\mathrm{i}\langle \Gamma_{25'}^u \,|\, \boldsymbol{p} \,|\, \Gamma_{15} \rangle \tag{2-76}$$

$$R' = 2\mathrm{i}\langle \Gamma_{25'}^u \,|\, \boldsymbol{p} \,|\, \Gamma_{12'} \rangle \tag{2-77}$$

$$P''' = 2\mathrm{i}\langle \Gamma_{25'}^u \,|\, \boldsymbol{p} \,|\, \Gamma_{2'}^u \rangle \tag{2-78}$$

$$T = 2\mathrm{i}\langle \Gamma_1^u \,|\, \boldsymbol{p} \,|\, \Gamma_{15} \rangle \tag{2-79}$$

$$T' = 2\mathrm{i}\langle \Gamma_1^l \,|\, \boldsymbol{p} \,|\, \Gamma_{15} \rangle \tag{2-80}$$

在式（2-71）至式（2-80）中，动量矩阵元素的因子 2 是由文中所用的单位引起的（原子单位制）。因此，使用原子单位，$p^2/2m$ 和 $\hbar^2 k^2/2m$ 可以分别表示为 p^2 和 k^2。

表 2.2 给出了 $\boldsymbol{k} \cdot \boldsymbol{p}$ 方法计算锗和硅能带结构的动量矩阵元素值，作为对比，表中还给出了 EPM 和回旋共振法（一种实验测量方法）的结果。

表 2.2　$\boldsymbol{k} \cdot \boldsymbol{p}$ 方法计算锗和硅能带结构的动量矩阵元素值（原子单位）

动量矩阵元素	锗			硅		
	$\boldsymbol{k} \cdot \boldsymbol{p}$ 方法	EPM	回旋共振法	$\boldsymbol{k} \cdot \boldsymbol{p}$ 方法	EPM	回旋共振法
P	1.360	1.24	1.36	1.200	1.27	1.20
Q	1.070	0.99	1.07	1.050	1.05	1.05
R	0.8049	0.75	0.92	0.830	0.74	0.68
P''	0.1000	0.09		0.100	0.10	
P'	0.1715	0.0092		-0.090	-0.10	
Q'	-0.752	-0.65		-0.807	-0.64	
R'	1.4357	1.13		1.210	1.21	
P'''	1.6231	1.30		1.32	1.37	
T	1.2003	1.11		1.080	1.18	
T'	0.5323	0.41		0.206	0.34	

利用表 2.2 列出来的参数，按照下面给出的步骤，就能很容易计算出来锗和硅的能带结构。首先，计算 $\boldsymbol{k} \cdot \boldsymbol{p}$ 哈密顿矩阵的 15×15 矩阵元素。然后，对角化该矩阵，获得布里渊区 $\boldsymbol{k}$ 点的本征能量和本征态。$\boldsymbol{k} \cdot \boldsymbol{p}$ 哈密顿矩阵中有 15×15 实数元素，因此很容易对角化。此外，考虑自旋轨道耦合效应的矩阵包含 15×15 虚数元素，它可以转化为一个 30×30 实数矩阵并且是可对角化的。15 $\boldsymbol{k} \cdot \boldsymbol{p}$ Cardona-Pollak 哈密顿矩阵如下所示：

$$
\begin{array}{c}
\begin{array}{ccccccccccccccc}
\Gamma_{25'}^{l} & & & i\Gamma_{15} & & & \Gamma_{25'}^{u} & & & \Gamma_1^u & \Gamma_1^l & i\Gamma_{2'}^u & i\Gamma_{12'} & i\Gamma_{12'} & i\Gamma_{2'}^u \\
yz & zx & xy & ix & iy & iz & yz & zx & xy & s^+ & s^+ & is^- & d_2^- & id_2^- & is^-
\end{array}\\[4pt]
\left[
\begin{array}{ccccccccccccccc}
0 & 0 & 0 & 0 & \frac{Q}{2}k_z & \frac{Q}{2}k_y & 0 & 0 & 0 & 0 & 0 & \frac{P}{2}k_x & \frac{R}{\sqrt2}k_x & 0 & \frac{P''}{2}k_x \\[4pt]
0 & 0 & 0 & \frac{Q}{2}k_z & 0 & \frac{Q}{2}k_x & 0 & 0 & 0 & 0 & 0 & \frac{P}{2}k_y & -\frac{R}{2\sqrt2}k_y & -\frac{\sqrt3 R}{2\sqrt2}k_y & \frac{P''}{2}k_y \\[4pt]
0 & 0 & 0 & \frac{Q}{2}k_y & \frac{Q}{2}k_x & 0 & 0 & 0 & 0 & 0 & 0 & \frac{P}{2}k_z & -\frac{R}{2\sqrt2}k_z & \frac{\sqrt3 R}{2\sqrt2}k_z & \frac{P''}{2}k_z \\[4pt]
 & & & E(\Gamma_{15}) & 0 & 0 & 0 & \frac{Q'}{2}k_z & \frac{Q'}{2}k_y & \frac{T}{2}k_x & \frac{T'}{2}k_x & 0 & 0 & 0 & 0 \\[4pt]
 & & & & E(\Gamma_{15}) & 0 & \frac{Q'}{2}k_z & 0 & \frac{Q'}{2}k_x & \frac{T}{2}k_y & \frac{T'}{2}k_y & 0 & 0 & 0 & 0 \\[4pt]
 & & & & & E(\Gamma_{15}) & \frac{Q'}{2}k_y & \frac{Q'}{2}k_x & 0 & \frac{T}{2}k_z & \frac{T'}{2}k_z & 0 & 0 & 0 & 0 \\[4pt]
 & & & & & & E(\Gamma_{25'}^{u}) & 0 & 0 & 0 & 0 & \frac{P'}{2}k_x & \frac{R}{\sqrt2}k_x & 0 & \frac{P''}{2}k_x \\[4pt]
 & & & & & & & E(\Gamma_{25'}^{u}) & 0 & 0 & 0 & \frac{P'}{2}k_y & -\frac{R}{2\sqrt2}k_y & -\frac{\sqrt3 R'}{2\sqrt2}k_y & \frac{P''}{2}k_y \\[4pt]
 & & & & & & & & E(\Gamma_{25'}^{u}) & 0 & 0 & \frac{P'}{2}k_z & -\frac{R}{2\sqrt2}k_z & \frac{\sqrt3 R'}{2\sqrt2}k_z & \frac{P''}{2}k_z \\[4pt]
 & & & & & & & & & E(\Gamma_1^u) & 0 & 0 & 0 & 0 & 0 \\[4pt]
 & & & & & & & & & & E(\Gamma_1^l) & 0 & 0 & 0 & 0 \\[4pt]
 & & & & & & & & & & & E(\Gamma_{2'}^l) & 0 & 0 & 0 \\[4pt]
 & & & & & & & & & & & & E(\Gamma_{12'}) & 0 & 0 \\[4pt]
 & & & & & & & & & & & & & E(\Gamma_{12'}) & 0 \\[4pt]
 & & & & & & & & & & & & & & E(\Gamma_{2'}^u)
\end{array}
\right]
+\frac{\hbar^2 k^2}{2m_0}
\end{array}
\qquad(2-81)
$$

　　为了简单起见，我们考虑波矢 k 分别沿[100]、[110]、[111]方向的能带结构。[100]方向沿着 Δ 轴，起始于 Γ 点，终止于 X 点；[110]方向沿着 Σ 轴，起始于 Γ 点，终止于 K 点；[111]方向沿着 Λ 轴，起始于 Γ 点，终止于 L 点。表 2.3 给出了各个方向上能带的相容性关系。

表 2.3　相容性关系

Γ_1	Γ_2	Γ_{12}	$\Gamma_{15'}$	$\Gamma_{25'}$	$\Gamma_{1'}$	$\Gamma_{2'}$	$\Gamma_{12'}$	Γ_{15}	Γ_{25}
Δ_1	Δ_2	$\Delta_1\Delta_2$	$\Delta_{1'}\Delta_5$	$\Delta_{2'}\Delta_5$	$\Delta_{1'}$	$\Delta_{2'}$	$\Delta_{1'}\Delta_{2'}$	$\Delta_1\Delta_5$	$\Delta_2\Delta_5$
Λ_1	Λ_2	Λ_3	$\Lambda_2\Lambda_3$	$\Lambda_1\Lambda_3$	Λ_2	Λ_1	Λ_3	$\Lambda_1\Lambda_3$	$\Lambda_2\Lambda_3$
Σ_1	Σ_4	$\Sigma_1\Sigma_4$	$\Sigma_2\Sigma_3\Sigma_4$	$\Sigma_1\Sigma_2\Sigma_3$	Σ_2	Σ_3	$\Sigma_2\Sigma_3$	$\Sigma_1\Sigma_3\Sigma_4$	$\Sigma_1\Sigma_2\Sigma_4$
X_1	X_2	X_3	X_4	X_5	$X_{1'}$	$X_{2'}$	$X_{3'}$	$X_{4'}$	$X_{5'}$
Δ_1	Δ_2	$\Delta_{2'}$	$\Delta_{1'}$	Δ_5	$\Delta_{1'}$	$\Delta_{2'}$	Δ_2	Δ_1	Δ_5
Z_1	Z_1	Z_4	Z_4	Z_2Z_3	Z_2	Z_2	Z_3	Z_3	Z_1Z_4
S_1	S_4	S_1	S_4	S_2S_3	S_2	S_3	S_2	S_3	S_1S_4
M_1	M_2	M_3	M_4	M_5	$M_{1'}$	$M_{2'}$	$M_{3'}$	$M_{4'}$	$M_{5'}$
Σ_1	Σ_1	Σ_4	Σ_4	$\Sigma_2\Sigma_3$	Σ_2	Σ_2	Σ_3	Σ_3	$\Sigma_1\Sigma_4$
Z_1	Z_1	Z_3	Z_3	Z_2Z_4	Z_2	Z_2	Z_4	Z_4	Z_1Z_3
T_1	T_2	T_1	$T_{1'}$	T_5	$T_{1'}$	$T_{2'}$	T_2	T_1	T_5

　　利用表 2.3 给出的相容性关系，可将 $k \cdot p$ 哈密顿矩阵分解为几个小的矩阵。在下文中我们会用到前面提过的原子单位制，将 $\hbar^2 k^2/2m$ 和 $p^2/2m$ 分别表示为 k^2 和 p^2。下面我

们将给出 $k \cdot p$ 哈密顿矩阵在[100]、[110]、[111]方向的分解矩阵，通过分解矩阵我们可以很容易地画出相应的能带图。

(1) [100]方向的分解矩阵。

从表 2.3 可以看出，这个方向包含 Δ_5、Δ_1、$\Delta_{2'}$ 能带，括号中的能带因为其高能量状态而被忽略。

① Δ_5 能带有 3 条子能带：$(\Gamma_{15'})$、$\Gamma_{25'}^u$、$\Gamma_{25'}^l$、Γ_{15}。这 3 条子能带对应的矩阵为

$$\begin{bmatrix} k_x^2 & Qk_x & 0 \\ Qk_x & E(\Gamma_{15})+k_x^2 & Q'k_x \\ 0 & Q'k_x & E(\Gamma_{25'}^u)+k_x^2 \end{bmatrix} \quad (2-82)$$

② Δ_1 能带有 3 条子能带：Γ_1^l、Γ_1^u、(Γ_{12})、Γ_{15}。这 3 条子能带对应的矩阵为

$$\begin{bmatrix} E(\Gamma_{15})+k_x^2 & Tk_x & T'k_x \\ Tk_x & E(\Gamma_1^u)+k_x^2 & 0 \\ T'k_x & 0 & E(\Gamma_1^l)+k_x^2 \end{bmatrix} \quad (2-83)$$

③ $\Delta_{2'}$ 能带有 5 条子能带：$\Gamma_{25'}^l$、$\Gamma_{25'}^u$、$\Gamma_{2'}^l$、$\Gamma_{2'}^u$、$\Gamma_{12'}$。这 5 条子能带对应的矩阵为

$$\begin{bmatrix} E(\Gamma_{2'}^l)+k_x^2 & Pk_x & 0 & P'k_x & 0 \\ Pk_x & k_x^2 & \sqrt{2}Rk_x & 0 & P''k_x \\ 0 & \sqrt{2}Rk_x & E(\Gamma_{12'})+k_x^2 & \sqrt{2}R'k_x & 0 \\ P'k_x & 0 & \sqrt{2}R'k_x & E(\Gamma_{25'}^u)+k_x^2 & P'''k_x \\ 0 & P''k_x & 0 & P'''k_x & E(\Gamma_{2'}^u)+k_x^2 \end{bmatrix} \quad (2-84)$$

图 2.5 是根据分解矩阵画出的弛豫锗[100]方向的能带结构。

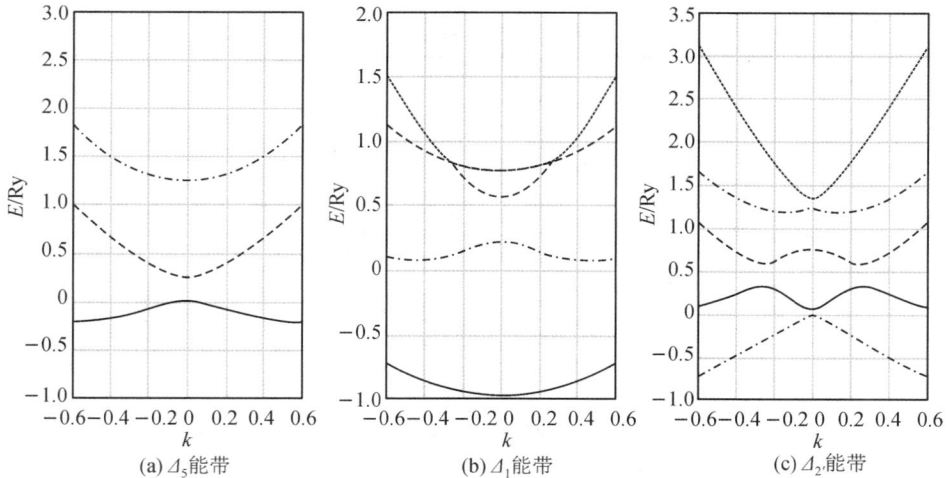

图 2.5　弛豫锗[100]方向的能带结构

(2) [110]方向的分解矩阵。

从表 2.3 可以看出，这个方向包含 Σ_1、Σ_4、Σ_3、Σ_2 能带。

① Σ_1 能带有 5 条子能带：Γ_1^l、Γ_1^u、(Γ_{12})、$\Gamma_{25'}^l$、$\Gamma_{25'}^u$、Γ_{15}。这 5 条子能带对应的矩阵为

$$\begin{bmatrix} E(\Gamma_1^l)+k^2 & 0 & T'k & 0 & 0 \\ 0 & k^2 & Qk & 0 & 0 \\ T'k & Qk & E(\Gamma_{15})+k^2 & Tk & Q'k \\ 0 & 0 & Tk & E(\Gamma_1^u)+k^2 & 0 \\ 0 & 0 & Q'k & 0 & E(\Gamma_{25'}^u)+k^2 \end{bmatrix} \tag{2-85}$$

② Σ_4 能带有 1 条子能带：(Γ_2)、(Γ_{12})、$(\Gamma_{15'})$、Γ_{15}、(Γ_{25})。这条子能带对应的矩阵为

$$\begin{bmatrix} E(\Gamma_{15})+k^2 \end{bmatrix} \tag{2-86}$$

③ Σ_3 能带有 6 条子能带：$(\Gamma_{15'})$、$\Gamma_{25'}^l$、$\Gamma_{25'}^u$、$\Gamma_{2'}^l$、$\Gamma_{2'}^u$、$\Gamma_{12'}$、Γ_{15}。这 6 条子能带对应的矩阵为

$$\begin{bmatrix} k^2 & Pk & Qk & Rk & 0 & P''k \\ Pk & E(\Gamma_{2'}^l)+k^2 & 0 & 0 & P'k & 0 \\ Qk & 0 & E(\Gamma_{15'})+k^2 & 0 & Q'k & 0 \\ Rk & 0 & 0 & E(\Gamma_{12'})+k^2 & R'k & 0 \\ 0 & P'k & Q'k & R'k & E(\Gamma_{25'}^u)+k^2 & P'''k \\ P''k & 0 & 0 & 0 & P'''k & E(\Gamma_{2'}^u)+k^2 \end{bmatrix}$$

$$\tag{2-87}$$

④ Σ_2 能带有 3 条子能带：$(\Gamma_{15'})$、$\Gamma_{25'}^l$、$\Gamma_{25'}^u$、$(\Gamma_{1'})$、$\Gamma_{12'}$、(Γ_{25})。这 3 条子能带对应的矩阵为

$$\begin{bmatrix} k^2 & Rk & 0 \\ Rk & E(\Gamma_{12})+k^2 & R'k \\ 0 & R'k & E(\Gamma_{25'}^u)+k^2 \end{bmatrix} \tag{2-88}$$

因此，[110]方向的能带，即 Σ 能带的 15×15 矩阵可以分解为 6×6、5×5、3×3 和 1×1 四个不可约矩阵。图 2.6 是根据分解矩阵画出的弛豫锗[110]方向的能带结构。

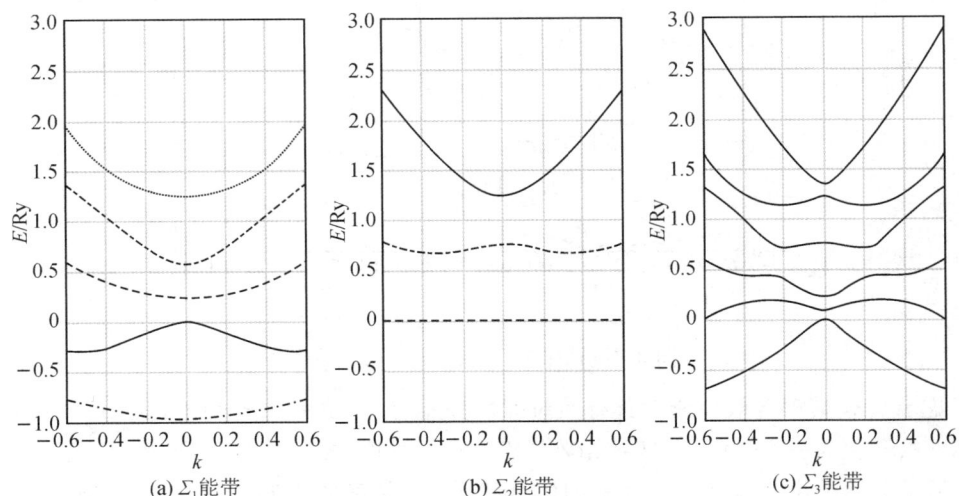

图 2.6　弛豫锗[110]方向的能带结构

（3）[111]方向的分解矩阵。

从表 2.3 可以看出，这个方向包含 Λ_1 和 Λ_3 能带。

① Λ_1 能带有 7 条子能带：Γ_1^l、Γ_1^u、$\Gamma_{25'}^l$、$\Gamma_{25'}^u$、$\Gamma_{2'}^l$、$\Gamma_{2'}^u$、Γ_{15}。这 7 条子能带对应的矩阵为

$$
\begin{bmatrix}
E(\Gamma_{2'}^l)+k^2 & Pk & 0 & P'k & 0 & 0 & 0 \\
Pk & k^2 & (2/\sqrt{3}\,Qk) & 0 & 0 & 0 & P''k \\
0 & 2/\sqrt{3}\,Qk & E(\Gamma_{15})+k^2 & 2/\sqrt{3}\,Q'k & Tk & T'k & 0 \\
P'k & 0 & 2/\sqrt{3}\,Q'k & E(\Gamma_{25'}^u)+k^2 & 0 & 0 & P'''k \\
0 & 0 & Tk & 0 & E(\Gamma_1^u)+k^2 & 0 & 0 \\
0 & 0 & T'k & 0 & 0 & E(\Gamma_1^l)+k^2 & 0 \\
0 & P''k & 0 & P'''k & 0 & 0 & E(\Gamma_{2'}^u)+k^2
\end{bmatrix}
\tag{2-89}
$$

② Λ_3 能带有 4 条子能带：(Γ_{12})、$(\Gamma_{15'})$、$\Gamma_{25'}^l$、$\Gamma_{25'}^u$、$\Gamma_{12'}$、Γ_{15}、(Γ_{25})。这 4 条子能带对应的矩阵为

$$
\begin{bmatrix}
k^2 & -(1/\sqrt{3})Qk & 0 & Rk \\
-(1/\sqrt{3})Qk & E(\Gamma_{15})+k^2 & -(1/\sqrt{3})Q'k & 0 \\
0 & -(1/\sqrt{3})Q'k & E(\Gamma_{25'}^u)+k^2 & R'k \\
Rk & 0 & R'k & E(\Gamma_{12'})+k^2
\end{bmatrix}
\tag{2-90}
$$

因此，[111]方向的 Λ 能带的矩阵可分解为 7×7 和 4×4 两个不可约矩阵。图 2.7 是根据分解矩阵画出的弛豫锗[111]方向的能带结构。

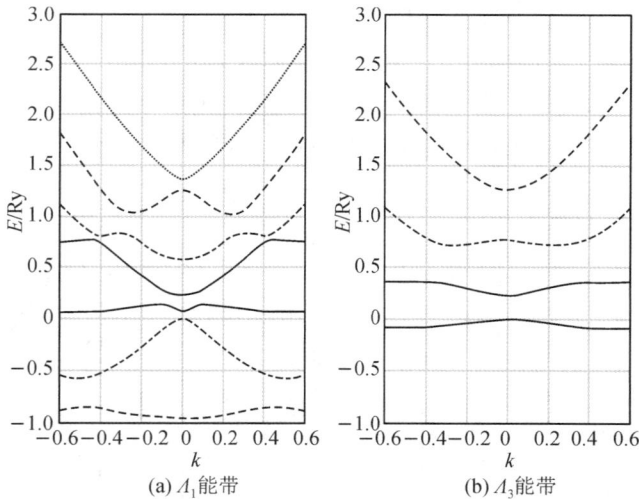

图 2.7 弛豫锗[111]方向的能带结构

考虑自旋轨道耦合效应或者具有反对称性势能的 $\boldsymbol{k} \cdot \boldsymbol{p}$ 哈密顿矩阵包含 15×15 复数元素，它可以转化为一个 30×30 实数矩阵，然后进行对角化处理。如上所述，$\boldsymbol{k} \cdot \boldsymbol{p}$ 方法非常简单，但是能够给出光跃迁矩阵元素的信息和详细、精确的能带结构。

用 $\boldsymbol{k} \cdot \boldsymbol{p}$ 方法计算所得弛豫锗能带结构如图 2.8 所示。考虑自旋轨道耦合效应后，本来在 Γ 点六度简并的价带分裂为两条重空穴带、两条轻空穴带和两条自旋耦合分裂带（在

图中相同的两条能带重叠，因此只能看见一条能带曲线）。锗为间接带隙半导体，其导带最低点位于 L 能谷（[111]方向），自旋轨道耦合效应也会使 Γ_{15} 能带发生分裂。

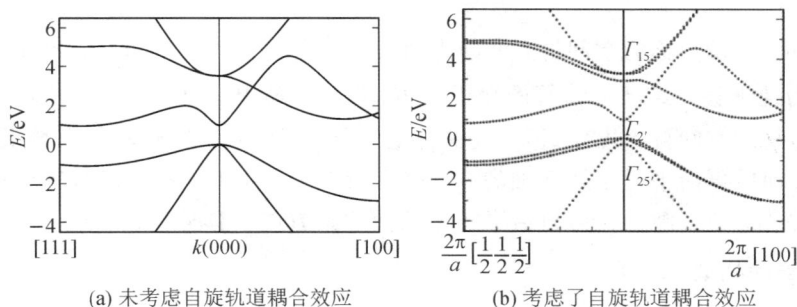

(a) 未考虑自旋轨道耦合效应　　　　(b) 考虑了自旋轨道耦合效应

图 2.8　用 $\boldsymbol{k} \cdot \boldsymbol{p}$ 方法计算所得弛豫锗能带结构

2.3　空间群与能带对称性

晶体是通过原子、分子或离子的规则排列而形成的，其内部结构可以概括为一系列相同格点在空间中有规则的周期性排列。可见，晶体内部结构的基本特性就是晶格的周期性，也就是平移对称性。而除了平移对称性，晶体还存在转动对称性。要完全描述晶体的对称性，需要用到转动平移算符 $\{\boldsymbol{R}|\boldsymbol{t}\}$：

$$\{\boldsymbol{R}|\boldsymbol{t}\}\boldsymbol{r}=\boldsymbol{R}\boldsymbol{r}+\boldsymbol{t} \tag{2-91}$$

其中，$\boldsymbol{R}$ 和 $\boldsymbol{t}$ 可以看作矩阵，且

$$\begin{cases} \boldsymbol{R}=\begin{bmatrix} R_{11} & R_{12} & R_{13} \\ R_{21} & R_{22} & R_{23} \\ R_{31} & R_{32} & R_{33} \end{bmatrix} \\ \boldsymbol{t}=\begin{bmatrix} t_1 \\ t_2 \\ t_3 \end{bmatrix} \end{cases} \tag{2-92}$$

转动平移算符作用于位矢 $\boldsymbol{r}$ 上时，先将其绕过某点的轴转动 $\boldsymbol{R}$，然后将其平移距离 $\boldsymbol{t}$，最后得到一个新的位矢 $\boldsymbol{r}'$。

设位矢 $\boldsymbol{r}$、$\boldsymbol{r}'$ 对应的坐标分别为 (x_1, x_2, x_3)、(x_1', x_2', x_3')，其上某点对应的坐标分别为 (y_1, y_2, y_3)、(y_1', y_2', y_3')，则转动平移算符不仅要满足

$$d'^2 = (x_1'-y_1')^2 + (x_2'-y_2')^2 + (x_3'-y_3')^2$$
$$= (x_1-y_1)^2 + (x_2-y_2)^2 + (x_3-y_3)^2 = d^2 \tag{2-93}$$

的要求，还要使转动部分和平移部分相容。因此，转动和平移之间存在很多的限制。由满足上述条件的转动平移算符使晶体复原的全部转动和平移操作组成的集合，称为晶体空间群。

2.3.1　晶体空间群

晶体空间群，常简称为空间群，可分为两类。一类为简单空间群，共有 73 个，群中各元都可表示为纯平移与纯转动算符的乘积：$\{R|R_n\}=\{E|R_n\}\{R|0\}$，其中 R_n 为布拉维格矢。另一类为复杂空间群，共有 157 个，群中包含了 n 重螺旋轴(转动和平移组成的复合对称操作，即转动后再沿平行于转动轴的方向平移分数格矢长度)和滑移面(镜映和平移组成的复合对称操作，即镜映操作后再沿平行于该面的某方向平移分数格矢长度)。

1. 空间群的构成

1) 晶格平移群

当 $\{R|t\}$ 中的转动部分为单位元 E 时，转动平移算符将蜕变为纯平移算符 $\{E|t\}$。若平移操作是晶体的对称操作，则平移量只能是格矢 R_n，这是由于只有平移一个格矢后，晶体才会与自身重合。所以，由晶格平移算符 $\{E|R_n\}$ 的集合组成的晶格平移群 T 是晶体空间群 G 的子群。

2) 点群

当空间群所有群元的平移部分为零时，算符 $\{R|0\}$ 的集合构成了空间群 G 的点群 G_0。点群 G_0 仅是转动平移算符 $\{R|t\}$ 转动部分的集合，未必是空间群 G 的子群。如果 G_0 是空间群 G 的子群，那么 G 就是简单空间群，否则为复杂空间群。

点群可以看作是在点对称操作(保持空间某一点固定不动的对称操作)的基础上组成的对称操作群。点对称操作共有 3 种，对每种操作，相应的熊夫利符号如下：

(1) 绕固定轴的转动，符号为 $C_n[n]$，如转动 $2\pi/n$ 为对称操作，则该轴称为 n 重对称转轴，简称 n 重轴。晶体中允许的对称转轴只能是 1、2、3、4 和 6 重，当 $n=1$ 时，即旋转 2π 角度，相当于不动操作，记为 $E[1]$。

(2) 镜面反映，符号为 $\sigma[m]$，表示将所有点转换到它们的镜像位置。

(3) 中心反演，符号为 $i[\bar{1}]$，如取原点为反演中心，则 $i(x,y,z)\rightarrow(-x,-y,-z)$。

由于点群中的对称操作必须和晶体的平移对称性相容，因此这种点群也称为晶体学点群。其中不动操作为单位元素，"乘法"表示连续操作。由于平移对称性的限制，只能组成 32 个点群。

2. 二维空间群

近年来，关于晶体表面、界面及薄膜材料的研究，引起了人们极大的兴趣。当粒子被限定在晶体的某个面或晶体薄膜中运动时，就需要用到二维空间群。

晶体表面、界面及薄膜都是一些二维点阵，即只在平面内才具有周期性，而在垂直于平面的方向上则没有周期性。因而，二维点阵可以通过三维点阵的 14 种布拉维格子压成平面而得到，这样的二维点阵只有 4 种可能的构型，即分为 4 个晶系，包含了 5 种布拉维格子，如图 2.9 所示。其中，a 和 b 分别为点阵基矢，它们之间的夹角为 α。表 2.4 列出了这些晶系的点群。

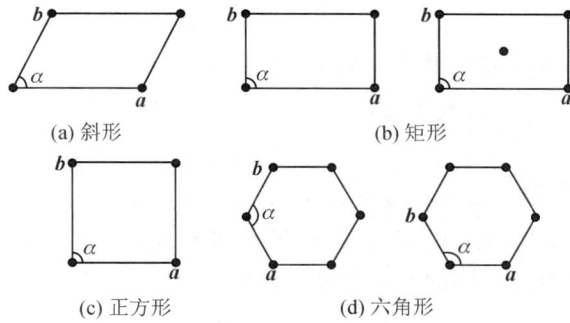

(a) 斜形　　　　　　　　　(b) 矩形

(c) 正方形　　　　(d) 六角形

图 2.9　二维点阵的 5 种布拉维格子

表 2.4　二维点阵晶系的点群

晶系	基矢特性	点群	空间群数
斜方	简单斜形，$a \neq b$，$\alpha \neq 90°$	C_1	2
		C_2	
长方	简单矩形，有心矩形，$a \neq b$，$\alpha = 90°$	C_{1h}	4
		C_{2v}	
正方	简单正方形，$a = b$，$\alpha = 90°$	C_4	2
		C_{4v}	
六角	简单六角形，$a = b$，$\alpha = 60°$ 或 $120°$	C_3	4
		C_{3v}	
		C_6	
		C_{6v}	

　　表 2.4 列出了 12 个简单空间群，而由于六角晶系中的镜面取向不同，可多组合出一个简单空间群，所以二维空间群中包含了 13 个简单空间群。此外，在二维点阵中，考虑到非格矢平移只能在二维平面内进行，又可多组合出 4 个复杂空间群。因此，二维空间群共有 17 个。

2.3.2　能带对称性

　　晶体本身的对称性，使得晶体中电子的运动状态也具有对称性，即晶体的单电子薛定谔方程的群是晶体的空间群。所以，表征电子运动状态的本征能量 $E(\mathbf{k})$ 和本征函数 $\psi_k(\mathbf{r})$ 可以按空间群的不可约表示分类。如前所述，晶体的对称性包含了转动对称性和平移对称性，它们都会反映到本征能量的对称性上。了解能带对称性对于理解能带性质、简化问题有很大帮助。

1. 平移对称性

　　2.1 节已经指出，$E_n(\mathbf{k})$ 在 $\mathbf{k}$ 空间中的平移对称性 $E_n(\mathbf{k}) = E_n(\mathbf{k} + \mathbf{G})$ 使得能带结构的计算可以限制在以 $|\mathbf{k}| = 0$ 为中心的 WS(Wigner-Seitz)原胞内，即第一布里渊区。

2. 点群对称性

将点对称算符 α 作用于布洛赫波函数上，有

$$T(\alpha)\psi_{nk}(\boldsymbol{r}) = \mathrm{e}^{\mathrm{i}k\cdot\alpha^{-1}r}u_{nk}(\alpha^{-1}\boldsymbol{r})$$
$$= \mathrm{e}^{\mathrm{i}\alpha k\cdot r}u'_{n,\alpha k}(\boldsymbol{r}) \tag{2-94}$$

这里利用了 α 满足正交变换：$\boldsymbol{k}\cdot\alpha^{-1}\boldsymbol{r}=\alpha\boldsymbol{k}\cdot\boldsymbol{r}$，另外因为 $u_{nk}(\alpha^{-1}\boldsymbol{r})$ 仍为周期函数，所以将其改写成 $u'_{n,\alpha k}(\boldsymbol{r})$。也就是说，用 $T(\alpha)$ 作用于布洛赫波函数的结果是把简约波数 $\boldsymbol{k}$ 变换成 $\alpha\boldsymbol{k}$。因此，它们应该具有相同的本征能量，即有

$$E_n(\boldsymbol{k}) = E_n(\alpha\boldsymbol{k}) \tag{2-95}$$

当 α 取遍晶体所属点群中的所有操作时，得到一组 $\alpha\boldsymbol{k}$，它们的集合称为 $\boldsymbol{k}$ 星。具体有以下两种情况：

（1）所有的 $\alpha\boldsymbol{k}\neq\boldsymbol{k}(\alpha=E$ 除外)，这时的 $\boldsymbol{k}$ 称为布里渊区中的一般点，$\boldsymbol{k}$ 星中包含的等价 $\boldsymbol{k}$ 数目等于点群中的元素数。

（2）存在某些点群操作 β，使得

$$\beta\boldsymbol{k} = \boldsymbol{k}(\text{或 } \boldsymbol{k}+\boldsymbol{G}_n) \tag{2-96}$$

这时的 $\boldsymbol{k}$ 处在对称轴或对称点上，β 操作的集合称为 $\boldsymbol{k}$ 群。

能带的点群对称性表明，在 $\boldsymbol{k}$ 空间中 $E_n(\boldsymbol{k})$ 具有与晶体点群完全相同的对称性，这使得在晶体能带计算和表述中可以把第一布里渊区划分成若干个等价的区域，研究其中一个区域即可，区域的大小为第一布里渊区的 $1/f$，其中 f 为点群的对称操作数。

3. 反演对称性

由于描述晶体中电子运动的薛定谔方程中的哈密顿量是实的，因此如果 $\psi_{nk}(\boldsymbol{r})$ 为方程的解，那么 $\psi_{nk}^*(\boldsymbol{r})$ 也是方程的解，且这两个解对应相同的本征能量。又由布洛赫定理可知

$$\begin{cases} \psi_{nk}^*(\boldsymbol{r}+\boldsymbol{R}_n) = \mathrm{e}^{-\mathrm{i}k\cdot\boldsymbol{R}_n}\psi_{nk}^*(\boldsymbol{r}) \\ \psi_{n,-k}(\boldsymbol{r}+\boldsymbol{R}_n) = \mathrm{e}^{-\mathrm{i}k\cdot\boldsymbol{R}_n}\psi_{n,-k}(\boldsymbol{r}) \end{cases} \tag{2-97}$$

因此，ψ_{nk} 和 $\psi_{n,-k}$ 是简并态，即

$$E_n(\boldsymbol{k}) = E_n(-\boldsymbol{k}) \tag{2-98}$$

能带的反演对称性并不依赖于点群的对称性，实际上是时间反演对称性的结果，是 $E_n(\boldsymbol{k})$ 函数所应满足的附加对称性。

3

第 3 章

应变锗能带结构计算

锗(Ge)具有与 Si 十分相似的物理化学性能,因此锗及应变锗技术与标准 Si CMOS 工艺完全兼容。锗及应变锗材料具有较高的载流子迁移率,将其应用于 MOS 沟道是延续摩尔定律的重要手段之一。

应变锗能带结构是深入研究有效质量和载流子迁移率等基本物理属性、设计应变锗材料高性能器件与电路的理论基础,具有重要的研究价值。本章先介绍应变锗导带结构计算,然后给出基于 30 $\bm{k}\cdot\bm{p}$ 方法的单轴应变锗导带结构计算。

3.1 应变锗导带结构计算

由于锗的禁带宽度比硅小,所以其在光电领域的应用较为广泛。发生张应变时锗导带 Γ 能谷最低能级的下降比带边 L 能谷的下降更迅速,所以预计张应变锗会从间接带隙半导体变为直接带隙半导体。直接带隙半导体对光电器件非常重要,其导带能级的最低点与价带能级的最高点的动量相同,即电子与空穴动量一致,在电子与空穴复合发射光子时保持动量守恒。对于间接带隙半导体而言,导带能级的最低点与价带能级的最高点的动量不同。因此,当电子与空穴复合时动量不守恒,明显降低了电子与空穴复合效率。同时 N 型掺杂应变锗最大内量子效率可以达到 74.6%,光增益可以与Ⅲ-Ⅴ族半导体材料相比拟。应变锗可以通过不同的方法获得,例如,在 $Ge_{1-x-y}Si_xSn_y$ 上生长锗引入张应变,在Ⅲ-Ⅴ族半导体上生长锗引入压应变。

3.1.1 应变张量

1. 单轴应变张量模型

为了计算方便,本小节首先建立了辅助坐标系 $Ox'y'z'$,使得 z' 轴与应力方向平行。在这个辅助坐标系中,应力张量矩阵只有一个元素 σ'_{zz} 不为零,它的大小为外部施加的应力 P。因而在 $Ox'y'z'$ 坐标系中,应力张量矩阵为

$$\boldsymbol{\sigma}' = \begin{bmatrix} 0 & 0 & 0 \\ 0 & 0 & 0 \\ 0 & 0 & P \end{bmatrix} \tag{3-1}$$

将它通过一个旋转矩阵 $\boldsymbol{U}$ 变换到原胞坐标系 $Oxyz$ 中，有

$$\sigma_{kl} = U_{ki}U_{lj}\sigma'_{ij} \tag{3-2}$$

式中，各参量下标表示矩阵中元素的位置，l、i、k、j 的取值都是 1、2、3，分别代表 x、y、z。旋转矩阵可表示为

$$\boldsymbol{U} = \begin{bmatrix} \cos\alpha\cos\beta & -\sin\alpha & \cos\alpha\sin\beta \\ \sin\alpha\cos\beta & \cos\alpha & \sin\alpha\sin\beta \\ -\sin\beta & 0 & \cos\beta \end{bmatrix} \tag{3-3}$$

式中，α 和 β 是 z' 轴相对于坐标系 $Oxyz$ 的方位角和极角，如图 3.1 所示。

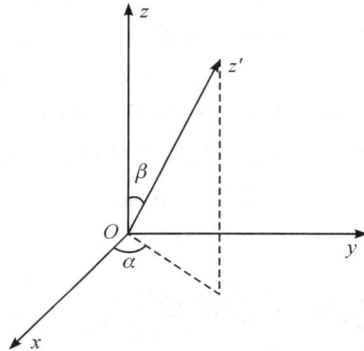

图 3.1　单轴应力坐标系转换示意图

由式（3-2），得到沿 [001]、[110]、[111] 方向的单轴应力张量矩阵分别为

$$\boldsymbol{\sigma}_{[001]} = \begin{bmatrix} 0 & 0 & 0 \\ 0 & 0 & 0 \\ 0 & 0 & P \end{bmatrix}, \ \boldsymbol{\sigma}_{[110]} = \begin{bmatrix} \dfrac{P}{2} & \dfrac{P}{2} & 0 \\ \dfrac{P}{2} & \dfrac{P}{2} & 0 \\ 0 & 0 & 0 \end{bmatrix}, \ \boldsymbol{\sigma}_{[111]} = \begin{bmatrix} \dfrac{P}{3} & \dfrac{P}{3} & \dfrac{P}{3} \\ \dfrac{P}{3} & \dfrac{P}{3} & \dfrac{P}{3} \\ \dfrac{P}{3} & \dfrac{P}{3} & \dfrac{P}{3} \end{bmatrix} \tag{3-4}$$

由胡克定律，可以得到应力张量和应变张量矩阵元素之间的关系为

$$\sigma_{ij} = c_{ijkl}\varepsilon_{kl} \tag{3-5}$$

式中，c_{ijkl} 是四阶弹性刚度系数。因为硅和锗是立方半导体，所以仅用三个弹性刚度系数，即 c_{11}、c_{12} 和 c_{44} 就可以完全表征。式（3-5）写成矩阵形式为

$$\begin{bmatrix} \sigma_{xx} \\ \sigma_{yy} \\ \sigma_{zz} \\ \sigma_{yz} \\ \sigma_{xz} \\ \sigma_{xy} \end{bmatrix} = \begin{bmatrix} c_{11} & c_{12} & c_{12} & 0 & 0 & 0 \\ c_{12} & c_{11} & c_{12} & 0 & 0 & 0 \\ c_{12} & c_{12} & c_{11} & 0 & 0 & 0 \\ 0 & 0 & 0 & c_{44} & 0 & 0 \\ 0 & 0 & 0 & 0 & c_{44} & 0 \\ 0 & 0 & 0 & 0 & 0 & c_{44} \end{bmatrix} \cdot \begin{bmatrix} \varepsilon_{xx} \\ \varepsilon_{yy} \\ \varepsilon_{zz} \\ \varepsilon_{yz} \\ \varepsilon_{xz} \\ \varepsilon_{xy} \end{bmatrix} \tag{3-6}$$

为了计算方便，可将式（3-6）写成另外一种形式，即

$$
\begin{bmatrix} \varepsilon_{xx} \\ \varepsilon_{yy} \\ \varepsilon_{zz} \\ \varepsilon_{yz} \\ \varepsilon_{xz} \\ \varepsilon_{xy} \end{bmatrix} = \begin{bmatrix} s_{11} & s_{12} & s_{12} & 0 & 0 & 0 \\ s_{12} & s_{11} & s_{12} & 0 & 0 & 0 \\ s_{12} & s_{12} & s_{11} & 0 & 0 & 0 \\ 0 & 0 & 0 & s_{44} & 0 & 0 \\ 0 & 0 & 0 & 0 & s_{44} & 0 \\ 0 & 0 & 0 & 0 & 0 & s_{44} \end{bmatrix} \cdot \begin{bmatrix} \sigma_{xx} \\ \sigma_{yy} \\ \sigma_{zz} \\ \sigma_{yz} \\ \sigma_{xz} \\ \sigma_{xy} \end{bmatrix} \tag{3-7}
$$

式中，s_{ij} 称为弹性柔度系数，其值大小在表 3.1 中列出。

表 3.1　应变锗导带计算中所用的参数

参　　　数	符　号	数　　值
弹性柔度系数/GPa^{-1}	s_{11}, s_{12}, s_{44}	0.0097, $-$0.0250, 0.0148
弹性刚度系数/GPa	c_{11}, c_{12}, c_{44}	126, 44, 67.7
L 能谷形变势能/eV	D_d^L, D_u^L	16.2, $-$12.3
Γ 能谷形变势能/eV	D_d^Γ	$-$9.8
Δ 能谷形变势能/eV	D_d^Δ, D_u^Δ	$-$4.92, 9.4
相对于价带顶 Γ、L、Δ 能谷的能量/eV	E_0^Γ, E_0^L, E_0^Δ	0.93, 0.795, 0.98

2. 双轴应变张量模型

对于双轴应变张量的计算，本小节采用在 $Ge_{1-x-y}Si_xSn_y$ 上生长 Ge 来引入双轴张应变，在 $Si_{1-x}Ge_x$ 上生长 Ge 来引入双轴压应变。同单轴应变一样，先建立辅助坐标系 $Ox'y'z'$，其中 x'、y' 轴在交界面内，z' 轴与衬底表面垂直。交界面内的应变张量的分量可以由衬底的晶格常数 a_s 和弛豫锗的晶格常数 a_r 表示为

$$
\varepsilon_\parallel = \frac{a_s - a_r}{a_r} \tag{3-8}
$$

这样，交界面内的两个应变张量的分量为

$$
\varepsilon'_{11} = \varepsilon'_{22} = \varepsilon_\parallel \tag{3-9}
$$

由于剪切方向没有形变，所以 $\varepsilon'_{ij} = 0$，$i \neq j$，这里 i 和 j 的取值都是 1、2、3。这样只有一个应变张量的分量 ε'_{33} 没有确定。而沿着生长方向的应力为 0，也就是说 σ'_{33} 为 0。于是根据胡克定律可得

$$
\varepsilon'_{33} = -\frac{c'_{3311} + c'_{3322}}{c'_{3333}} \varepsilon_\parallel \tag{3-10}
$$

与单轴应变一样，应用旋转矩阵 $\boldsymbol{U}$ 将应变张量的分量 ε'_{11}、ε'_{22}、ε'_{33} 变换到原胞坐标系 $Oxyz$ 下。这样，(001) 面张应变 Ge 的应变张量为

$$
\boldsymbol{\varepsilon}_{(001)} = \varepsilon_\parallel \begin{bmatrix} 1 & 0 & 0 \\ 0 & 1 & 0 \\ 0 & 0 & -\dfrac{2c_{11}}{c_{11}} \end{bmatrix} \tag{3-11}
$$

(110)面张应变 Ge 的应变张量为

$$\boldsymbol{\varepsilon}_{(110)} = \varepsilon_{\parallel} \begin{bmatrix} \dfrac{2c_{44}-c_{12}}{c_{11}+c_{12}+2c_{44}} & -\dfrac{c_{11}+2c_{12}}{c_{11}+c_{12}+2c_{44}} & 0 \\ -\dfrac{c_{11}+2c_{12}}{c_{11}+c_{12}+2c_{44}} & \dfrac{2c_{44}-c_{12}}{c_{11}+c_{12}+2c_{44}} & 0 \\ 0 & 0 & 1 \end{bmatrix} \tag{3-12}$$

而(111)面张应变 Ge 的应变张量为

$$\boldsymbol{\varepsilon}_{(111)} = \varepsilon_{\parallel} \begin{bmatrix} \dfrac{4c_{44}}{c_{11}+2c_{12}+4c_{44}} & -\dfrac{c_{11}+2c_{12}}{c_{11}+2c_{12}+4c_{44}} & -\dfrac{c_{11}+2c_{12}}{c_{11}+2c_{12}+4c_{44}} \\ -\dfrac{c_{11}+2c_{12}}{c_{11}+2c_{12}+4c_{44}} & \dfrac{4c_{44}}{c_{11}+2c_{12}+4c_{44}} & -\dfrac{c_{11}+2c_{12}}{c_{11}+2c_{12}+4c_{44}} \\ -\dfrac{c_{11}+2c_{12}}{c_{11}+2c_{12}+4c_{44}} & -\dfrac{c_{11}+2c_{12}}{c_{11}+2c_{12}+4c_{44}} & \dfrac{4c_{44}}{c_{11}+2c_{12}+4c_{44}} \end{bmatrix} \tag{3-13}$$

计算中用到的参数已在表 3.1 中列出。

3.1.2　应变情况下的各个能谷偏移

根据线性形变势能理论，可得到能级在应力作用下的偏移量：

$$\Delta E(k) = \sum_{ij} D_{ij}^{(k)} \varepsilon_{ij} \tag{3-14}$$

式中，D_{ij} 是形变势能，ε_{ij} 是应变张量。施加沿任意一个方向的应力，Ge 中的能级分裂。依据线性形变势能理论，能级随着应力线性变化，并且完全取决于两个形变势能 D_d 和 D_u。根据式(3-14)，对于应变 Ge[001]方向的 Δ 能谷，在各向同性形变的情况下，能谷的谷底能级偏移量计算公式可以写成如下形式：

$$\Delta E_c^{\Delta} = D_d^{\Delta} \mathrm{Tr}(\boldsymbol{\varepsilon}) + D_u^{\Delta} \boldsymbol{a}_i^{\mathrm{T}} \boldsymbol{\varepsilon} \boldsymbol{a}_i \tag{3-15}$$

式中，$\boldsymbol{a}_i$ 是与第 i 个能谷极小值方向相平行的单位矢量，$\mathrm{Tr}(\boldsymbol{\varepsilon}) = \varepsilon_{xx} + \varepsilon_{yy} + \varepsilon_{zz}$，$\boldsymbol{\varepsilon}$ 是应变张量矩阵，ΔE_c^{Δ} 是 Δ 能谷的谷底能级在应力作用下的偏移量。同样，可以得到应变 Ge[110]方向的 L 能谷和[111]方向的 Γ 能谷的谷底能级偏移量计算公式为

$$\Delta E_c^{L} = D_d^{L} \mathrm{Tr}(\boldsymbol{\varepsilon}) + D_u^{L} \boldsymbol{a}_i^{\mathrm{T}} \boldsymbol{\varepsilon} \boldsymbol{a}_i \tag{3-16}$$

$$\Delta E_c^{\Gamma} = D_d^{\Gamma} \mathrm{Tr}(\boldsymbol{\varepsilon}) \tag{3-17}$$

因为 Γ 能谷的极小值在(0，0，0)处取得，所以式(3-17)是化简之后的结果。应变 Ge 各能谷的形变势能已在表 3.1 中列出。根据式(3-15)、式(3-16)、式(3-17)分别计算了单轴应力作用下不同晶向应变 Ge 各能谷的谷底能级偏移规律，如图 3.2 所示。

根据 Herring 和 Vogt 的描述，式(3-14)同样适用于双轴应变。因此，根据式(3-14)，又分别模拟计算了双轴应力作用下不同晶面应变 Ge 各能谷的谷底能级偏移规律，如图 3.3 所示。

(a) [001]方向

(b) [110]方向

(c) [111]方向

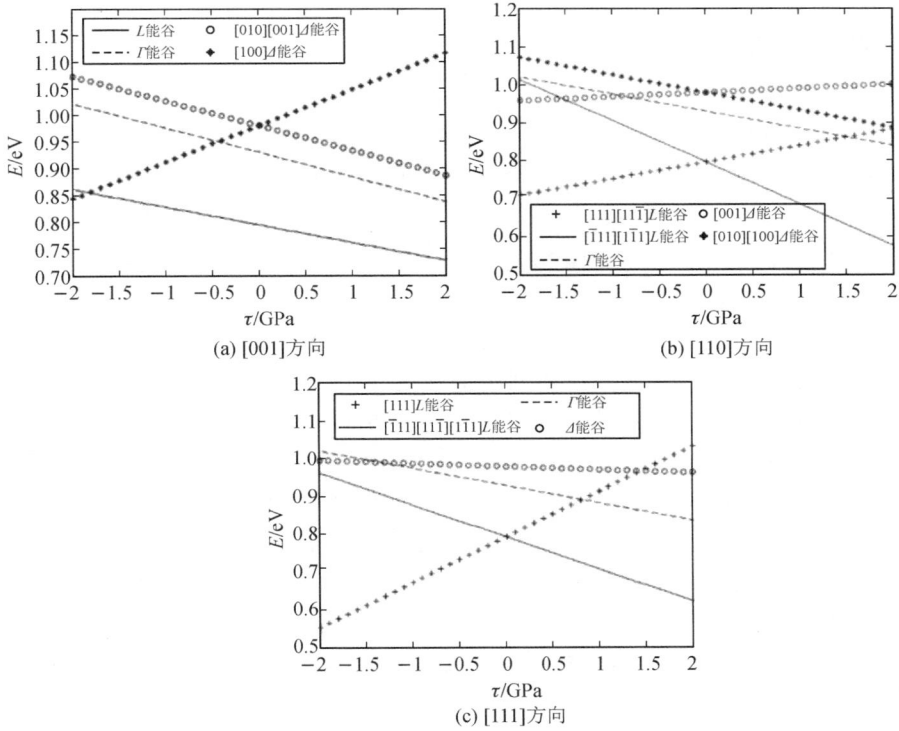

图 3.2　单轴应力作用下不同晶向应变 Ge 各能谷的谷底能级偏移规律

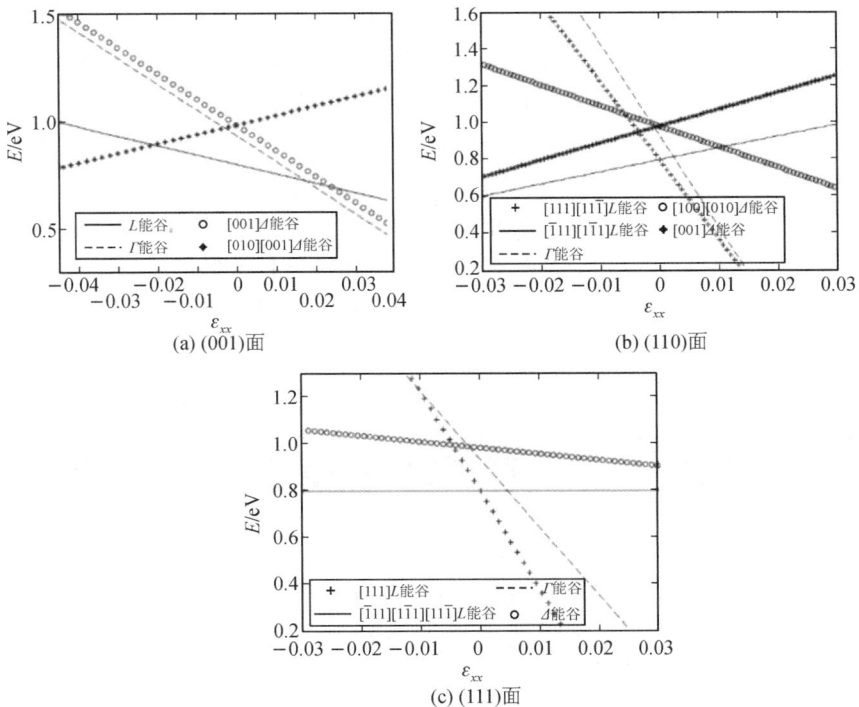

(a) (001)面

(b) (110)面

(c) (111)面

图 3.3　双轴应力作用下不同晶面应变 Ge 各能谷的谷底能级偏移规律

3.1.3 结果分析

由图 3.2(a)可以看出，在沿[001]方向的单轴张应力作用下，[100]、[$\bar{1}$00]方向的两个 Δ 能谷的谷底能级向上移动，另外四个谷底能级向下移动，能级发生分裂，分裂的两个能级之差为 $D_u^\Delta(\varepsilon_{zz}-\varepsilon_{xx})$，而压应力作用下的情况刚好相反，但是能级差保持不变。值得注意的是，在压应力是 1.8 GPa 时，[100]、[$\bar{1}$00]方向的 Δ 能谷的谷底能级已经变为最低能级。L 能谷在这个方向的应力作用下谷底能级不分裂。图 3.2(b)显示出在沿 [110]方向的单轴张应力作用下，[001]、[00$\bar{1}$]方向的两个 Δ 能谷的谷底能级向上移动，另外四个谷底能级向下移动，能级发生分裂，分裂的两个能级之差为 $D_u^\Delta(\varepsilon_{xx}-\varepsilon_{zz})$，同样压应力作用下谷底能级变化规律相反但能级差保持不变。在这个方向的张应力作用下，L 能谷的谷底能级也发生分裂，其中[111]、[$\bar{1}\bar{1}$1]、[11$\bar{1}$]、[$\bar{1}$1$\bar{1}$]方向的四个谷底能级向上移动，而其他四个谷底能级向下移动，能级发生分裂，分裂的两个能级的能量差为 $4/3D_u^L\varepsilon_{xy}$，而压应力作用下谷底能级变化规律相反。注意在变化的过程中 L 能谷的谷底能级始终是最低能级。图 3.2(c)显示出在沿[111]方向的单轴张应力作用下，只有 L 能谷的谷底能级发生分裂，其中[111]、[$\bar{1}\bar{1}\bar{1}$]方向的两个谷底能级向上移动，其他四个谷底能级向下移动，它们之间的能量差是 $8/3D_u^L\varepsilon_{xy}$，而压应力作用下谷底能级变化规律相反。图 3.2(a)、(b)、(c)显示的结果与相关文献的结果符合得很好。

值得注意的是，在双轴应变的情况下，Ge 会从间接带隙半导体变为直接带隙半导体。从图 3.3(a)中可以看出，在衬底是(001)面且为张应变的情况下，当面内应变张量达到 1.8%时，应变 Ge 的 Γ 能谷的谷底能级变为最低能级。这说明 Ge 从未应变时的间接带隙半导体变为应变时的直接带隙半导体，这一结论与相关文献中报道的结论一致。在压应变情况下，当应变张量是 1.9%时，Δ 能谷的谷底能级变为最低能级。图 3.3(b)显示出当衬底是(110)面时，L 能谷的谷底能级发生分裂，一组为[111]、[11$\bar{1}$]方向及其对称方向的四度简并能级，另一组为[$\bar{1}$11]、[$\bar{1}$1$\bar{1}$]方向及其对称方向的四度简并能级；Δ 能谷的谷底能级也发生分裂，一组为[100]、[010]方向及其对称方向的四度简并能级，另一组为[001]方向及其对称方向的二度简并能级；L 能谷的谷底能级始终是最低能级。图 3.3(c)显示出当衬底是(111)面时，只有 L 能谷的谷底能级发生分裂，一组是[111]方向及其对称方向的二度简并能级，另一组是另外方向上的四度简并能级。

3.2 基于 $30k \cdot p$ 方法的单轴应变锗导带结构计算

应变 Ge(锗)具有比应变 Si(硅)更高的载流子迁移率，且与 Si 基 CMOS 工艺相兼容，是延续摩尔定律的重要手段。与应变 Si 不同，应变 Ge 可由间接带隙转变成直接带隙，而直接带隙应变 Ge 的光增益可与Ⅲ-Ⅴ族半导体相比拟。因此，对应变 Ge 的研究已经成为半导体器件和光电器件领域的重点。

相比于双轴应变，单轴应变的工艺实现方式更加多样、技术更加简单，并且在高场作用下，产生的阈值电压漂移更小，能够减小由阈值电压漂移引起的迁移率退化，也可以单独调整应力来满足 NMOS、PMOS 性能提高的需求。

采用 $30k \cdot p$ 方法，我们对沿 $[001]$、$[110]$、$[111]$ 方向的单轴应变 Ge 的能带结构进行计算，获得了导带能谷能级、带隙宽度、电子有效质量、电子态密度有效质量在单轴应力作用下的变化情况，得到了有实用价值的相关结论，可为单轴应变 Ge 沟道器件的设计提供参考。

3.2.1　单轴应变锗的能带 $E(k) \sim k$ 关系

1. 单轴应变张量模型

计算单轴应变 Ge 的能带 $E(k) \sim k$ 关系，首先要给出单轴应变张量模型。根据胡克定律，弹性形变材料的应力张量与应变张量成正比关系，即有

$$\sigma_{ij} = \sum_{\alpha\beta} c_{ij\alpha\beta} \varepsilon_{\alpha\beta} \tag{3-18}$$

式中，i，j，α，$\beta = x$，y，z，$c_{ij\alpha\beta}$ 为弹性刚度系数。

对于立方晶体，高对称性使得弹性刚度张量简化为一个 6×6 的矩阵，则可将式 $(3-18)$ 变换成式 $(3-19)$ 的形式：

$$\begin{bmatrix} \sigma_{xx} \\ \sigma_{yy} \\ \sigma_{zz} \\ \sigma_{yz} \\ \sigma_{zx} \\ \sigma_{xy} \end{bmatrix} = \begin{bmatrix} c_{11} & c_{12} & c_{12} & 0 & 0 & 0 \\ c_{12} & c_{11} & c_{12} & 0 & 0 & 0 \\ c_{12} & c_{12} & c_{11} & 0 & 0 & 0 \\ 0 & 0 & 0 & c_{44} & 0 & 0 \\ 0 & 0 & 0 & 0 & c_{44} & 0 \\ 0 & 0 & 0 & 0 & 0 & c_{44} \end{bmatrix} \begin{bmatrix} \varepsilon_{xx} \\ \varepsilon_{yy} \\ \varepsilon_{zz} \\ 2\varepsilon_{yz} \\ 2\varepsilon_{zx} \\ 2\varepsilon_{xy} \end{bmatrix} \tag{3-19}$$

在已知应力张量的情况下，使用弹性刚度张量的逆矩阵进行计算更加方便，为此可定义弹性柔度系数 (s_{11}, s_{12}, s_{44})，使得应变张量与应力张量之间满足以下关系：

$$\begin{bmatrix} \varepsilon_{xx} \\ \varepsilon_{yy} \\ \varepsilon_{zz} \\ 2\varepsilon_{yz} \\ 2\varepsilon_{zx} \\ 2\varepsilon_{xy} \end{bmatrix} = \begin{bmatrix} s_{11} & s_{12} & s_{12} & 0 & 0 & 0 \\ s_{12} & s_{11} & s_{12} & 0 & 0 & 0 \\ s_{12} & s_{12} & s_{11} & 0 & 0 & 0 \\ 0 & 0 & 0 & s_{44} & 0 & 0 \\ 0 & 0 & 0 & 0 & s_{44} & 0 \\ 0 & 0 & 0 & 0 & 0 & s_{44} \end{bmatrix} \begin{bmatrix} \sigma_{xx} \\ \sigma_{yy} \\ \sigma_{zz} \\ \sigma_{yz} \\ \sigma_{zx} \\ \sigma_{xy} \end{bmatrix} \tag{3-20}$$

弹性柔度系数与弹性刚度系数之间的转换关系为

$$\begin{cases} s_{11} = \dfrac{c_{11} + c_{12}}{c_{11}^2 + c_{11}c_{12} - 2c_{12}^2} \\ s_{12} = \dfrac{-c_{12}}{c_{11}^2 + c_{11}c_{12} - 2c_{12}^2} \\ s_{44} = \dfrac{1}{c_{44}} \end{cases} \tag{3-21}$$

当有单轴应力作用时，可通过建立辅助坐标系的方法，得到立方晶体沿 $[001]$、$[110]$、

[111]方向的单轴应力张量分别为

$$\begin{cases} \boldsymbol{\sigma}_{[001]} = \begin{bmatrix} P & 0 & 0 \\ 0 & 0 & 0 \\ 0 & 0 & 0 \end{bmatrix} \\[2ex] \boldsymbol{\sigma}_{[110]} = \begin{bmatrix} P/2 & P/2 & 0 \\ P/2 & P/2 & 0 \\ 0 & 0 & 0 \end{bmatrix} \\[2ex] \boldsymbol{\sigma}_{[111]} = \begin{bmatrix} P/3 & P/3 & P/3 \\ P/3 & P/3 & P/3 \\ P/3 & P/3 & P/3 \end{bmatrix} \end{cases} \tag{3-22}$$

式中，P 为应力。

将式(3-22)代入式(3-20)，可得沿[001]、[110]、[111]方向的单轴应变张量分别为

$$\begin{cases} \boldsymbol{\varepsilon}_{[001]} = P \begin{bmatrix} s_{12} & 0 & 0 \\ 0 & s_{12} & 0 \\ 0 & 0 & s_{11} \end{bmatrix} \\[3ex] \boldsymbol{\varepsilon}_{[110]} = \dfrac{P}{2} \begin{bmatrix} s_{11}+s_{12} & s_{44}/2 & 0 \\ s_{44}/2 & s_{11}+s_{12} & 0 \\ 0 & 0 & 2s_{12} \end{bmatrix} \\[3ex] \boldsymbol{\varepsilon}_{[111]} = \dfrac{P}{3} \begin{bmatrix} s_{11}+2s_{12} & s_{44}/2 & s_{44}/2 \\ s_{44}/2 & s_{11}+2s_{12} & s_{44}/2 \\ s_{44}/2 & s_{44}/2 & s_{11}+2s_{12} \end{bmatrix} \end{cases} \tag{3-23}$$

2. 单轴应变 Ge 的 $30\boldsymbol{k}\cdot\boldsymbol{p}$ 哈密顿矩阵

Ge 具有金刚石结构，并满足 O_h 群对称性。本小节 $30\boldsymbol{k}\cdot\boldsymbol{p}$ 哈密顿矩阵引用的 O_h 群能级如图 3.4 所示，图中还列出了相应的电子状态、轨道波函数、非零的动量矩阵参数和自旋轨道耦合系数，上标"＋""－"分别表示偶宇称和奇宇称。

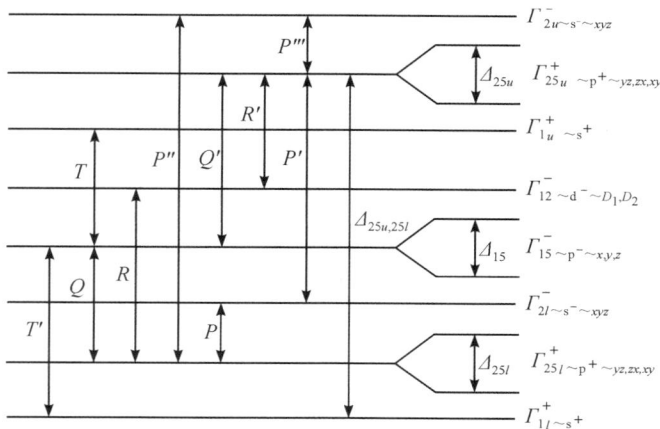

图 3.4　$30\boldsymbol{k}\cdot\boldsymbol{p}$ 哈密顿矩阵引用的 O_h 群能级

在 $|\boldsymbol{k}|=0$ 的点（即 Γ 点），已知各能级的布洛赫函数 $u_{n0}(\boldsymbol{r})$ 和本征能量 E_{n0}。由于布洛

赫函数具有周期性，因此布里渊区中任意一点的布洛赫波函数可以表示为

$$\psi_{nk}(\boldsymbol{r}) = e^{i\boldsymbol{k}\cdot\boldsymbol{r}} \sum_n A_n(\boldsymbol{k}) u_{n0}(\boldsymbol{r}) \tag{3-24}$$

式中，n 为能带指标，$A_n(\boldsymbol{k})$ 为与 $\boldsymbol{k}$ 相关的展开系数。

将式(3-24)代入薛定谔方程

$$H\psi = \left[\frac{p^2}{2m} + V(\boldsymbol{r}) \right] \psi = E\psi \tag{3-25}$$

后左乘 $u_{m0}^*(\boldsymbol{r})$，并对整个晶胞积分，同时根据布洛赫波函数的正交归一性以及 $Hu_{n0}(\boldsymbol{r}) = E_{n0}u_{n0}(\boldsymbol{r})$，可以得到 $\boldsymbol{k}\cdot\boldsymbol{p}$ 方程

$$\sum_n \left[\left(E_{n0} + \frac{\hbar^2 k^2}{2m} - E_{nk} \right) \delta_{nm} + \frac{\hbar}{m} \boldsymbol{k}\cdot\boldsymbol{p}_{nm} \right] A_n(\boldsymbol{k}) = 0 \tag{3-26}$$

式中，$\boldsymbol{p}_{nm} = \langle u_{m0}^* | \boldsymbol{p} | u_{n0} \rangle$ 为动量矩阵参数。

式(3-26)为关于未知能量 E_{nk} 的齐次线性方程组，通过求解 $\boldsymbol{k}\cdot\boldsymbol{p}$ 哈密顿量的本征值，即

$$\boldsymbol{H}_{\boldsymbol{k}\cdot\boldsymbol{p}} = \left(E_{n0} + \frac{\hbar^2 k^2}{2m} \right) \delta_{nm} + \frac{\hbar}{m} \boldsymbol{k}\cdot\boldsymbol{p}_{nm} \tag{3-27}$$

便可得到任意波失 $\boldsymbol{k}$ 处的能量 E_{nk}。

根据已知 Γ 点的布洛赫函数和本征能量，可将式(3-27)改写成如下的矩阵形式：

$$\boldsymbol{H}_{\boldsymbol{k}\cdot\boldsymbol{p}}^{30} = \begin{bmatrix} \boldsymbol{H}_{\Gamma_{2'u}}^{2\times2} & P''\boldsymbol{H}_k^{2\times6} & 0 & 0 & 0 & 0 & 0 & P''\boldsymbol{H}_k^{2\times6} \\ & \boldsymbol{H}_{\Gamma_{25'u}}^{6\times6} & R'\boldsymbol{H}_k^{6\times4} & 0 & 0 & Q'\boldsymbol{H}_k^{6\times6} & P'\boldsymbol{H}_k^{6\times2} & \boldsymbol{H}_{\Gamma_{25'u},\Gamma_{25'l}}^{SO} \\ & & \boldsymbol{H}_{\Gamma_{12'}}^{4\times4} & 0 & 0 & 0 & 0 & R\boldsymbol{H}_k^{4\times6} \\ & & & \boldsymbol{H}_{\Gamma_{1u}}^{2\times2} & 0 & T\boldsymbol{H}_k^{2\times6} & 0 & 0 \\ & & & & \boldsymbol{H}_{\Gamma_{1l}}^{2\times2} & T'\boldsymbol{H}_k^{2\times6} & 0 & 0 \\ & & & & & \boldsymbol{H}_{\Gamma_{15}}^{6\times6} & 0 & Q\boldsymbol{H}_k^{6\times6} \\ & & & & & & \boldsymbol{H}_{\Gamma_{2'l}}^{2\times2} & P\boldsymbol{H}_k^{2\times6} \\ & & & & & & & \boldsymbol{H}_{\Gamma_{25'l}}^{6\times6} \end{bmatrix}$$

$$\tag{3-28}$$

式中，对角线部分的矩阵来源于式(3-27)的第一项，只含有非零的对角元素，根据各能级的简并性，考虑自旋轨道耦合效应，可写成如下形式：

$$\begin{cases} \boldsymbol{H}_\Gamma^{6\times6} = \mathrm{diag}\left(E_\Gamma + \dfrac{\hbar^2 k^2}{2m} \right) + \boldsymbol{H}_\Gamma^{SO} \\[2mm] \boldsymbol{H}_\Gamma^{4\times4} = \mathrm{diag}\left(E_\Gamma + \dfrac{\hbar^2 k^2}{2m} \right) \\[2mm] \boldsymbol{H}_\Gamma^{2\times2} = \mathrm{diag}\left(E_\Gamma + \dfrac{\hbar^2 k^2}{2m} \right) \end{cases} \tag{3-29}$$

式中，$\mathrm{diag}(\cdot)$ 表示对角矩阵，$k^2 = k_x^2 + k_y^2 + k_z^2$，$E_\Gamma$ 为 Γ 点处的本征能量，$\boldsymbol{H}_\Gamma^{SO}$ 为自旋轨道耦合矩阵且

$$\boldsymbol{H}_{\Gamma}^{SO} = \frac{\Delta_{\Gamma}}{3} \begin{bmatrix} -1 & -i & 0 & 0 & 0 & 1 \\ i & -1 & 0 & 0 & 0 & -i \\ 0 & 0 & -1 & -1 & i & 0 \\ 0 & 0 & -1 & -1 & i & 0 \\ 0 & 0 & -i & -i & -1 & 0 \\ 1 & i & 0 & 0 & 0 & -1 \end{bmatrix} \tag{3-30}$$

式中，Δ_{Γ} 为自旋轨道耦合系数。式(3-28)中非零的 $\boldsymbol{H}_k$ 矩阵来源于式(3-27)的第二项，其中 $\boldsymbol{H}_k^{6\times6}$、$\boldsymbol{H}_k^{4\times6}$、$\boldsymbol{H}_k^{2\times6}$ 分别为

$$\boldsymbol{H}_k^{6\times6} = \begin{bmatrix} 0 & k_z & k_y & 0 & 0 & 0 \\ k_z & 0 & k_x & 0 & 0 & 0 \\ k_y & k_x & 0 & 0 & 0 & 0 \\ 0 & 0 & 0 & 0 & k_z & k_y \\ 0 & 0 & 0 & k_z & 0 & k_x \\ 0 & 0 & 0 & k_y & k_x & 0 \end{bmatrix} \tag{3-31}$$

$$\boldsymbol{H}_k^{4\times6} = \begin{bmatrix} 0 & \sqrt{3}\,k_y & -\sqrt{3}\,k_z & 0 & 0 & 0 \\ 2k_x & -k_y & -k_z & 0 & 0 & 0 \\ 0 & 0 & 0 & 0 & \sqrt{3}\,k_y & -\sqrt{3}\,k_z \\ 0 & 0 & 0 & 2k_x & -k_y & -k_z \end{bmatrix} \tag{3-32}$$

$$\boldsymbol{H}_k^{2\times6} = \begin{bmatrix} k_x & k_y & k_z & 0 & 0 & 0 \\ 0 & 0 & 0 & k_x & k_y & k_z \end{bmatrix} \tag{3-33}$$

在具有反对称性的晶体中，$\boldsymbol{k}\cdot\boldsymbol{p}$ 乘积项只存在于宇称性相反的能级之间，并且根据 O_h 群的对称性，可定义 10 个非零的动量矩阵参数，如表 3.2 所示。表 3.2 还列出了单轴应变 Ge 的 30 $\boldsymbol{k}\cdot\boldsymbol{p}$ 哈密顿矩阵涉及的其他参数的取值。

表 3.2　单轴应变 Ge 的 30 $\boldsymbol{k}\cdot\boldsymbol{p}$ 哈密顿矩阵涉及的参数取值

Γ 点本征能量/eV		动量矩阵参数/Ry		自旋轨道耦合系数/eV	
Γ_{1l}	-12.84	$P = \frac{\hbar}{m}\langle\Gamma_{25'l}|\boldsymbol{p}|\Gamma_{2'l}\rangle$	1.1855	$\Delta_{25'l}$	0.296
Γ_{15}	3.01	$Q = \frac{\hbar}{m}\langle\Gamma_{25'l}|\boldsymbol{p}|\Gamma_{15}\rangle$	1.0785	Δ_{15}	0.190
Γ_{2l}	0.80	$R = \frac{\hbar}{m}\langle\Gamma_{25'l}|\boldsymbol{p}|\Gamma_{12'}\rangle$	0.5571	$\Delta_{25'u}$	0.042
Γ_{1u}	6.74	$P' = \frac{\hbar}{m}\langle\Gamma_{25'u}|\boldsymbol{p}|\Gamma_{2'l}\rangle$	0.0200	$\Delta_{25'l,\,25'u}$	0.220
Γ_{12}	10.32	$P'' = \frac{\hbar}{m}\langle\Gamma_{25'l}|\boldsymbol{p}|\Gamma_{2'u}\rangle$	0.1545		
Γ_{25u}	11.31	$P''' = \frac{\hbar}{m}\langle\Gamma_{25'u}|\boldsymbol{p}|\Gamma_{2'u}\rangle$	1.4031	**Ge 的弹性刚度系数/GPa**	
Γ_{2u}	13.93	$Q' = \frac{\hbar}{m}\langle\Gamma_{25'u}|\boldsymbol{p}|\Gamma_{15}\rangle$	-0.7592	c_{11}	132.8
		$R' = \frac{\hbar}{m}\langle\Gamma_{25'u}|\boldsymbol{p}|\Gamma_{12'}\rangle$	0.8186	c_{12}	46.8
		$T = \frac{\hbar}{m}\langle\Gamma_{1u}|\boldsymbol{p}|\Gamma_{15}\rangle$	1.1063	c_{44}	66.57
		$T' = \frac{\hbar}{m}\langle\Gamma_{1l}|\boldsymbol{p}|\Gamma_{15}\rangle$	0.3720		

当有单轴应力作用时，根据 Pikus-Bir 应变理论，晶体产生的形变可用哈密顿量 $\boldsymbol{H}_\varepsilon$ 表示。$\boldsymbol{H}_\varepsilon$ 的表达式为

$$H_\varepsilon = \sum_{ij} \varepsilon_{ij} \left[-\frac{\boldsymbol{p}_i \boldsymbol{p}_j}{m} + V_{ij}(\boldsymbol{r}) \right] \tag{3-34}$$

式中，i、$j=x$、y、z，ε_{ij} 为应变张量。

采用同样的方法可知应力使 $\boldsymbol{k} \cdot \boldsymbol{p}$ 方程多了一个应变微扰量 $\boldsymbol{W}_{k \cdot p}$，其表达式为

$$W_{k \cdot p} = \sum_{ij} \left[-\frac{\hbar}{m} \varepsilon_{ij} k_i \langle u_{m0} | \boldsymbol{p}_j | u_{n0} \rangle + \varepsilon_{ij} \langle u_{m0} | -\frac{\boldsymbol{p}_i \boldsymbol{p}_j}{m} + V_{ij}(\boldsymbol{r}) | u_{n0} \rangle \right] \tag{3-35}$$

体现在色散关系上，就是波失 $\boldsymbol{k}$ 多了一个应变变化量，其本征能量也会发生相应变化。式 (3-35) 对应的 $30\boldsymbol{k} \cdot \boldsymbol{p}$ 矩阵形式比较复杂，并且包含大量的形变势参数，所以并未列出，详细信息可参考相关文献。

根据形变势理论，单轴应变 Ge 的 $30\boldsymbol{k} \cdot \boldsymbol{p}$ 哈密顿矩阵应为式 (3-27) 和式 (3-35) 之和，即

$$H_{str} = H_{k \cdot p}^{30} + W_{k \cdot p}^{30} \tag{3-36}$$

求解哈密顿矩阵 $\boldsymbol{H}_{str}$ 的本征值，便可得到单轴应变 Ge 的能带 $E(\boldsymbol{k}) \sim \boldsymbol{k}$ 关系。但是，由于矩阵的阶数很大，难以求得 $E(\boldsymbol{k}) \sim \boldsymbol{k}$ 关系的解析解。

本小节采用数值方法，即任意的波失 $\boldsymbol{k}$ 都对应一个哈密顿矩阵 $\boldsymbol{H}_{str}$，对角化矩阵 $\boldsymbol{H}_{str}$，可以得到在该波失 $\boldsymbol{k}$ 下各能级的本征能量，选取一系列合适的 $\boldsymbol{k}$ 点就可以得到沿某晶向的能带结构，也可在布里渊区中选取足够多的 $\boldsymbol{k}$ 点得到单轴应变 Ge 在整个布里渊区的能带结构，即 $E(\boldsymbol{k}) \sim \boldsymbol{k}$ 关系。

3.2.2 结果与讨论

1. 单轴应变 Ge 导带结构

图 3.5 为由 $30\boldsymbol{k} \cdot \boldsymbol{p}$ 方法计算得到的弛豫 Ge(实线)和[111]方向 2 GPa 单轴应变 Ge

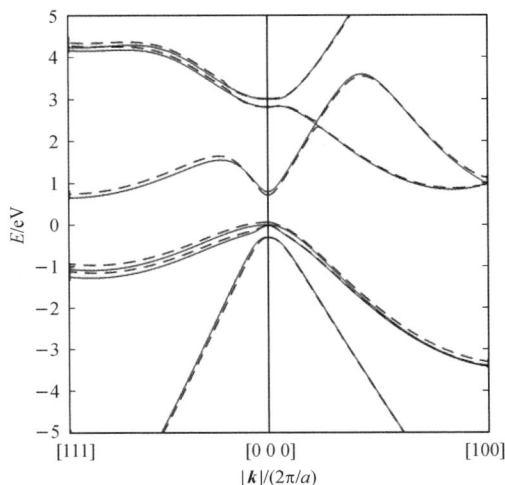

图 3.5 弛豫 Ge(实线)和[111]方向 2 GPa 单轴应变 Ge(虚线)的能带结构

(虚线)的能带结构。由图可见,由于单轴应力的引入,Ge 各能级发生了不同程度的偏移,从而影响了带隙宽度、有效质量、迁移率等电学性质。

图 3.6 为在沿[001]、[110]、[111]方向的单轴应力作用下,单轴应变 Ge 导带各能谷随应力的变化情况。由图 3.6(a)可见,沿[001]方向的单轴应力使 Ge 的 Δ 能谷由未应变时的六度简并态分裂成一组[001]和[00$\bar{1}$]晶向的二度简并态 Δ_2 与一组[100]、[$\bar{1}$00]、[010]、[0$\bar{1}$0]晶向的四度简并态 Δ_4,而 L 能谷只发生偏移,未发生分裂。导带能谷发生分裂的原因是应力降低了晶体的对称性。

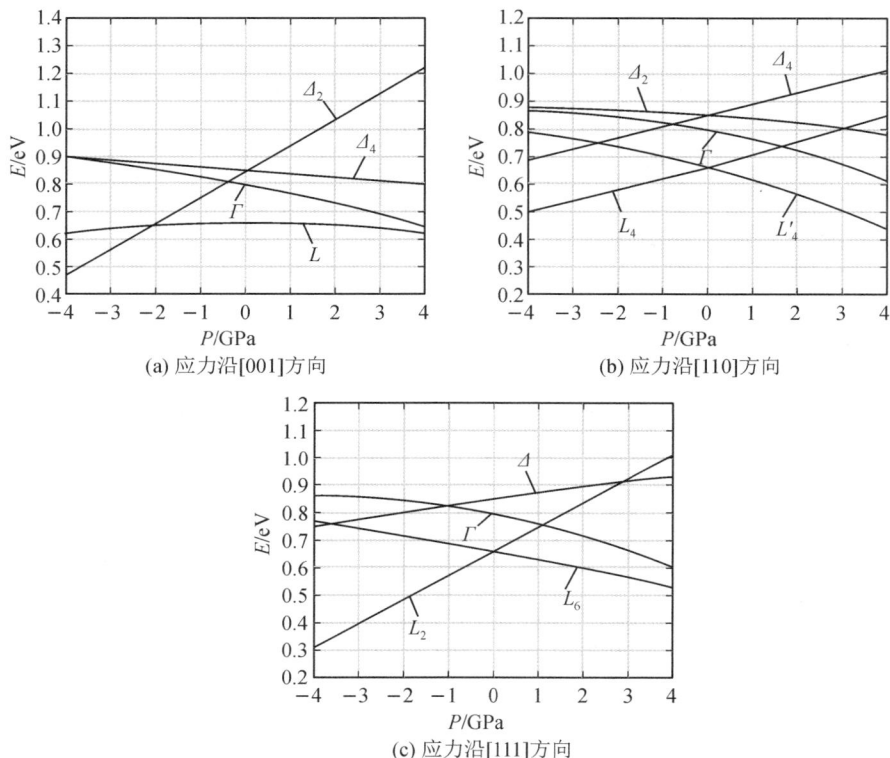

(a) 应力沿[001]方向

(b) 应力沿[110]方向

(c) 应力沿[111]方向

图 3.6 单轴应变 Ge 导带各能谷随应力的变化情况

由图 3.6(b)可见,沿[110]方向的单轴应力使 Ge 的 Δ 能谷发生与[001]方向单轴应力作用下相似的能级分裂。L 能谷则由四度简并态分裂为两组二度简并态,一组包含[111]、[$\bar{1}$1$\bar{1}$]、[11$\bar{1}$]、[$\bar{1}$11]晶向的四个半能谷,以 L_4 表示;另一组包含[$\bar{1}$11]、[11$\bar{1}$]、[1$\bar{1}$1]、[$\bar{1}$1$\bar{1}$]晶向的四个半能谷,以 L_4' 表示。

由图 3.6(c)可见,沿[111]方向的单轴应力使 Ge 的 Δ 能谷只发生偏移;L 能谷分裂为一组[111]、[$\bar{1}\bar{1}\bar{1}$]晶向的一度简并态 L_2 和一组[$\bar{1}$11]、[1$\bar{1}$1]、[11$\bar{1}$]、[$\bar{1}\bar{1}$1]、[11$\bar{1}$]、[1$\bar{1}\bar{1}$]晶向的三度简并态 L_6。

值得注意的是,在单轴应力的作用下,Ge 导带带边能级会发生改变。图 3.7 给出了在沿不同方向的单轴应力作用下,单轴应变 Ge 导带各能谷带隙宽度随应力的变化情况,可以更直观地看出带边能级的转换。

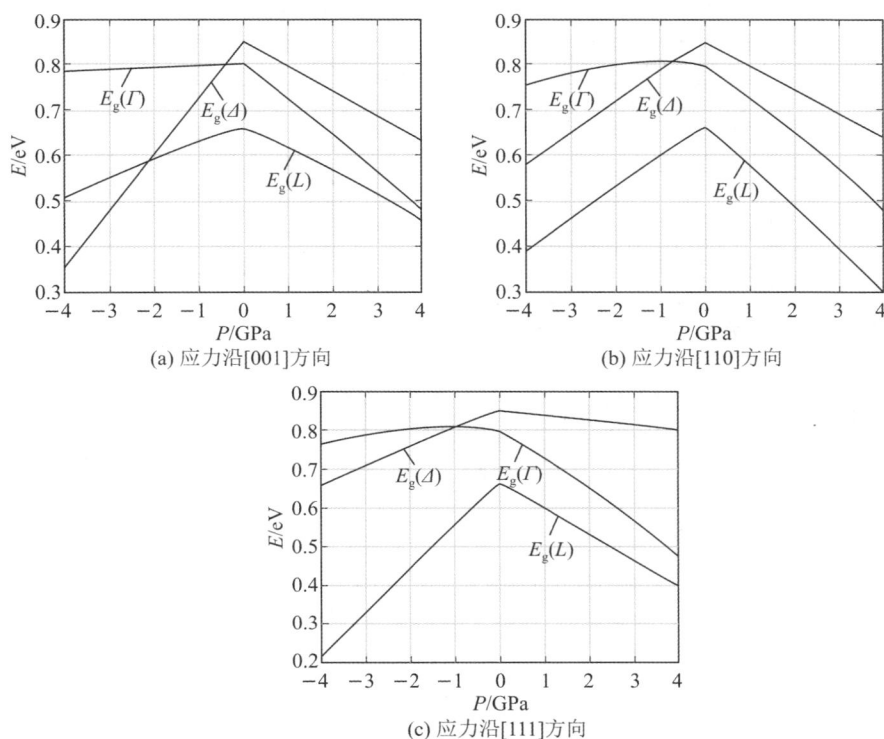

(a) 应力沿[001]方向

(b) 应力沿[110]方向

(c) 应力沿[111]方向

图 3.7　单轴应变 Ge 导带各能谷带隙宽度随应力的变化情况

由图 3.7(a)可见，当沿[001]方向的单轴压应力大于 2.1 GPa 后，导带带边能级由原来的 L 能谷变为 Δ 能谷，但 Ge 仍为间接带隙半导体；而在张应力作用下，Γ 能谷带隙宽度随应力增大而减小的幅度大于 L 能谷，这使得在应力增大到一定程度后，Γ 能谷将成为导带带边能级。根据计算结果，当张应力大于 4.8 GPa 后，Ge 从原来的间接带隙半导体变为直接带隙半导体，禁带宽度为 0.402 eV。这一结果与相关文献得到的 4.74 GPa 张应力基本一致；并且有文献在实验中证实了，在 5.87 GPa 张应力作用下的单轴应变 Ge 是直接带隙半导体。

由图 3.7(b)可见，沿[110]方向的单轴应变 Ge 导带带边能级始终为 L 能谷。

由图 3.7(c)可见，沿[111]方向的单轴应变 Ge 也可转变成直接带隙半导体，只是需要更大的应力。当张应力大于 6.2 GPa 后，Ge 变为直接带隙半导体，禁带宽度为 0.244 eV。

2. 单轴应变 Ge 电子有效质量

电子有效质量取决于其所处状态下的能带结构，可由下式表征：

$$\frac{1}{m_n^*} = \frac{1}{\hbar^2}\left(\frac{\partial^2 E}{\partial k^2}\right) \tag{3-37}$$

根据式(3-37)和单轴应变 Ge 的能带 $E(\boldsymbol{k})\sim k$ 关系，可以得到 Ge 导带各能谷的电子有效质量。表 3.3 为由 $30\boldsymbol{k}\cdot\boldsymbol{p}$ 方法计算得到的弛豫 Ge(应力为零)导带各能谷的电子有效质量，表中还列举了实验值以及 LCGO(linear combination of Gaussian orbitals，高斯轨道的线性组合)法、EPM、TBM 的计算结果。

表 3.3 弛豫 Ge 导带各能谷的电子有效质量

电子有效质量	实验值	30$k \cdot p$ 方法	LCGO 法	EPM	TBM
$m(\Gamma)$	0.042 ± 0.005	0.044	0.037	0.047	0.038
$m_1(\Delta)$	——	0.871	——	0.889	0.837
$m_t(\Delta)$	——	0.198	——	0.194	0.178
$m_1(L)$	1.588	1.589	1.66	1.578	1.594
$m_t(L)$	0.0815	0.0813	0.088	0.093	0.082

图 3.8 和图 3.9 分别为在沿不同方向的单轴应力作用下，单轴应变 Ge 导带 L 能谷和

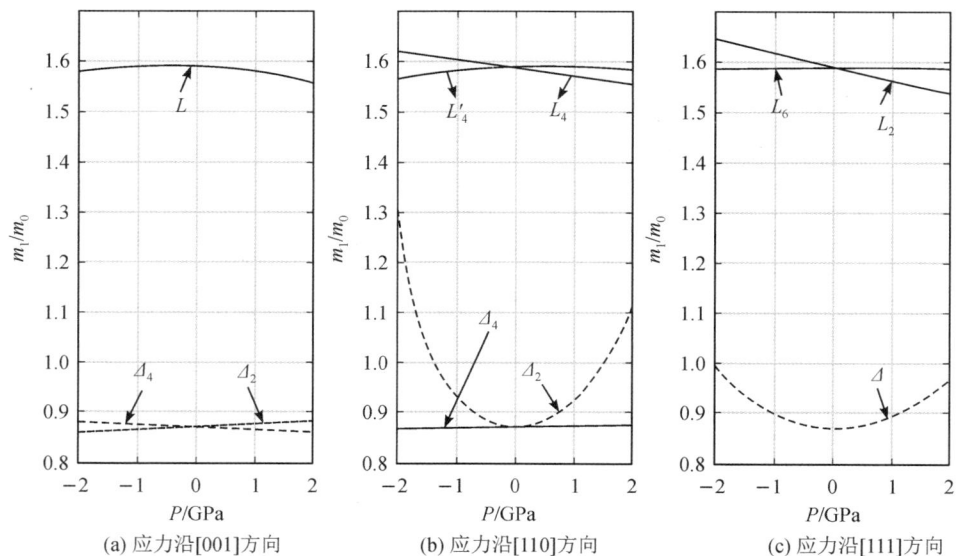

(a) 应力沿[001]方向　　(b) 应力沿[110]方向　　(c) 应力沿[111]方向

图 3.8　单轴应变 Ge 导带 L 能谷和 Δ 能谷的纵向有效质量随应力的变化情况

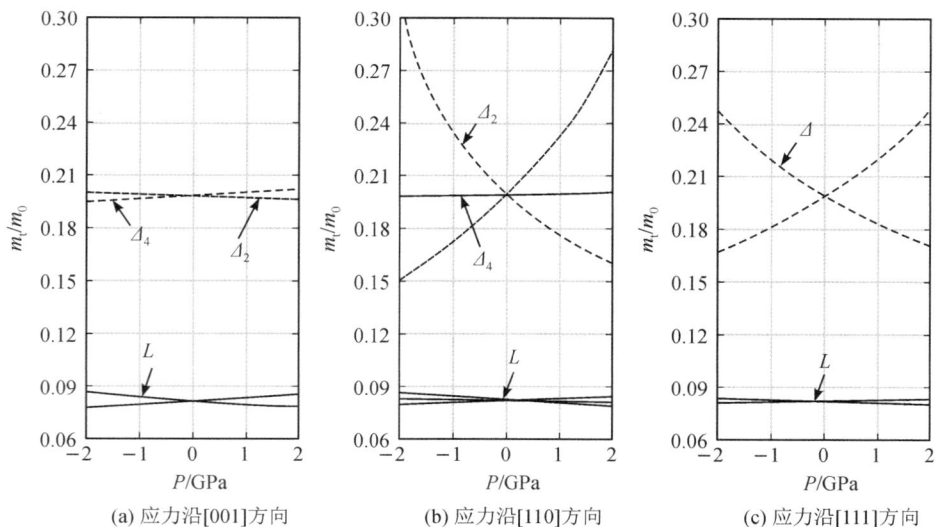

(a) 应力沿[001]方向　　(b) 应力沿[110]方向　　(c) 应力沿[111]方向

图 3.9　单轴应变 Ge 导带 L 能谷和 Δ 能谷的横向有效质量随应力的变化情况

Δ 能谷的纵向有效质量（m_1）与横向有效质量（m_t）随应力的变化情况。单轴应力降低了晶体对称性，使导带能谷产生分裂和偏移，m_1、m_t 也会随之改变。由图 3.8(b) 可见，沿[110]方向的单轴应力使 Ge 由立方对称变为斜方对称，L 能谷和 Δ 能谷发生分裂，m_1 出现了不同的变化趋势。由图 3.8(b)、(c) 和图 3.9(b)、(c) 可见，剪切应力（应力沿[110]和[111]方向）更容易改变 L 能谷和 Δ 能谷的 m_1 和 m_t，且剪切应力对 Δ 能谷的作用比 L 能谷更为显著。

3. 单轴应变 Ge 电子态密度有效质量

电子态密度有效质量与有效状态密度、载流子散射概率密切相关，也是应变 Ge 的重要参数。应变 Ge 电子态密度有效质量可由下式给出：

$$m_{dn} = \left[a \times (m_c)^{3/2} + b \times (m_c)^{3/2} \times \exp\left(\frac{-\Delta E_{c,\,split}}{k_B T} \right) \right]^{2/3} \quad (3-38)$$

式中，$m_c = (m_1 \times m_t^2)^{1/3}$ 为导带某一能谷的态密度有效质量；$\Delta E_{c,\,split}$ 为导带能谷分裂能；k_B 为玻尔兹曼常数；a 和 b 分别表示能级分裂后产生的能量较低能谷的简并度和能量较高能谷的简并度，例如在沿[111]方向的单轴张应力作用下，对于 Δ 能谷，a、b 分别为 6、0，对于 L 能谷，a、b 分别为 3、1。

图 3.10 为在沿不同方向的单轴应力作用下，单轴应变 Ge 导带 L 能谷和 Δ 能谷的分裂能随应力的变化情况。由图可见，能谷分裂能随着单轴应力的增大而增大。L 能谷和 Δ 能谷分别在沿[001]方向和[111]方向的单轴应力作用下未分裂，其分裂能为零。

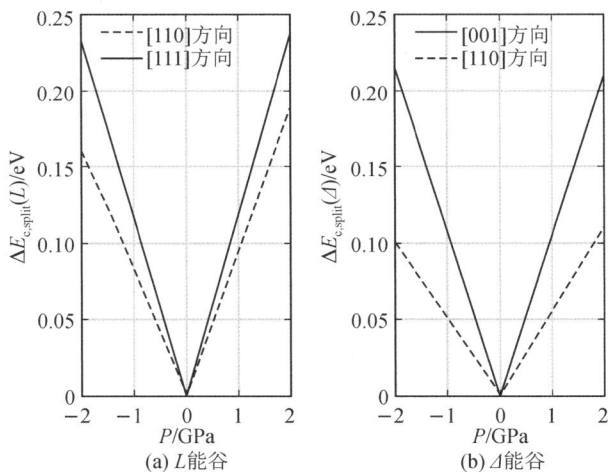

图 3.10 单轴应变 Ge 导带 L 能谷和 Δ 能谷的分裂能随应力的变化情况

图 3.11 为在沿不同方向的单轴应力作用下，单轴应变 Ge 导带 L 能谷和 Δ 能谷的电子态密度有效质量随应力的变化情况。在应力为零时，L 能谷的电子态密度有效质量为 $0.55m_0$，Δ 能谷的电子态密度有效质量为 $1.07m_0$。由图 3.11(a) 可见，沿[110]和[111]方向的单轴应力可以减小 L 能谷的电子态密度有效质量，在应力大于 1 GPa 后，其值趋近常数；沿[111]方向的单轴压应力使 L 能谷的电子态密度有效质量取得最小值 $0.22m_0$。由图 3.11(b) 可见，Δ 能谷的电子态密度有效质量在沿[001]方向的单轴压应力大于 1 GPa 后取得最小值 $0.52m_0$。

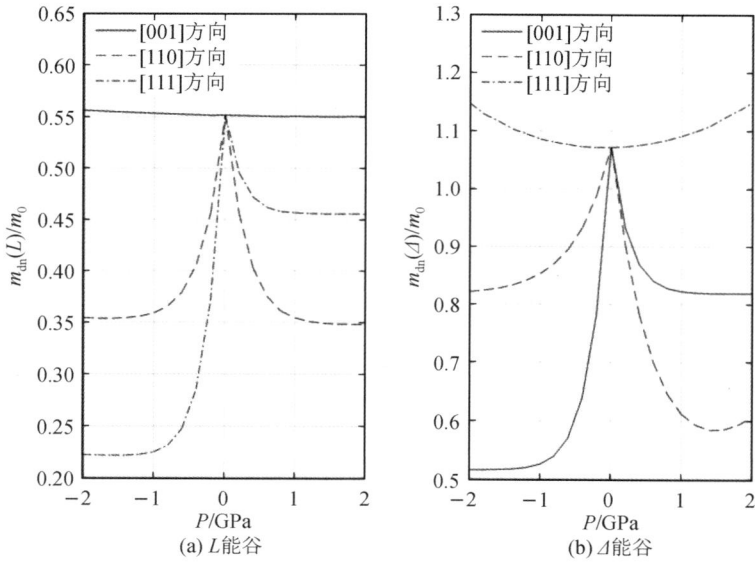

图 3.11　单轴应变 Ge 导带 L 能谷和 Δ 能谷的电子态密度有效质量随应力的变化情况

　　电子态密度有效质量的显著降低，是由于单轴应力使导带能谷发生分裂，能级简并度降低，随着分裂能的增大，电子越来越集中于低能量能谷。电子态密度有效质量的减小，可以有效降低载流子的散射概率，提高迁移率，从这一角度考虑，沿 [111] 方向的单轴压应变 Ge 是间接带隙应变 Ge 作为 NMOS 器件导电沟道材料的最佳选择。

4

第 4 章

硅基半导体应变弹塑性力学理论

应变对材料性能的改变以及相关理论的研究早于应变技术的商用阶段，工业集成电路自 90 nm 后大规模采用应变技术。应变技术对高性能集成电路的发展有突出贡献。弹塑性力学理论是研究材料特性、分析应变机理、建立应力模型的重要基础。本章先简述应力引入技术，然后分别介绍弹性力学理论基础和塑性力学基本理论。

4.1 应力引入技术

4.1.1 双轴应力引入技术及其特点

应力引入技术一般分为全局应变技术与局部应变技术。全局应变技术一般对应双轴应变，主要通过外延技术实现，还有少部分通过机械弯曲以及薄膜沉积工艺实现。局部应变技术主要通过不同工艺在器件沟道区域引入应变，通常为单轴应变。双轴应变即晶格沿着两个方向拉伸或者压缩的应变类型，它主要利用晶格失配来产生应变。不同的半导体材料一般具有不同的晶格常数，通过外延技术获得的薄膜与基体的晶格常数相同，外延材料的晶格的拉伸或者压缩会对应引入张应变或者压应变。张应变原子结构示意图如图 4.1 所示。

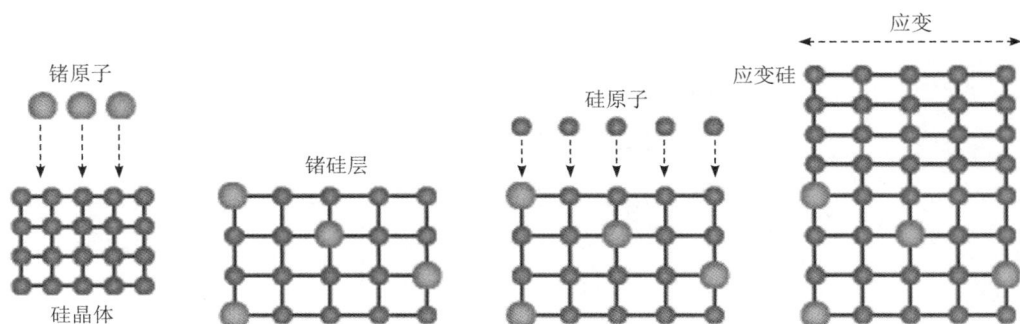

图 4.1 张应变原子结构示意图

引入双轴应变的主要外延技术有应变弛豫缓冲(SRB)层技术、绝缘体上应变硅(SSOI)技术和绝缘体上锗硅(SGOI)技术，其结构分别如图 4.2、图 4.3 和图 4.4 所示。此外，还有其他各种异质结构。应变弛豫缓冲层结构与绝缘体上锗硅结构存在锗扩散等问题，绝缘体上应变硅结构则有生产工艺复杂、应变小等缺点。

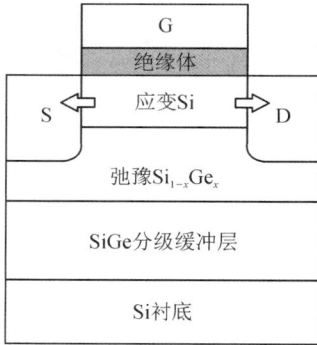

图 4.2　应变弛豫缓冲层结构

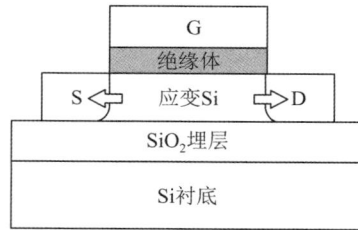

图 4.3　绝缘体上应变硅结构

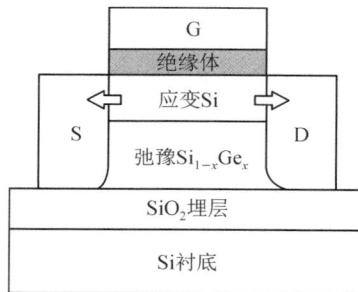

图 4.4　绝缘体上锗硅结构

采用机械弯曲的方法同样可以引入双轴应变，如图 4.5 所示为机械致双轴应变的实验装置。将硅晶圆放置于机械操作台中，利用机械推杆将晶圆中心托起。晶圆的表面会受到外力而发生晶格的拉伸，从而形成张应变。因为外力在晶圆上的分布不均匀，所以晶圆表面各点所受应力的大小以及应变类型都有变化。该方法虽然可以实现应变，但是由于应变类型和应力大小的变化，以及晶圆弯曲后易破碎等缺点而难以投入生产应用。

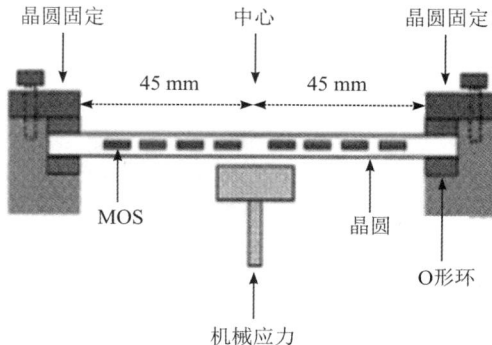

图 4.5　机械致双轴应变的实验装置

利用高应力薄膜也可以产生晶圆级的双轴应变。将 SOI 顶层硅用离子注入进行非晶化，再在顶层硅上沉积高应力 SiN 薄膜，高温退火使得非晶的顶层硅在应力环境下重结晶，去除应力膜后，重结晶的 SOI 顶层硅仍然保持应变。或者将离子注入 SOI 埋层与衬底之间的界面，沉积高应力 SiN 薄膜后，经过退火工艺使得埋层材料与顶层硅拉伸或者压缩来获得应变 SOI。

全局应变技术一般情况下引入的都是双轴应变，其主要优点是对 NMOS 和 PMOS 可以同时产生双轴应变，在高应变与低电场的情况下可以同时提高两种器件的性能。按比例缩小能够带来更小的沟道尺寸与更高的工作电场，但是双轴应变在高电场的条件下会出现应变效果减弱，即载流子迁移率降低的情况。在高电场下不同的双轴应变工艺迁移率退化的结果如图 4.6 所示。在工艺方面，全局应变技术需要调整所有的工艺来应对衬底的改变，应变也会随着工艺节点的缩小而减小。集成电路工艺引入双轴应变后会带来可靠性、成品率降低以及成本提高等风险。

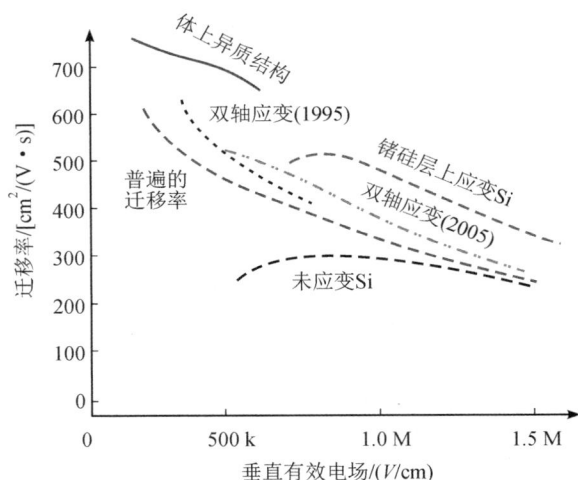

图 4.6　在高电场下不同的双轴应变工艺迁移率退化的结果

4.1.2　单轴应力引入技术及其特点

局部应变技术主要是在晶体管沟道区域引入应变，在沟道以外的区域没有引入应变。这种技术主要引入单轴应变，应力一般单向平行于沟道方向。局部应变技术主要有嵌入式锗硅源漏技术、浅槽隔离(STI)技术、应力衬垫技术等。图 4.7 有效展示了以上几种局部应变技术的原理。

嵌入式锗硅源漏技术针对不同类型的 MOS 器件，引入不同的应力类型来实现器件性能的最大提升。在 PMOS 器件的源漏区生长 SiGe 材料，由于 SiGe 材料的晶格常数比衬底材料的大而对器件沟道挤压引入压应力，可以大幅提高 PMOS 器件的驱动电流。衬底的晶格常数比 SiC 的大，两端的 SiC 对沟道的拉伸使其产生张应变，源漏区生长 SiC 适用于 NMOS 器件。

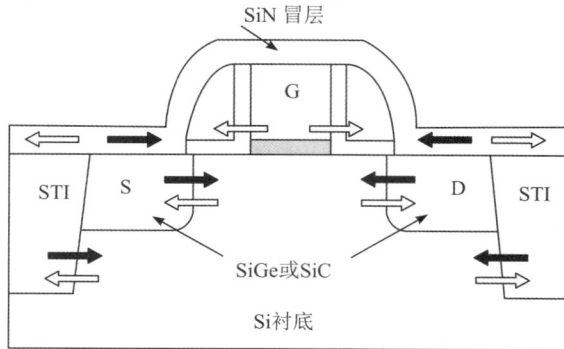

图 4.7　局部应变技术的原理

浅槽隔离技术主要利用衬底材料与绝缘介质的特性差异来形成应变,衬底材料与绝缘介质有着不同的热膨胀系数,绝缘介质的膨胀/收缩会对沟道产生单轴压/张应力。隔离槽通常是二氧化硅、氮化硅等材料。通常为了引入更高的应力会采用间距更小的隔离槽。

应力衬垫技术主要应用在 CMOS 结构上。在 CMOS 结构上对不同的器件沉积不同类型的应力薄膜可以在其沟道中引入不同的应变类型。沉积具有压应力的 SiN 层可在 NMOS 晶体管中引入张应变,同时对 PMOS 晶体管沉积具有张应力的 SiN 层。双应力线的同时使用可以大幅提高器件电流。仅仅使用一种应力线只能提升一种器件的性能,另一种器件的性能没有提升或者出现下降。

此外,应力记忆技术也可用来增强器件应力。该技术的主要工艺流程是在器件的表面生长无定形硅,张应力或者压应力的氮化硅薄膜沉积在无定形硅的上面。无定形硅在高应力薄膜的作用下重新排布。当高应力薄膜去除以后,无定形硅的排列仍然按照高应力薄膜作用下的方式,即达到对薄膜的应力产生记忆的效果,因此会对沟道产生应力。

局部应变技术容易在器件沟道中形成单轴张应力或者压应力。在小应变的情况下,单轴应变比双轴应变更能提高载流子迁移率,尤其对提高空穴迁移率效果更显著。在高电场下单轴应变引起的阈值漂移相对双轴应变也会小很多。单轴应变能够有效抑制载流子迁移率在高电场下的退化,也可以改善双轴应变在小应变下对载流子迁移率的提高减弱的问题,因此单轴应变以其独特的优势成为应变工艺的主流工艺。

4.2　弹性力学理论基础

本节主要研究弹性力学理论基础,为晶圆级应变 SOI 的应变机理与应力模型提供理论依据。

4.2.1　外力和内力

作用于固体的力主要分为外力和内力两种。外力是固体外部受到的作用力,内力主要是在外力条件下固体内部相互作用的结果。外力按照作用域又分为体力和面力。

体力是作用在固体内部各微小单元上的外力，如重力、惯性力、电磁力等。常用体力集度来表征体力。假设固体中某一点处的某一微元是 ΔV，体力 $\Delta \boldsymbol{Q}$ 作用于微元，则体力集度定义为

$$\boldsymbol{F}_{\mathrm{B}} = \lim_{\Delta V \to 0} \frac{\Delta \boldsymbol{Q}}{\Delta V} \tag{4-1}$$

将体力沿着各个坐标轴进行分解，可以得到

$$\boldsymbol{F}_{\mathrm{B}} = \frac{\Delta Q_x}{\Delta V}\boldsymbol{i} + \frac{\Delta Q_y}{\Delta V}\boldsymbol{j} + \frac{\Delta Q_z}{\Delta V}\boldsymbol{k} \tag{4-2}$$

式中，$\boldsymbol{i}$、$\boldsymbol{j}$、$\boldsymbol{k}$ 分别表示沿着 x 轴、y 轴、z 轴的单位向量。

面力是作用在固体表面各微小单元上的外力，如压力、风力、接触力等。常用面力集度来表征面力。假设固体表面某一点处的某一微元是 ΔS，面力 $\Delta \boldsymbol{Q}$ 作用于微元，则面力集度定义为

$$\boldsymbol{F}_{\mathrm{S}} = \lim_{\Delta S \to 0} \frac{\Delta \boldsymbol{Q}}{\Delta S} \tag{4-3}$$

面力同样也是矢量，将其沿着坐标轴分解后得到

$$\boldsymbol{F}_{\mathrm{S}} = \frac{\Delta Q_x}{\Delta S}\boldsymbol{i} + \frac{\Delta Q_y}{\Delta S}\boldsymbol{j} + \frac{\Delta Q_z}{\Delta S}\boldsymbol{k} \tag{4-4}$$

体力集度与面力集度描述了外力作用于固体的程度，应力则描述了固体受到外力作用后内力的集中程度。应力矢量可以有效地描述通过某一点的某一固定截面的应力集中程度。

如图 4.8 所示，用截面 C 将处于平衡状态的固体分成 A、B 两部分。将 A 作为研究对象，记截面 C 上的外法线向量为 $\boldsymbol{n}$，取作用点 P 附近的面微元 ΔS，则 $\Delta \boldsymbol{p}$ 是作用在 ΔS 上的内力。

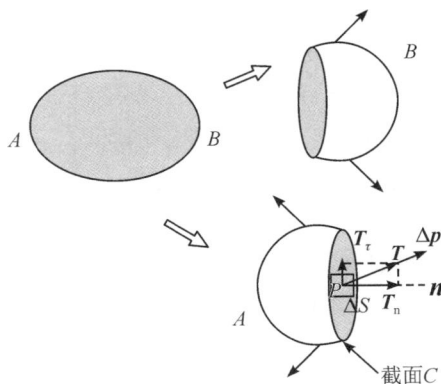

图 4.8　应力矢量的定义

平均集度定义为

$$\boldsymbol{T} = \lim_{\Delta S \to 0} \frac{\Delta \boldsymbol{p}}{\Delta S} \tag{4-5}$$

式中，$\boldsymbol{T}$ 是应力矢量。将 $\boldsymbol{T}$ 沿着各个坐标轴分解后可以得到

$$\boldsymbol{T}=T_x\boldsymbol{i}+T_y\boldsymbol{j}+T_z\boldsymbol{k} \tag{4-6}$$

通常情况下将应力矢量分别沿着截面的法线和切线方向分解。沿着切线方向的分量为剪应力或者切应力，沿着法线方向的分量为正应力。

4.2.2　应力张量

因为应力矢量仅仅能够描述某一点固定截面的内力状态，而一点可以通过无数截面，所以应力矢量不能够完全反映某一点的内力状态，因此引入应力张量。应力张量为通过一个点的互相正交的三个面的应力矢量的组合。

在图 4.8 中 P 点附近取一四面体，其力平衡示意图如图 4.9 所示。在四面体微元中，PAB、PBC、PCA 是三个相互正交的截面，τ_{zx}、τ_{zy}、σ_{zz} 分别为面 PAB 的应力矢量沿着坐标轴的分量，σ_{xx}、τ_{xy}、τ_{xz} 分别为面 PBC 的应力矢量沿着坐标轴的分量，τ_{yx}、σ_{yy}、τ_{yz} 分别为面 PAC 的应力矢量沿着坐标轴的分量；ABC 是四面体的另一斜面，其法线向量为 $\boldsymbol{n}$，该斜面的应力矢量在坐标轴上的分量分别为 T_x、T_y、T_z。

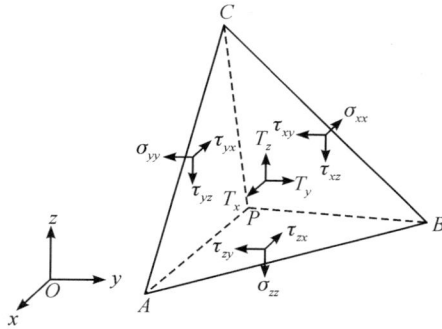

图 4.9　力平衡示意图

平衡状态下四面体微元满足以下方程：

$$\begin{cases}T_x=n_1\sigma_{xx}+n_2\tau_{yx}+n_3\tau_{zx}\\T_y=n_1\tau_{xy}+n_2\sigma_{yy}+n_3\tau_{zy}\\T_z=n_1\tau_{xz}+n_2\tau_{yz}+n_3\sigma_{zz}\end{cases} \tag{4-7}$$

式中，n_i 是法线向量 $\boldsymbol{n}$ 与坐标轴 i 之间夹角的余弦值，i 的取值为 1、2、3，分别代表 x、y、z。

因此，任一点的应力状态可以通过过该点的三个互相垂直的面的应力矢量来表示。同样在三维笛卡尔坐标系中，在 P 点附近取出正六面体微元，用三个互相垂直的应力分量来表示 P 点的应力张量，则有

$$\boldsymbol{\sigma}_{ij}=\begin{bmatrix}\sigma_{xx}&\tau_{xy}&\tau_{xz}\\\tau_{yx}&\sigma_{yy}&\tau_{yz}\\\tau_{zx}&\tau_{zy}&\sigma_{zz}\end{bmatrix} \tag{4-8}$$

式中，矩阵主对角线上的三个元素是正应力分量，其余六个元素是切应力分量。

4.2.3　应变张量

固体内部任意一点的形变量可以用通过该点的所有直线之间夹角与长度的变化来衡量。因此结合应力张量的分析，应变张量也可以如此定义：任意一点的应变可以由通过该点的互相垂直的线段的夹角与长度的变化量组合来表示。同样取 P 点附近的正六面体微元，在形变过程中，形变量可由与 P 点相交的三条线段的夹角与长度的变化来表示。据此 P 点的应变张量可表示为

$$\boldsymbol{\varepsilon}_{ij} = \begin{bmatrix} \varepsilon_{xx} & \varepsilon_{xy} & \varepsilon_{xz} \\ \varepsilon_{yx} & \varepsilon_{yy} & \varepsilon_{yz} \\ \varepsilon_{zx} & \varepsilon_{zy} & \varepsilon_{zz} \end{bmatrix} \tag{4-9}$$

式中，矩阵主对角线上的元素为正应变分量，其他元素为切应变分量。

4.2.4　广义胡克定律

对应力应变关系的描述方法主要有从能量角度出发的 Green 方法和从数学角度出发的 Cauchy 方法。从能量角度出发的 Green 方法认为外界对固体做功，做的功转化为材料的形变能，发生弹性形变时，外力卸载后形变消失，能量也随之消失。因此在恒温的环境中应力应变存在如下关系：

$$\sigma_{ij} = \frac{\partial W}{\partial \varepsilon_{ij}} \tag{4-10}$$

式中，W 为形变能。

Cauchy 方法从数学角度出发描述了应力应变的关系，其认为某一状态的应力仅仅与该状态的应变有关，可以用函数关系来表示。假设无应力状态对应的是无应变状态，同时材料没有初始应变，那么三维弹性材料的应力应变关系可用广义胡克定律表示为

$$\sigma_{ij} = C_{ijkl}\varepsilon_{kl}\ (i,\ j,\ k,\ l=1,\ 2,\ 3) \tag{4-11}$$

式中，C_{ijkl} 是包含 81 个分量的独立弹性张量，而四阶张量具有完全对称性，故独立分量的个数仅为 21。可见，独立分量的个数依赖于材料的对称性，对称性不同，独立分量的个数会有不同程度的减少，最多为 21 个独立分量。

若材料发生弹性形变时在一维拉伸或者压缩，则应力应变的关系可以用线性表达式，即胡克定律表示为

$$\sigma = E\varepsilon \tag{4-12}$$

式中，E 为材料的杨氏模量，σ 表示应力，ε 表示应变。

4.3　塑性力学基本理论

晶体材料的平衡主要靠原子之间的吸引和排斥。当外力作用于晶体材料时，系统的平

衡被破坏。材料发生弹性形变时，原子之间会有一定的相对位移。外力去除后，系统重新稳定，材料恢复到原来的形态。当原子的原有排列方式彻底发生改变，材料不能恢复到原来的形态时，形成塑性形变。晶格产生的滑移是材料塑性形变的主要机制。

4.3.1 材料性质的基本假设

假定材料为非黏性，即不考虑材料力学性质与时间的关系。黏性主要表现为应变与速率的关系，高速率的应力应变关系明显与低速率的应力应变关系不同。在低速率下主要表现为蠕变效应，即在恒力作用下，应变随时间逐渐增长，当达到一定时间时，材料会出现断裂的情况。

假定材料具有无限韧性，即关于材料塑性问题的研究只考虑材料连续性的形变，断裂问题不在考虑范围之内。

假定材料的屈服极限不受静水压力影响。塑性材料在有或无静水压力的条件下屈服极限几乎没有区别，所以可以不考虑静水压力的影响。

假定材料体积变化和静水压力符合弹性规律。当有静水压力时，材料体积稍微减小，去除静水压力后材料体积恢复，也就是说塑性形变不改变材料体积。

4.3.2 应力屈服条件

若材料一直处于弹性形变状态，则该材料从未发生塑性形变。在一维拉伸或压缩条件下，材料有一个初始弹性范围$[-\sigma_s, \sigma_s]$。如果在复杂应力状态下，初始弹性范围边界不再是两个离散点，而是曲线或者曲面，则该曲线或者曲面函数称为屈服条件。初始屈服条件的数学表达式如下：

$$f(\sigma_{ij}) = 0 \tag{4-13}$$

屈服条件与材料的性质有关。初始状态的屈服函数称为初始屈服函数，存在屈服硬化阶段的函数称为相继屈服函数。

正应力空间的某一点的应力状态可以分解为偏应力状态与球应力状态，屈服主要受偏应力状态的影响。π 平面上的原点是偏应力大小为零的点。当某一应力状态达到屈服时，沿这一应力状态作所有垂直于 π 平面的直线，直线上对应的所有应力状态均达到屈服状态。通过无数应力状态作出的直线可以构成一个柱面，因此屈服面在应力空间中应该是一柱面，屈服柱面与 π 平面相交的曲线称为屈服轨迹。屈服轨迹主要有以下性质：

（1）屈服轨迹是将原点包含在内的封闭曲线。材料不会在应力为零的时候屈服，因此屈服轨迹不会通过原点。若曲线不封闭，则材料永远处于弹性阶段而不会发生屈服，实际不存在这样的材料。

（2）屈服轨迹具有外凸特性。材料不可能出现在弹性屈服阶段继续加载外力又进入弹性塑性阶段的情况，即应力空间原点发出的射线不会与屈服轨迹有两个交点。

（3）忽略包辛格效应，即材料的压缩与拉伸屈服应力相等。

4.3.3　材料的拉伸曲线

从材料的应力应变曲线中可以获得材料的不同特性。材料从零应力开始施加拉力，应力应变曲线经过原点，是斜率一定的直线。曲线开始弯曲的时候材料达到了弹性极限。在没有达到弹性极限之前，外力卸载之后材料可以完全恢复到之前的状态。在达到弹性极限以后，继续施加外力，曲线开始发生弯曲或者不规则变化，应力应变不会成线性关系；外力卸载之后，材料不能恢复到原有形态，即此时材料发生了塑性形变。图 4.10 是一种常见的应力应变曲线，其中 AB 段在应力几乎保持不变的情况下应变仍然有很大的变化，这一阶段称为材料的屈服阶段，屈服阶段的应力称为屈服应力，常用 σ_s 表示。

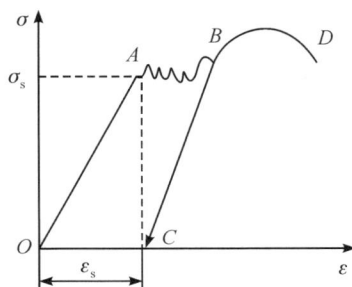

图 4.10　一种常见的应力应变曲线

图 4.11 是另一种常见的应力应变曲线。在材料并未发生过大的塑性形变时，应力应变的卸载曲线与加载曲线的斜率基本一致，说明材料的基本结构未发生明显变化。如果卸载外力后，重新加载材料的应力应变关系，则曲线会沿直线 BC 变化，直到到达 B 点，曲线开始发生弯曲，材料重新发生塑性形变。从表面上看材料的屈服应力的大小好像提高了，材料好像经过了强化，材料的这种特点称为应变强化。

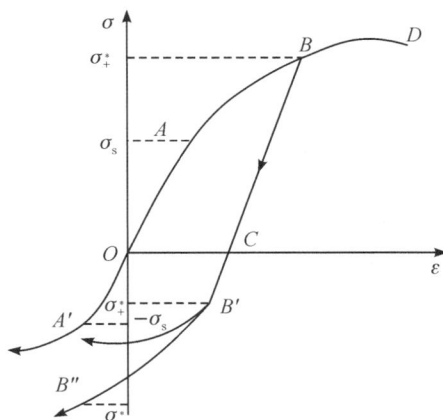

图 4.11　另一种常见的应力应变曲线

如果材料加载到 B 点以后，紧接着反向加载，则单晶材料的屈服应力会到达 B'' 点的位置，有一定的提高；多晶材料的压缩屈服应力会到达 B' 点的位置，低于初始的压缩屈服应力（A' 点的位置）。包辛格效应是材料在拉伸后得到强化而在压缩后得到弱化的情况，在材料特性研究中通常不考虑这种效应。材料处于完全弹性状态时应力的范围为 $-\sigma_s \leqslant \sigma \leqslant \sigma_s$，这时应力应变关系满足胡克定律，即式(4-12)。

材料在初次发生拉伸或者压缩屈服时对应的屈服应力 $\pm\sigma_s$ 称为初始屈服点。在不同的维度，初始弹性范围对应了不同的条件。一维空间、二维空间、三维空间对应的初始弹性范围分别是两点、曲线、曲面。当应力的范围在初始弹性范围 $\sigma_-^* \leqslant \sigma \leqslant \sigma_+^*$ 内时，应力应变关系满足增量型的胡克定律，即

$$\Delta\sigma = E\Delta\varepsilon \qquad\qquad (4-14)$$

第5章

临界带隙应变 $Ge_{1-x}Sn_x$ 合金能带特性与迁移率计算

光电集成技术用 CMOS 工艺实现光子器件的集成制备,具有集成度高、速率快、功耗低的优势。目前,已有研究表明,锗(Ge)的锡(Sn)合金化可以实现能带结构的调控,在 Sn 组分一定的条件下,$Ge_{1-x}Sn_x$ 合金的直接带隙宽度会小于间接带隙宽度,实现间接带隙到直接带隙的转变,使 $Ge_{1-x}Sn_x$ 合金在光电探测、光电导器件、发光二极管、激光器等光电集成领域有更广泛的应用。

此外,$Ge_{1-x}Sn_x$ 合金在 MOS 器件中也表现出高迁移率特性。然而,Ge 中 Sn 的固溶度限制以及 Ge 和 Sn 大的晶格失配,使得 $Ge_{1-x}Sn_x$ 合金中 Sn 组分难以任意地增大,并给 $Ge_{1-x}Sn_x$ 合金的制备带来了不少挑战。应变技术同样可以调控能带结构使 Ge 由间接带隙转变成直接带隙,其中以(001)面双轴张应变所需的应力最小,并且载流子迁移率,特别是空穴迁移率会显著增强。因此,考虑合金化和双轴张应力共同作用下的 Ge 材料,不仅可以有效减小带隙转变所需的 Sn 组分和应力,也可进一步提升 $Ge_{1-x}Sn_x$ 合金的光学、电学性质。

对双轴张应变 $Ge_{1-x}Sn_x$ 合金能带结构的研究是探索其光学、电学性质的理论基础。本章根据形变势理论分析了在(001)面双轴张应力作用下 $Ge_{1-x}Sn_x$ 合金的带隙转变条件,给出了带隙转变临界状态下 Sn 组分和双轴张应力的关系;采用 $8k \cdot p$ 方法得到了临界带隙双轴张应变 $Ge_{1-x}Sn_x$ 在布里渊区中心点附近的能带结构,并根据所得的能带图,由二阶函数拟合的方法得到了电子、空穴的有效质量;基于载流子散射模型,计算了电子、空穴迁移率。所得相关结论可为高性能应变 $Ge_{1-x}Sn_x$ 电子器件和光电子器件的设计提供理论参考。

5.1 计算方法

5.1.1 形变势模型

在(001)面双轴张应力作用下,$Ge_{1-x}Sn_x$ 合金的带隙类型和禁带宽度会随着 Sn 组分和应力而变化，其导带能谷能量可由形变势理论确定：

$$E_g^{\Gamma} = E_0^{\Gamma} + a_{\Gamma_2^-}(\varepsilon_{xx} + \varepsilon_{yy} + \varepsilon_{zz}) \tag{5-1}$$

$$E_g^{L} = E_0^{L} + \left(\Xi_d^L + \frac{1}{3}\Xi_u^L - a_{\Gamma_5^+}\right)(\varepsilon_{xx} + \varepsilon_{yy} + \varepsilon_{zz}) \tag{5-2}$$

导带 Δ 能谷因在(001)面双轴张应力作用下不会成为带边能级而未被考虑。式中，E_0^{Γ} 和 E_0^{L} 分别为弛豫状态下 Γ 和 L 能谷的能量，$a_{\Gamma_2^-}$ 和 $\Xi_d^L + \frac{1}{3}\Xi_u^L - a_{\Gamma_5^+}$ 为对应能谷的形变势参数，ε_{xx}、ε_{yy}、ε_{zz} 为应变张量。根据弹性理论，(001)面双轴应变张量的表达式如下：

$$\varepsilon_{xx} = \varepsilon_{yy} = \frac{c_{11}}{c_{11}^2 + c_{11}c_{12} - 2c_{12}^2}T \tag{5-3}$$

$$\varepsilon_{zz} = -\frac{2c_{12}}{c_{11}^2 + c_{11}c_{12} - 2c_{12}^2}T \tag{5-4}$$

其中，c_{11}、c_{12} 为弹性刚度系数；T 为双轴应力，当 $T>0$ 时为双轴张应力，当 $T<0$ 时为双轴压应力。

为了能够准确预测 $Ge_{1-x}Sn_x$ 合金的能谷能量随 Sn 组分的变化情况，还需要利用弯曲系数 b 对其进行二次修正，即有

$$E_{GeSn}(x) = E_{Sn}x + E_{Ge}(1-x) + bx(1-x) \tag{5-5}$$

对于 Γ、L 能谷，相应的弯曲系数分别为 -2.15 eV、-0.91 eV。其他参数的取值以线性插值的形式给出。对于 Ge 和 Sn，相应参数取值见表 5.1。

表 5.1　形变势模型所需参数取值

参　　数	Ge	Sn
c_{11}/GPa	128.7	69
c_{12}/GPa	47.7	29.3
E_0^{Γ}/eV	0.898	-0.41
E_0^{L}/eV	0.76	0.12
$a_{\Gamma_2^-}/\text{eV}$	-9.78	-7.65
$\Xi_d^L + \frac{1}{3}\Xi_u^L - a_{\Gamma_5^+}/\text{eV}$	-3.5	-1.0

5.1.2　$8k \cdot p$ 方法

对于应力作用下的金刚石型半导体，其哈密顿量可简单表示为

$$\boldsymbol{H} = \boldsymbol{H}_k + \boldsymbol{H}_{\text{strain}} \tag{5-6}$$

对于直接带隙的 $Ge_{1-x}Sn_x$ 合金，由于导带、价带之间存在明显的耦合作用，为了得到

准确的能带结构，$\boldsymbol{H}_k$ 应为一个 8 阶 $\boldsymbol{k} \cdot \boldsymbol{p}$ 矩阵，用来建立包含自旋轨道耦合在内的导带和价带能量色散关系。$\boldsymbol{H}_k$ 的形式如下：

$$
\boldsymbol{H}_k = \begin{bmatrix}
A & 0 & V^* & 0 & \sqrt{3}V & -\sqrt{2}U & -U & \sqrt{2}V^* \\
0 & A & -\sqrt{2}U & -\sqrt{3}V^* & 0 & -V & \sqrt{2}V & U \\
V & -\sqrt{2}U & -P+Q & -S^* & R & 0 & \sqrt{\dfrac{3}{2}}S & -\sqrt{2}Q \\
0 & -\sqrt{3}V & -S & -P-Q & 0 & R & -\sqrt{2}R & \dfrac{1}{\sqrt{2}}S \\
\sqrt{3}V^* & 0 & R^* & 0 & -P-Q & S^* & \dfrac{1}{\sqrt{2}}S^* & \sqrt{2}R^* \\
-\sqrt{2}U & -V^* & 0 & R^* & S & -P+Q & \sqrt{2}Q & \sqrt{\dfrac{3}{2}}S^* \\
-U & \sqrt{2}V^* & \sqrt{\dfrac{3}{2}}S^* & -\sqrt{2}R^* & \dfrac{1}{\sqrt{2}}S & \sqrt{2}Q & -P-\Delta & 0 \\
\sqrt{2}V & U & -\sqrt{2}Q & \dfrac{1}{\sqrt{2}}S^* & \sqrt{2}R & \sqrt{\dfrac{3}{2}}S & 0 & -P-\Delta
\end{bmatrix}
\tag{5-7}
$$

其中

$$
A = E_c + \frac{\hbar^2}{2m_0}(k_x^2 + k_y^2 + k_z^2) \tag{5-7a}
$$

$$
P = -E_v + \gamma_1 \frac{\hbar^2}{2m_0}(k_x^2 + k_y^2 + k_z^2) \tag{5-7b}
$$

$$
Q = \gamma_2 \frac{\hbar^2}{2m_0}(k_x^2 + k_y^2 - 2k_z^2) \tag{5-7c}
$$

$$
R = -\sqrt{3}\frac{\hbar^2}{2m_0}[\gamma_2(k_x^2 - k_y^2) - 2\mathrm{i}\gamma_3 k_x k_y] \tag{5-7d}
$$

$$
S = 2\sqrt{3}\frac{\hbar^2}{2m_0}\gamma_3 k_z(k_x - \mathrm{i}k_y) \tag{5-7e}
$$

$$
U = \frac{1}{\sqrt{3}}P_0 k_z \tag{5-7f}
$$

$$
V = \frac{1}{\sqrt{6}}P_0(k_x - \mathrm{i}k_y) \tag{5-7g}
$$

式中，γ_1、γ_2、γ_3 是修正的 Luttinger 参数，它们与 6$\boldsymbol{k} \cdot \boldsymbol{p}$ 方法中的 Luttinger 参数 γ_1^L、γ_2^L、γ_3^L 的关系为 $\gamma_1 = \gamma_1^L - \dfrac{E_p}{3E_g}$、$\gamma_2 = \gamma_2^L - \dfrac{E_p}{6E_g}$、$\gamma_3 = \gamma_3^L - \dfrac{E_p}{6E_g}$，这里 E_g 为带隙宽度，E_p 为描述导带与价带耦合作用的 Kane 能量，它与动量矩阵参数 P_0 有关：$E_p = 2m_0 P_0^2 / \hbar^2$。

式(5-6)中第二项是由应变引入的哈密顿量，它具有与式(5-7)类似的形式：

$$H_{\text{strain}} = \begin{bmatrix} a_{\Gamma_2^-}\varepsilon & 0 & -v^* & 0 & -\sqrt{3}\,v & \sqrt{2}\,u & u & -\sqrt{2}\,v^* \\ 0 & a_{\Gamma_2^-}\varepsilon & \sqrt{2}\,u & \sqrt{3}\,v^* & 0 & v & -\sqrt{2}\,v & -u \\ -v & \sqrt{2}\,u & -p+q & -s^* & r & 0 & \sqrt{\frac{3}{2}}\,s & -\sqrt{2}\,q \\ 0 & \sqrt{3}\,v & -s & -p-q & 0 & r & -\sqrt{2}\,r & \frac{1}{\sqrt{2}}\,s \\ -\sqrt{3}\,v^* & 0 & r^* & 0 & -p-q & s^* & \frac{1}{\sqrt{2}}\,s^* & \sqrt{2}\,r^* \\ \sqrt{2}\,u & v^* & 0 & r^* & s & -p+q & \sqrt{2}\,q & \sqrt{\frac{3}{2}}\,s^* \\ u & -\sqrt{2}\,v^* & \sqrt{\frac{3}{2}}\,s^* & -\sqrt{2}\,r^* & \frac{1}{\sqrt{2}}\,s & \sqrt{2}\,q & -a\varepsilon & 0 \\ -\sqrt{2}\,v & -u & -\sqrt{2}\,q & \frac{1}{\sqrt{2}}\,s^* & \sqrt{2}\,r & \sqrt{\frac{3}{2}}\,s & 0 & -a\varepsilon \end{bmatrix} \tag{5-8}$$

其中

$$p = a(\varepsilon_{xx} + \varepsilon_{yy} + \varepsilon_{zz}) \tag{5-8a}$$

$$q = b\left[\varepsilon_{zz} - \frac{1}{2}(\varepsilon_{xx} + \varepsilon_{yy})\right] \tag{5-8b}$$

$$r = \frac{\sqrt{3}}{2}b(\varepsilon_{xx} - \varepsilon_{yy}) - \mathrm{i}d\varepsilon_{xy} \tag{5-8c}$$

$$s = -d(\varepsilon_{xz} - \mathrm{i}\varepsilon_{yz}) \tag{5-8d}$$

$$u = \frac{1}{\sqrt{3}}P_0\sum_j \varepsilon_{zj}k_j \tag{5-8e}$$

$$v = \frac{1}{\sqrt{6}}P_0\sum_j(\varepsilon_{xj} - \mathrm{i}\varepsilon_{yj})k_j \tag{5-8f}$$

$$\varepsilon = \varepsilon_{xx} + \varepsilon_{yy} + \varepsilon_{zz} \tag{5-8g}$$

式中，a、b、d 为价带形变势参数。

根据式(5-6)至式(5-8)，对角化两个哈密顿矩阵的和，可以得到应变 $Ge_{1-x}Sn_x$ 在布里渊区中心 Γ 点附近的能带结构。表 5.2 列出了计算所需参数的具体取值。

表 5.2　应变 $Ge_{1-x}Sn_x$ 能带结构计算所需参数取值

参　数	Ge	Sn
γ_1^L	13.38	−15
γ_2^L	4.24	−11.45
γ_3^L	5.69	−8.55
E_p/eV	26.3	24
a/eV	1.24	1.55
b/eV	−2.9	−2.7
d/eV	−4.8	−4.1

5.1.3 载流子散射模型

载流子从状态 k 散射到状态 k' 的跃迁率 $P_{k,k'}$ 可由费米黄金法则给出：

$$P_{k,k'} = \frac{2\pi}{\hbar} |M_{k,k'}|^2 \delta(\hbar\omega_{k'} - \hbar\omega_k \mp \hbar\omega_q) \tag{5-9}$$

式中，$\hbar\omega_k$ 与 $\hbar\omega_{k'}$ 分别为载流子初态能量和终态能量；$\hbar\omega_q$ 为引起散射的量子能量，如在晶格振动散射中的声子能量，"$+$"和"$-$"分别表示吸收和发射一个量子能量；δ 函数表明在散射过程中能量守恒；$M_{k,k'}$ 为散射矩阵元，它具有以下形式：

$$M_{k,k'} = \int_\Omega \psi_{k'}^* V(r) \psi_k \, dr \tag{5-10}$$

式中，Ω 为晶格体积，$V(r)$ 为散射势。

任何改变晶格周期性势场的附加势都可引起载流子的散射。一类散射势，如晶格振动引起的各种散射势，表现为随时间 t 简谐变化的波的形式：

$$V(r, t) = A_+(q) e^{i(q \cdot r - \omega_q t)} + A_-(q) e^{-i(q \cdot r - \omega_q t)} \tag{5-11}$$

式中，r、q 分别为位矢和波失，ω_q 为振动角频率，$A_+(q)$ 与 $A_-(q)$ 互为复共轭。另一类散射势，如电离杂质的库仑势、混合晶体的无序势等，不随时间变化，经傅里叶展开后具有如下形式：

$$V(r) = \sum_q A(q) e^{iq \cdot r} \tag{5-12}$$

式中，$A(q) = \frac{1}{\Omega} \int V(r) e^{-iq \cdot r} dr$（此处假设散射终态的占有概率为零）。将散射势（不含时间的部分）和布洛赫波函数 $\psi_k = e^{ik \cdot r} u_k(r)$ 代入式（5-10）可得

$$M_{k,k'} = \sum_q A(q) I_{k'k} \delta(q - k' + k) = A(k' - k) I_{k'k} \tag{5-13}$$

式中，$I_{k'k} = \int_\Omega u_{k'}^*(r) u_k(r) dr$ 为重叠积分，对于抛物线能带，$I_{k'k} \approx 1$。根据求得的散射矩阵元，可计算出跃迁率 $P_{k,k'}$。由 $P_{k,k'}$ 对所有终态求和，可得散射概率为

$$P = \frac{2\pi}{\hbar} \int |A(k' - k)|^2 I_{k'k}^2 \frac{V}{(2\pi)^3} \delta(\hbar\omega_{k'} - \hbar\omega_k \mp \hbar\omega_q) dk' \tag{5-14}$$

应变对载流子迁移率的影响体现在对电导有效质量和动量弛豫时间的调控，但并没有改变载流子的散射机理。因此，在应变 $Ge_{1-x}Sn_x$ 合金中，导带 Γ 能谷存在离化杂质散射、声学声子散射以及合金无序散射；价带存在离化杂质散射、声学声子散射、非极性光学声子散射以及合金无序散射。

根据各散射机理的散射势，由式（5-14）可以分别建立离化杂质散射、声学声子散射、非极性光学声子散射以及合金无序散射的物理模型（分别用 P_{ii}、P_{ac}、P_{op}、P_{alloy} 表示）：

$$P_{ii} = \frac{N_i e^4}{16\pi (2m^*)^{1/2} (\varepsilon_0 \varepsilon)^2 E^{3/2}} \ln\left(\frac{12m^* k_B^2 T^2 \varepsilon_0 \varepsilon}{e^2 \hbar^2 N_i}\right) \tag{5-15}$$

$$P_{ac} = \frac{(m^*)^{3/2} \Xi^2 k_B T (2E)^{1/2}}{\pi \hbar^4 c_1} \tag{5-16}$$

$$P_{op} = \frac{D_0^2 (m^*)^{3/2}}{2^{1/2}\pi\hbar^3\rho\omega_0}\left(n_{op}+\frac{1}{2}\mp\frac{1}{2}\right)(E\pm\hbar\omega_0)^{1/2} \qquad (5-17)$$

$$P_{alloy} = \frac{2^{1/2}(m^*)^{3/2}x(1-x)(\Delta E)^2(2\pi)^4 E^{1/2}}{\pi\hbar^4 N} \qquad (5-18)$$

其中，N_i 为离化杂质浓度，在计算中假设其为 10^{17} cm^{-3}；m^* 为态密度有效质量，e 为自由电子的电荷量，ε_0 为真空介电常数，ε 为相对介电常数，k_B 为玻尔兹曼常数，T 为温度，Ξ 为声学声子形变势，D_0 为非极性光学形变势，$c_1 = \rho v_1^2$ 为纵向弹性常数，$n_{op} = \{\exp[\hbar\omega_0/(k_B T)]-1\}^{-1}$ 为平均光学声子数，ΔE 为 Ge 与 Sn 的带隙差，N 为单位体积内的原子数。由于 $Ge_{1-x}Sn_x$ 合金中 Sn 组分含量较少，因此 Ξ 和 D_0 近似采用 Ge 的形变势值。对于导带 Γ 能谷，Ξ 为 7.5 eV；对于价带，Ξ 和 D_0 分别为 3.5 eV 和 2.4×10^8 eV/cm。其他参数的具体含义和取值见表 5.3。

表 5.3 $Ge_{1-x}Sn_x$ 载流子散射概率计算所需参数取值

参　　数	Ge	Sn
纵向声子声速 $v_1(\times10^{-5})$/cm·s^{-1}	5.31	5.55
相对介电常数 ε	16.2	24
长波光学声子能量 $\hbar\omega_0$/meV	37.04	28.5
材料密度 ρ/g·cm^{-3}	5.32	5.771

根据电子和空穴的总散射概率 P_{total}，采用

$$\mu = \frac{e}{m_c}\cdot\frac{1}{P_{total}}\bigg|_{E=1.5k_B T,\ T=300\text{ K}} \qquad (5-19)$$

可计算得到应变 $Ge_{1-x}Sn_x$ 在 Γ 点处的电子、空穴迁移率，其中 m_c 为电导有效质量。

5.2　结果与讨论

　　根据形变势理论，计算导带 Γ 与 L 能谷之间的能量差，可以判断双轴张应变 $Ge_{1-x}Sn_x$ 的带隙类型。当 $E_g^\Gamma - E_g^L > 0$ 时，双轴张应变 $Ge_{1-x}Sn_x$ 为间接带隙；反之，双轴张应变 $Ge_{1-x}Sn_x$ 为直接带隙。图 5.1 给出了（001）面双轴张应变 $Ge_{1-x}Sn_x$ 的 Γ 与 L 能谷的能量差随应力和 Sn 组分的变化情况。由图可见，随着双轴张应力从 0 增加至 2.45 GPa，$Ge_{1-x}Sn_x$ 带隙类型转变所对应的 Sn 组分占比将由 7.6% 变为 0，计算结果与相关文献一致。若单独考虑合金化或双轴张应力作用，则带隙类型转变需要较大的 Sn 组分或应力，这会给工艺实现带来诸多困难，而在合金化与双轴张应力共同作用的情况下，低 Sn 组分和应力的组合便可得到直接带隙 $Ge_{1-x}Sn_x$。在带隙类型转变的临界状态下，由 $E_g^\Gamma - E_g^L = 0$ 可以得到 Sn 组分占比和双轴张应力近似成线性关系：

$$x = -0.031 \times T + 0.076 \qquad (5-20)$$

式中，x 表示 Sn 组分占比；T 表示双轴张应力，单位为 GPa。本节将基于这一临界条件，计算直接带隙 $Ge_{1-x}Sn_x$（称为临界带隙双轴张应变 $Ge_{1-x}Sn_x$）的电学性质，提出具有高载流子迁移率的 Sn 组分与双轴张应力的组合。

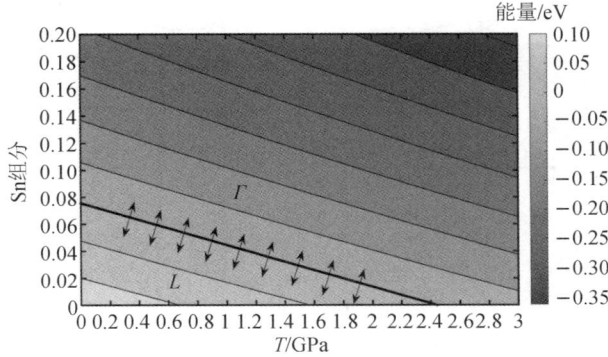

图 5.1　(001)面双轴张应变 $Ge_{1-x}Sn_x$ 的 Γ 与 L 能谷的能量差随应力和 Sn 组分的变化情况

图 5.2 给出了(001)面临界带隙双轴张应变 $Ge_{1-x}Sn_x$ Γ 点处的各能级偏移和禁带宽度随应力的变化情况，图中 $E_{c\Gamma}$、E_{V1}、E_{V2}、E_{V3} 分别表示导带带边能级、价带带边能级、价带亚带边能级和自旋分裂能级。由图 5.2 可见，由于双轴张应力的引入，价带带边和亚带边能级发生分裂，且分裂能随着应力的增大而增大；禁带宽度则随着应力的增大而减小。价带顶能级的分裂将改变带边和亚带边能级间的耦合作用，影响能带结构及有效质量。此外，空穴也会随着价带顶能级的分裂而重新排布，随着分裂能的不断增大，空穴越来越集中于价带带边能级，这有利于减小态密度有效质量和散射概率，提升空穴迁移率。

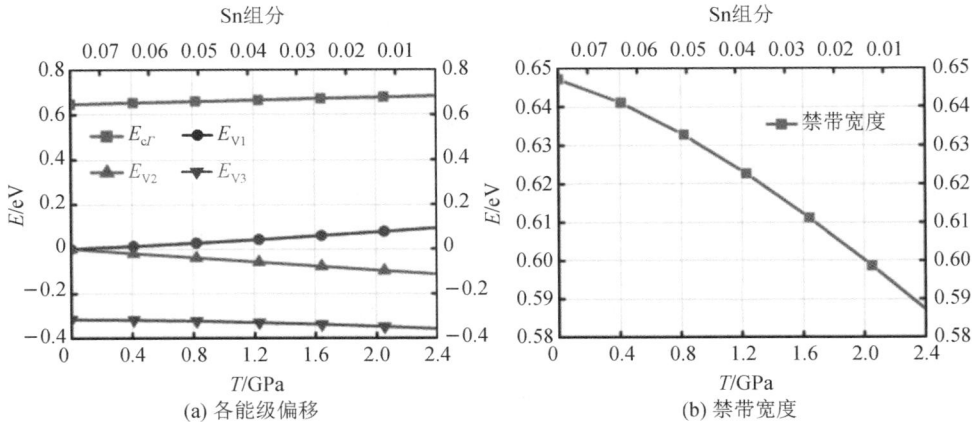

图 5.2　(001)面临界带隙双轴张应变 $Ge_{1-x}Sn_x$ Γ 点处的各能级偏移和禁带宽度随应力的变化情况

为了探究双轴张应力对能带结构的影响，以(001)面临界带隙双轴张应变 $Ge_{0.96}Sn_{0.04}$ 为例（应力约为 1.16 GPa），给出了其沿典型晶向的能带结构，如图 5.3 所示。从图 5.3 中可以清楚地看到，双轴张应力引起了 Γ 点处价带简并的消除和晶体对称性的改变。

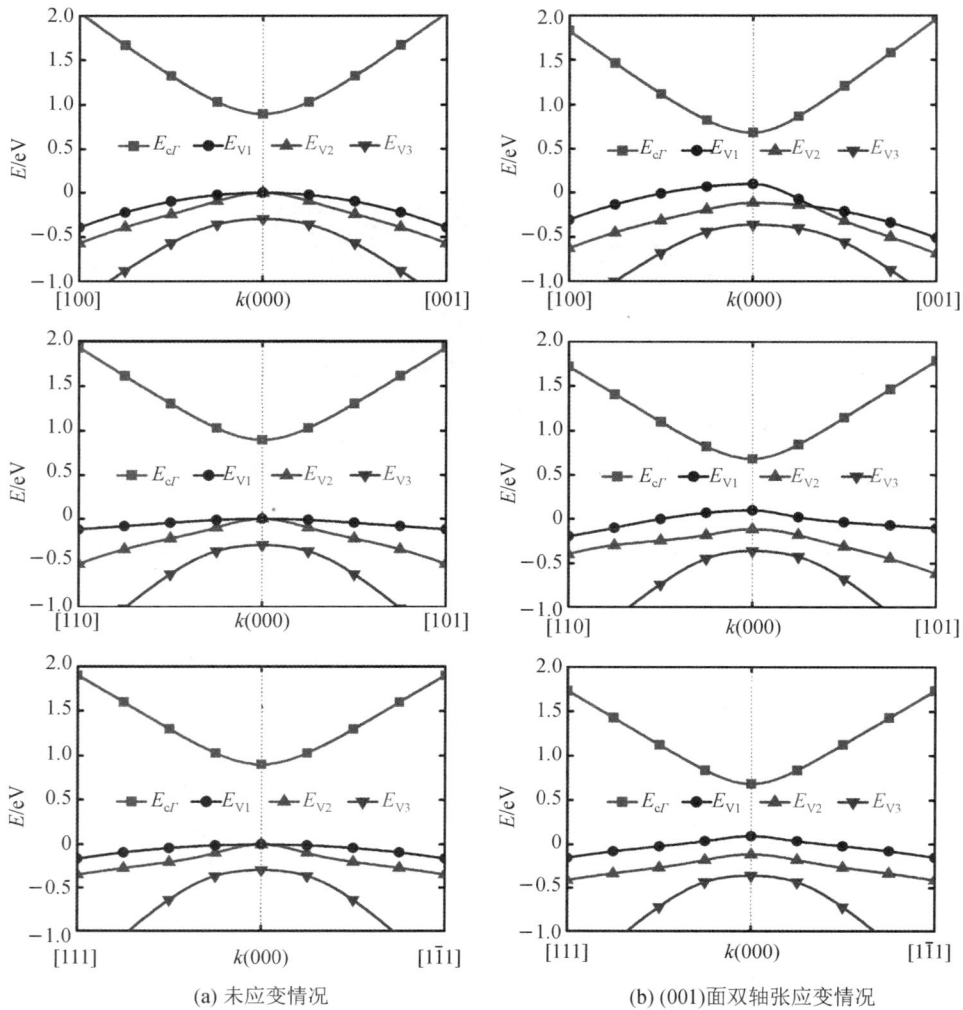

(a) 未应变情况   (b) (001)面双轴张应变情况

图 5.3　$Ge_{0.96}Sn_{0.04}$ 沿典型晶向的能带结构

图 5.4 给出了(001)面临界带隙双轴张应变 $Ge_{1-x}Sn_x$ 导带 Γ 能谷、价带带边能级和价带亚带边能级的 40 meV 三维等能图，其中 Sn 组分占比和双轴张应力的组合分别为 7.6% 和 0 GPa、5% 和 0.84 GPa、4% 和 1.16 GPa、3% 和 1.48 GPa。等能面的曲率可以直观反映出有效质量的各向异性，特别是在(001)面双轴张应力作用下，各向异性更加显著。因此，在计算电子与空穴的输运特性时，为了获得准确的结果，必须考虑能带的各向异性。

图 5.5 给出了(001)面临界带隙双轴张应变 $Ge_{1-x}Sn_x\Gamma$ 能谷沿典型晶向的电子有效质量以及 Γ 能谷电子态密度有效质量和电导有效质量随应力的变化情况。由图 5.5(a)可以看出，未受应力作用时，$Ge_{1-x}Sn_x\Gamma$ 能谷是各向同性的；而在双轴张应力作用下，Γ 能谷呈现出明显的各向异性。这一点也可从图 5.4(a)中得到印证：Γ 能谷由原来的球形等能面转变成椭球等能面。因此，可采用类似于 Δ 和 L 能谷的计算方法，对 Γ 能谷电子态密度有效质量和电导有效质量进行计算，结果如图 5.5(b)所示。由图 5.5(b)可见，Γ 能谷电子态密度有效质量和电导有效质量随应力的增大而减小，这有利于增强电子输运特性。

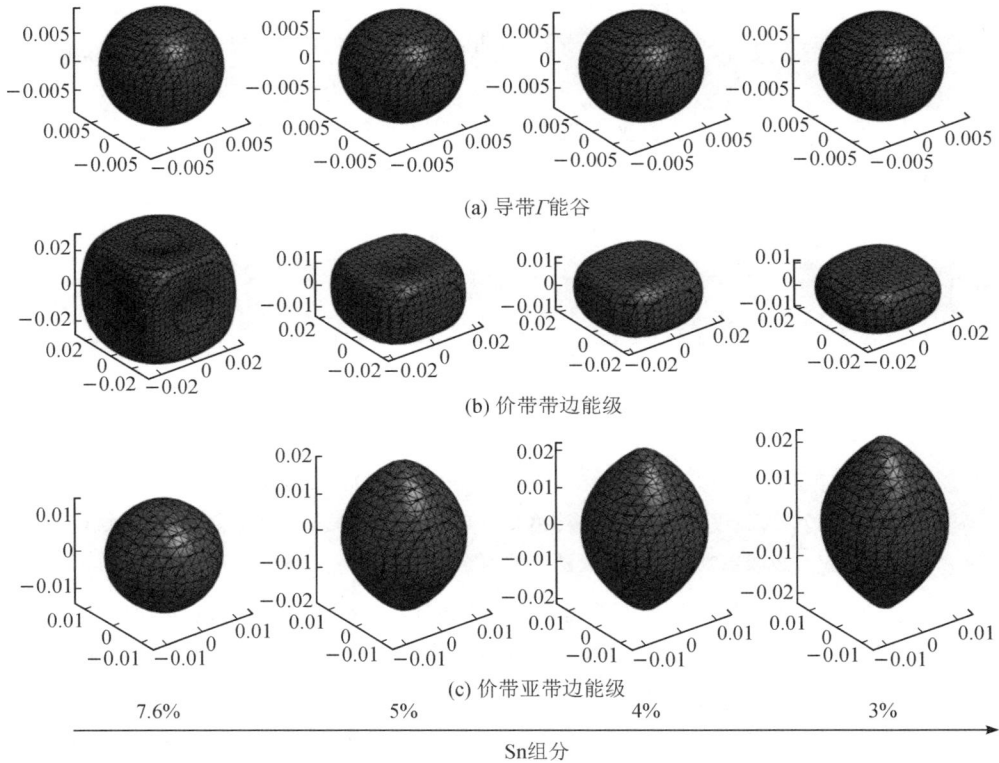

(a) 导带 Γ 能谷

(b) 价带带边能级

(c) 价带亚带边能级

| 7.6% | 5% | 4% | 3% |

Sn组分

图 5.4　(001)面临界带隙双轴张应变 $Ge_{1-x}Sn_x$ 导带 Γ 能谷、价带带边能级

和价带亚带边能级的 40 meV 三维等能图

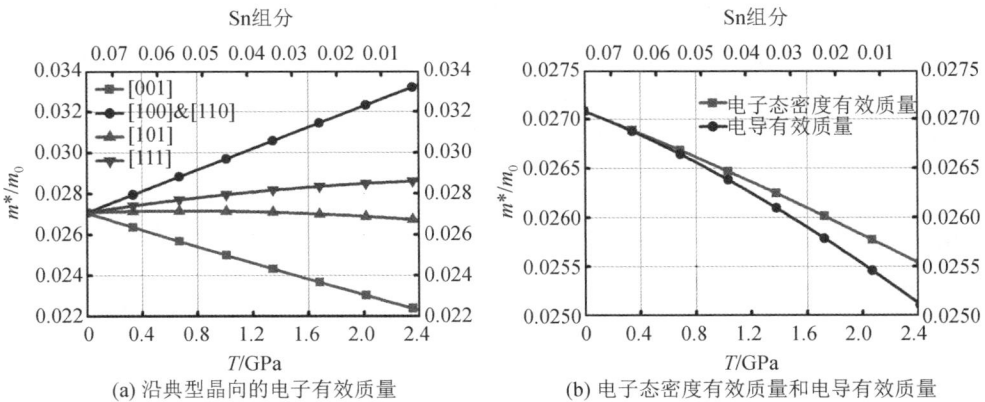

(a) 沿典型晶向的电子有效质量　　　(b) 电子态密度有效质量和电导有效质量

图 5.5　(001)面临界带隙双轴张应变 $Ge_{1-x}Sn_x\Gamma$ 能谷沿典型晶向的电子有效质量

以及 Γ 能谷电子态密度有效质量和电导有效质量随应力的变化情况

图 5.6 给出了(001)面临界带隙双轴张应变 $Ge_{1-x}Sn_x\Gamma$ 点处不同晶向的价带带边能级和亚带边能级空穴有效质量随应力的变化情况。同样，双轴张应力也增强了空穴有效质量的各向异性。对于带边能级，沿不同晶向的空穴有效质量均显著减小并趋于平缓，其中以沿[001]晶向的空穴有效质量最低。对于亚带边能级，除[001]晶向的空穴有效质量在应力作用下明显增大外，其他晶向的空穴有效质量先增大后减小，但总体变化并不明显。空穴

有效质量的显著减小归功于应力对晶格对称性的破坏，价带带边能级和亚带边能级的分裂改变了它们之间的耦合作用，使得能带发生翘曲，进而影响有效质量。

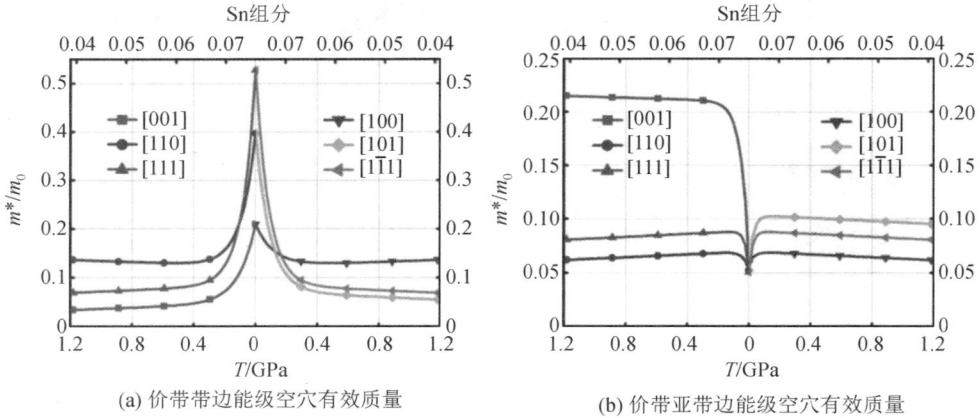

(a) 价带带边能级空穴有效质量

(b) 价带亚带边能级空穴有效质量

图 5.6　(001)面临界带隙双轴张应变 $Ge_{1-x}Sn_x$ Γ 点处不同晶向的价带带边能级和亚带边能级空穴有效质量随应力的变化情况

建立价带顶空穴态密度有效质量和电导有效质量，需要价带带边能级和亚带边能级的各向同性有效质量。因此，本节采用球形近似的方法，得到了(001)面临界带隙双轴张应变 $Ge_{1-x}Sn_x$ Γ 点处价带带边能级和亚带边能级的各向同性近似有效质量，如图 5.7(a)所示。由图 5.7(a)可见，在双轴张应力的作用下，价带带边能级各向同性近似有效质量显著减小，而亚带边能级各向同性近似有效质量略有增大。此外，当双轴张应力增大到一定程度时，带边能级各向同性近似有效质量已经小于亚带边能级各向同性近似有效质量，与弛豫状态相比，传统的"重空穴""轻空穴"的概念已失去意义。图 5.7(b)给出了(001)面临界带隙双轴张应变 $Ge_{1-x}Sn_x$ 价带顶空穴态密度有效质量和电导有效质量，两种有效质量均随应力的增大而显著减小，最终趋于平缓。可以看出，略大于 1 GPa 的双轴张应力足以得到较低的空穴态密度有效质量和电导有效质量，从而增强空穴输运特性。

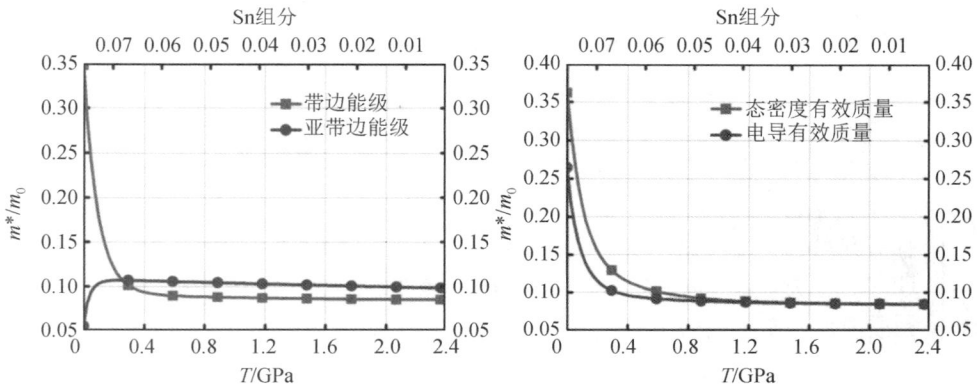

(a) 价带带边能级和亚带边能级的各向同性近似有效质量　(b) 价带顶空穴态密度有效质量和电导有效质量

图 5.7　(001)面临界带隙双轴张应变 $Ge_{1-x}Sn_x$ Γ 点处空穴各向同性近似有效质量、态密度有效质量和电导有效质量随应力的变化情况

图 5.8 给出了 (001) 面临界带隙双轴张应变 $Ge_{1-x}Sn_x\Gamma$ 能谷电子离化杂质散射、声学声子散射、合金无序散射以及总散射概率随应力的变化情况。由于离化杂质散射处于主导地位，因此总的电子散射概率随着应力增大而增大，这是由于电子态密度有效质量的减小，使得电子受到杂质中心散射的概率增大。

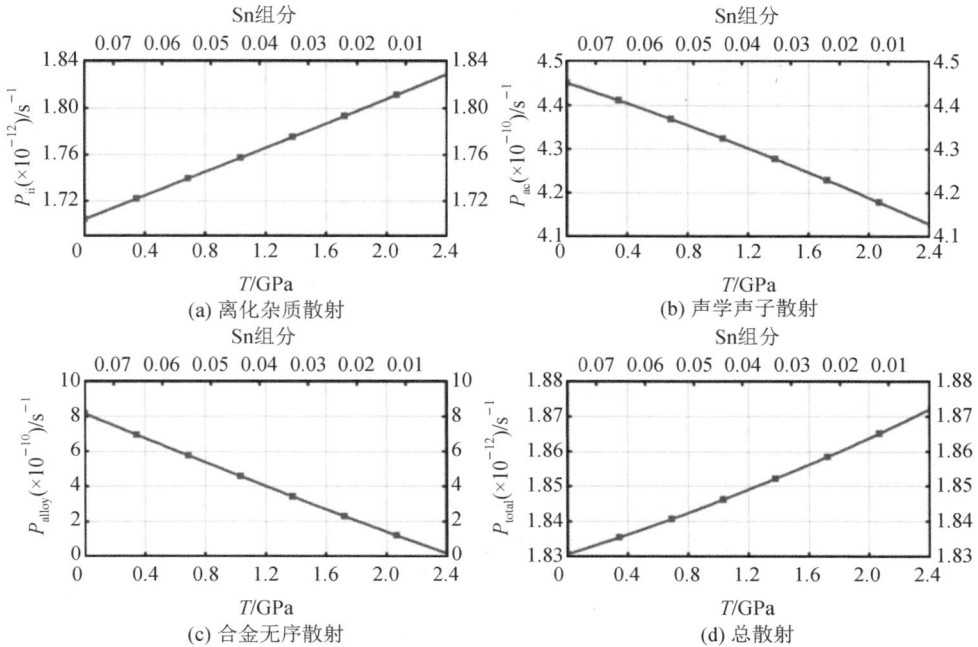

图 5.8 **(001) 面临界带隙双轴张应变 $Ge_{1-x}Sn_x\Gamma$ 能谷电子离化杂质散射、**
声学声子散射、合金无序散射以及总散射概率随应力的变化情况

图 5.9 给出了 (001) 面临界带隙双轴张应变 $Ge_{1-x}Sn_x$ 价带顶空穴离化杂质散射、声学声子散射、非极性光学声子散射、合金无序散射以及总散射概率随应力的变化情况。除离化杂质散射外，其他散射的散射概率随应力增大而减小，显著降低了空穴总散射概率。相比于未应变情况，直接带隙双轴张应变 $Ge_{1-x}Sn_x$ 空穴迁移率有较大幅度的提升。

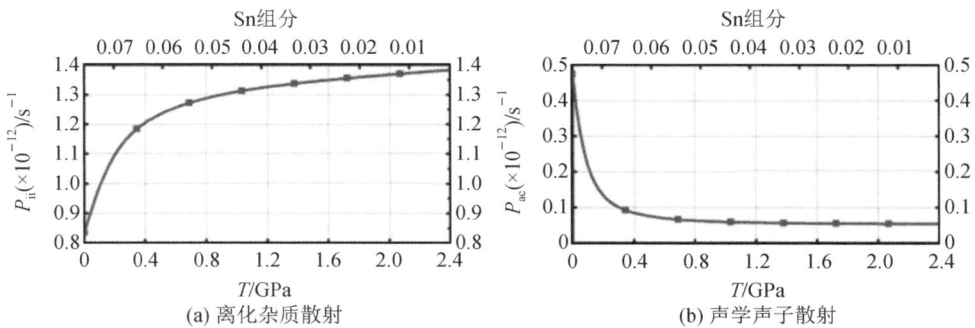

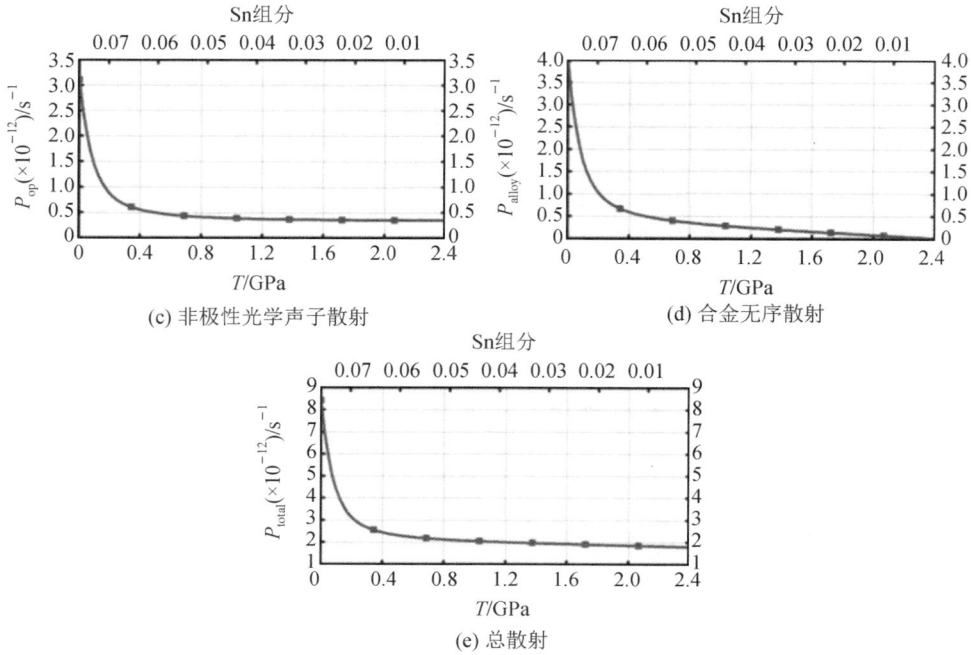

(c) 非极性光学声子散射

(d) 合金无序散射

(e) 总散射

图 5.9　(001)面临界带隙双轴张应变 $Ge_{1-x}Sn_x$ 价带顶空穴离化杂质散射、声学声子散射、
非极性光学声子散射、合金无序散射以及总散射概率随应力的变化情况

图 5.10 给出了(001)面临界带隙双轴张应变 $Ge_{1-x}Sn_x$ 的电子和空穴平均迁移率随应力的变化情况。导带 Γ 能谷较小的有效质量使直接带隙 $Ge_{1-x}Sn_x$ 合金具有非常高的电子迁移率，并且电子迁移率随着双轴张应力的增大而增大。空穴迁移率在较小的双轴张应力作用下即得到显著提升。因此，较小的(001)面双轴张应力不仅可以在低 Sn 组分下实现 $Ge_{1-x}Sn_x$ 合金由间接带隙到直接带隙的转变，而且能够通过对能带的改性增强载流子迁移率。

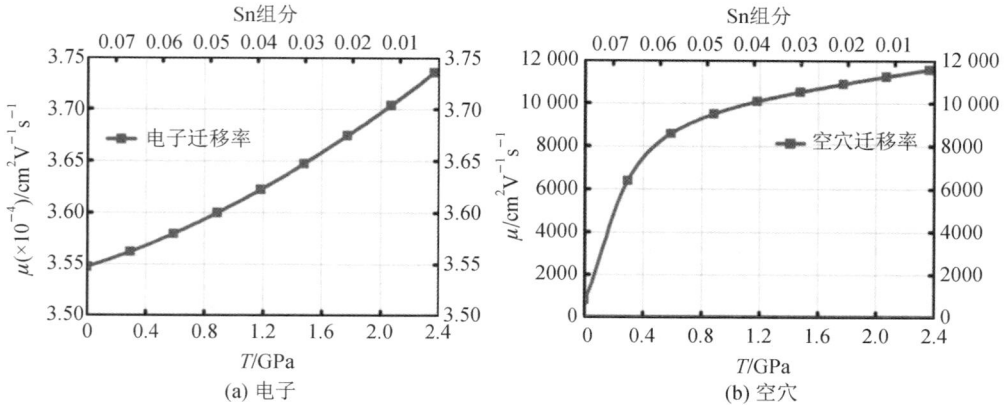

(a) 电子

(b) 空穴

图 5.10　(001)面临界带隙双轴张应变 $Ge_{1-x}Sn_x$ 的电子和
空穴平均迁移率随应力的变化情况

对于 $Ge_{1-x}Sn_x$ 合金中双轴应力的引入，可通过将其生长在不同晶格常数的衬底材料

上实现。当 $Ge_{1-x}Sn_x$ 合金的晶格常数大于衬底材料的晶格常数时，会对 $Ge_{1-x}Sn_x$ 层引入压应力；当 $Ge_{1-x}Sn_x$ 合金的晶格常数小于衬底材料的晶格常数时，会对 $Ge_{1-x}Sn_x$ 层引入张应力。如有文献将 $Ge_{1-x}Sn_x$（Sn 组分占比为 4.7%±0.4%）通过分子束外延的方法生长在应力弛豫的 $In_yGa_{1-y}As$ 缓冲层上，通过改变 In 组分占比对 $Ge_{1-x}Sn_x$ 层引入了从 −0.2% 到 0.88% 的双轴应变。根据本节计算结果，考虑工艺实现难度和材料性能两个方面，可以选择 4%Sn 组分与 1.2 GPa 双轴张应力或 3%Sn 组分与 1.5 GPa 双轴张应力的组合来得到具有高载流子迁移率的直接带隙 $Ge_{1-x}Sn_x$ 合金。

此外，为了验证本节所得结果的准确性，表 5.4 对比了不同 Sn 组分和双轴应变组合下 $Ge_{1-x}Sn_x$ 直接带隙宽度的本节计算值与文献实验值。其中组合 4 已使 $Ge_{1-x}Sn_x$ 由间接带隙转变成直接带隙，这与本节计算所得的 6%Sn 组分与 0.516 GPa（0.377%）双轴张应力组合下的结果基本一致，间接说明了本节所得结果的准确性。

表 5.4　本节计算值与文献实验值对比结果（300 K）

组合	Sn 组分	双轴应变	本节计算值/eV	文献实验值/eV
组合 1	3.06%	−0.513%	0.728	0.730±0.005
组合 2	6.10%	−0.760%	0.645	0.610
组合 3	4.20%	0.340%	0.578	0.520±0.050
组合 4	6.00%	0.400%	0.541	0.569

6

第6章

硅基半导体应变材料的 RPCVD 计算流体动力学模拟

RPCVD(减压化学气相沉积)具有工艺简单、生长速率快、无须背景超高真空、成本低等优点，是目前硅基半导体应变异质结材料批量生产的主流工艺技术之一。

由于该工艺技术是化学气相沉积，反应物均为气体，因此其流体动力学行为，如流体类型、密度场分布、温度场分布等将影响薄膜沉积的均匀性，同时气体的流体动力学行为又与反应室的压强、流量及温度密切相关。

研究表明，当 RPCVD 生长温度低于 650℃时，应变 SiGe 的生长由表面反应速率机制控制；当 RPCVD 生长温度高于 650℃时，应变 SiGe 的生长由表面反应速率和气相传输速率共同控制。因而，气体的流体动力学行为将影响 SiGe/Si 异质结材料的生长。

为了对硅基半导体应变材料 RPCVD 的生长工艺进行优化分析，本章采用 CFD(computational fluid dynamics，计算流体动力学)的 FLUENT 软件，对硅基半导体应变材料的 RPCVD 反应室内的压强、密度、速度、温度等分布进行模拟研究，并首次采用正交法对 FLUENT 模拟进行正交优化设计与误差分析。

6.1 计算流体动力学的微分控制方程

计算流体动力学的微分控制方程就是流体流动的质量、动量和能量的守恒方程，也称为 N-S 方程(纳维-斯托克斯方程)。微分控制方程常见的推导方法是基于流体微元的质量、动量和能量衡算，通过质量衡算得到连续方程，通过动量衡算得到动量方程，通过能量衡算得到能量方程。

微分控制方程正确反映了流体的运动规律，是 CFD 的 FLUENT 软件数值计算模拟的理论基础。对微分控制方程进行理论分析，可为后续正确选取各种 FLUENT 计算模型及物理模型提供依据。

6.1.1 本构方程

本构方程是表征流体宏观性质的一种微分方程，可用来表达流体黏性定律的应力张量和变形速度张量之间的关系。

　　最简单的应力与应变之间的关系表现为牛顿流体做一维运动，即牛顿剪切定律：

$$\tau = \mu \frac{\mathrm{d}u}{\mathrm{d}y} \tag{6-1}$$

式中，τ 是切应力，$\mathrm{d}u/\mathrm{d}y$ 是剪切应变率，μ 是动力黏度系数。

6.1.2　连续方程

　　质量守恒定律告诉我们，同一流体的质量在运动过程中不生不灭。流体的连续方程是质量守恒定律的体现。在直角坐标系中，连续方程为

$$\frac{\partial \rho}{\partial t} + \frac{\partial (\rho u)}{\partial x} + \frac{\partial (\rho v)}{\partial y} + \frac{\partial (\rho w)}{\partial z} = 0 \tag{6-2}$$

式中，ρ 为气体密度，t 为时间，u、v、w 分别为沿 x、y、z 方向的速度分量。

6.1.3　动量方程

　　由动量守恒定律可得动量方程。动量方程的微分形式为

$$\rho \frac{\mathrm{d}\boldsymbol{v}}{\mathrm{d}t} - \rho \boldsymbol{F} - \mathrm{div}\boldsymbol{P} = 0 \Leftrightarrow \rho \frac{\mathrm{d}v_i}{\mathrm{d}t} - \rho F_i - \frac{\partial p_{ij}}{\partial x_j} = 0 \tag{6-3}$$

式中，$\rho \dfrac{\mathrm{d}\boldsymbol{v}}{\mathrm{d}t}$ 为单位体积上的惯性力；$\rho \boldsymbol{F}$ 为单位体积上的质量力；$\mathrm{div}\boldsymbol{P}$ 为单位体积上应力张量的散度，它是与面力等效的体力分布函数（由奥-高公式转化而来）。

6.1.4　能量方程

　　能量守恒定律是普遍存在的客观规律，流体的能量方程可以由能量守恒定律推出。能量方程的微分形式为

$$\left[\rho \left(\frac{\partial}{\partial t} + u \frac{\partial}{\partial x} + v \frac{\partial}{\partial y} + w \frac{\partial}{\partial z} \right) \right] \left[U + \frac{1}{2}(u^2 + v^2 + w^2) \right] = \rho(uF_x + vF_y + wF_z) +$$
$$\left[\frac{\partial}{\partial x}(p_{xx}u + p_{xy}v + p_{xz}w) + \frac{\partial}{\partial y}(p_{yx}u + p_{yy}v + p_{yz}w) + \frac{\partial}{\partial z}(p_{zx}u + p_{zy}v + p_{zz}w) \right] +$$
$$\left[\frac{\partial}{\partial x}\left(k \frac{\partial T}{\partial x} \right) + \frac{\partial}{\partial y}\left(k \frac{\partial T}{\partial y} \right) + \frac{\partial}{\partial z}\left(k \frac{\partial T}{\partial z} \right) \right] + \rho q \tag{6-4}$$

式中，方程左边乘式第一、二项分别代表动能的随体导数和内能，U 是单位体积上的流体内能；方程右边和式第一项是单位体积上的质量力所做的功，第二项是单位体积上的面力所做的功，第三项是单位体积上热传导输入的热量，最后一项表示辐射或其他物理化学原因的热量贡献，k 是热传导系数。

6.1.5　组分输运方程

　　组分输运方程的微分形式为

$$c\left(v_r\frac{\partial x_i}{\partial r}+v_x\frac{\partial x_i}{\partial x}\right)=\frac{1}{r}\frac{\partial}{\partial r}\left[c\lambda r\left(\frac{\partial x_i}{\partial r}+k_t\frac{\partial(\ln T)}{\partial r}\right)\right]+\frac{\partial}{\partial x}\left[c\lambda\left(\frac{\partial x_i}{\partial x}+k_t\frac{\partial(\ln T)}{\partial x}\right)\right] \quad (6-5)$$

式中，x 是轴向坐标，r 是径向坐标，v_x 是轴向速度，v_r 是径向速度，T 是温度，x_i 是某一组分气体的摩尔分数，$c=\rho/M_w$ 是气体的总浓度（M_w 是某一气体的分子量），λ 是扩散系数，k_t 是热扩散系数。

6.2 FLUENT 软件原理

目前，基于 CFD 理论的模拟软件多达几十种，但应用较为广泛的有 PHOENICS、STAR-CD、CFX、FIDAP 以及 FLUENT 等。FLUENT 是世界领先的 CFD 软件，在流体建模中被广泛应用。它基于非结构化及有限容量的解算器的独立性能，在并行处理中表现得堪称完美。

6.2.1 FLUENT 软件的特点与组成

FLUENT 软件的设计基于 CFD 软件群的思想。针对各种复杂流动的物理现象，FLUENT 软件采用了不同的离散格式和数值方法，使计算速度、稳定性和精度等方面达到最佳组合，从而高效率地解决各个领域的复杂流动计算问题。

FLUENT 软件能给出多种优化的物理模型，如定常和非定常流动模型、层流模型（包括各种非牛顿流模型）、紊流模型（包括先进的紊流模型）、不可压缩和可压缩流动模型、传热模型以及化学反应模型等。

FLUENT 软件可用于模拟具有复杂外形的流体流动及其热传导，它提供灵活的网格，可以使用非结构网格来解决具有复杂外形结构的流体流动，甚至可以使用混合型非结构网格。特别是，FLUENT 软件允许使用者根据解的具体情况对网格进行修改（细化/粗化）。可以与 FLUENT 软件接口的程序包括 ANSYS、I-DEAS、NASTRAN、PATRAN 等。

FLUENT 软件由以下几个部分组成：

（1）FLUENT 求解器——FLUENT 软件的核心，所有计算由此完成；

（2）PrePDF——用 PDF 模型完成燃烧过程的预处理；

（3）GAMBIT——用于网格生成；

（4）TGrid——由表面网格生成空间网格；

（5）过滤器（或称翻译器）——将其他软件包，如 CAD/CAE 等生成的网格文件变成能被 FLUENT 软件识别的网格文件。

各组成部分间的关系及模拟计算流程如图 6.1 所示。首先利用 GAMBIT 进行流动区域几何形状的设置、边界类型以及网格的生成，并输出用于 FLUENT 求解器计算的格式；然后利用 FLUENT 求解器对流动区域进行求解计算，并进行计算结果的后处理。

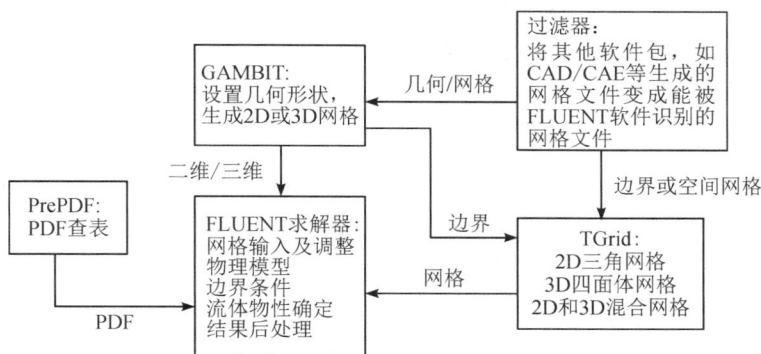

图 6.1　FLUENT 软件各组成部分间的关系及模拟计算流程

6.2.2　FLUENT 软件的计算技术与网格生成技术

FLUENT 软件可计算的流动类型包括：① 任意复杂外形的二维/三维流动；② 可压、不可压流；③ 定常、非定常流；④ 无黏流、层流和湍流；⑤ 牛顿、非牛顿流体流动；⑥ 对流传热，包括自然对流和强迫对流；⑦ 热传导和对流传热相耦合的传热；⑧ 辐射传热；⑨ 惯性(静止)坐标系、非惯性(旋转)坐标系中的流场；⑩ 多层次移动参考系问题，包括动网格界面和动子/静子相互干扰问题的混合面等问题；⑪ 化学组元混合与反应，包括燃烧模型和表面凝结反应模型；⑫ 源项体积任意变化的流动，源项包括热源项、质量源项、动量源项、湍流源项和化学组分源项等；⑬ 颗粒、水滴和气泡等弥散相的轨迹，包括弥散相与连续相耦合的情况；⑭ 多孔介质流动；⑮ 用一维模型计算的风扇和换热器的流动；⑯ 两相流，包括带空穴流动；⑰ 复杂表面问题中带自由面流动。

FLUENT 软件有分离技术和耦合技术两种计算技术，分别对应两种求解器，即分离求解器和耦合求解器。两种求解器都以有限体积法作为对计算对象进行离散求解的基础方法，求解对象是相同的，即所求解的控制方程均为描述质量守恒、动量守恒和能量守恒的连续方程、动量方程和能量方程。

分离技术采用分别求解各个控制方程的方法，由于控制方程是非线性的，因此必须经过多次迭代才能获得收敛解。耦合技术则采用求解方程组的方法，同时计算各个控制方程并最后获得方程的解。分离技术用于不可压流或弱可压流的计算，耦合技术则用于高速可压流的计算。FLUENT 求解器的缺省计算方法是分离算法。

网格生成技术是 FLUENT 软件的关键技术，特别是当物体外形复杂程度较大时，网格生成技术将起到至关重要的作用。FLUENT 软件生成的网格可分为两大类，即结构网格和非结构网格。结构网格的网格拓扑相当于矩形域内的均匀网格。非结构网格就是网格单元和节点彼此没有固定的规律可循，其节点分布完全是任意的。

6.2.3　FLUENT 软件的求解步骤

使用 FLUENT 软件进行求解的步骤如下：

(1) 确定几何形状，用 GAMBIT 生成计算网格；

(2) 运行合适的解算器：2D、3D、2DDP、3DDP；

(3) 输入网格；

(4) 检查网格；

(5) 选择解的格式；

(6) 选择需要解的基本方程：层流还是湍流（无黏）、化学组分还是化学反应、热传导模型等；

(7) 确定所需要的附加模型：风扇、热交换、多孔介质等；

(8) 指定材料物理性质：密度、黏性系数等；

(9) 指定边界条件；

(10) 调节解的控制参数；

(11) 初始化流场；

(12) 计算解；

(13) 检查结果；

(14) 保存结果；

(15) 必要的话，细化网格，改变数值和物理模型；

(16) 保存结果，进行后处理。

6.3　FLUENT 仿真模型与边界条件

本节采用 FLUENT 7.1 软件，对生长温度、反应气体流量、反应室压强等不同工艺参数下 RPCVD 生长应变 SiGe 的反应室内气体的压强分布、密度分布、速度分布和温度分布进行模拟研究。

6.3.1　RPCVD 反应室结构与仿真模型

根据硅基半导体应变材料生长实验采用的 RPCVD 设备结构，这里给出了 RPCVD 反应室的结构模型，如图 6.2 所示。反应室长为 60 cm、宽为 30 cm，入气口处高 2.2 cm，出气口处高 5 cm，石墨基座居中，长、宽均为 28 cm，可旋转基座直径为 20 cm（可承载 4～8 英寸的 Si 片，1 英寸＝2.54 cm）。

根据图 6.2，这里确定了 RPCVD 反应室的 FLUENT 仿真模型，如图 6.3 所示。该模型是二维结构，包括入气口、出气口、恒温区基座、可旋转基座（衬底）、各壁面、对称轴。

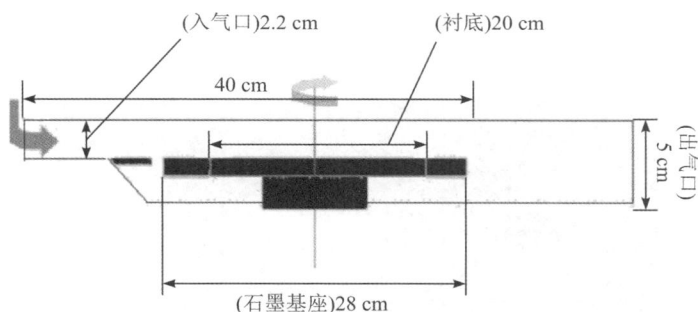

图 6.2　RPCVD 反应室的结构模型

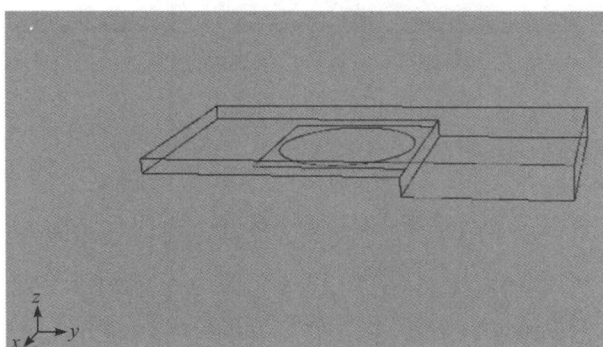

图 6.3　RPCVD 反应室的 FLUENT 仿真模型

6.3.2　网格划分及边界定义

根据 RPCVD 反应室的几何尺寸，经模拟实验，我们发现步长不大于 0.25 cm 时无法收敛，故最终确定步长为 0.3 cm，网格结构如图 6.4 所示。

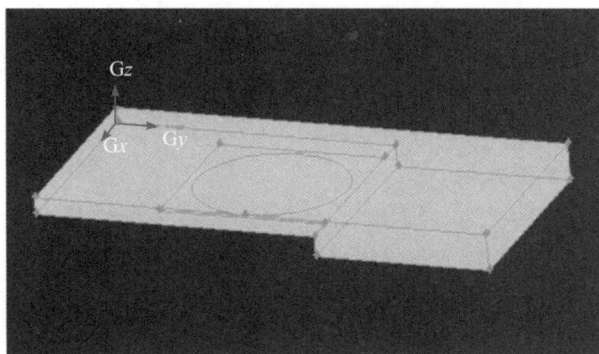

图 6.4　FLUENT 模拟网格结构

定义反应室入气口为速度入口，出气口为压力出口。由于基座温度与壁面温度不同，因此将基座单独命名为 cir，并仍定义为壁面，其他各表面都定义为壁面。

为了能反映基座附近的流场分布，模拟分析时特取了与基座平面垂直的 4 个截面

$X=15$ cm，$Y=15$ cm、26 cm、37 cm 和与基座平面平行的截面 $Z=0.1$ cm（即基座上方 0.1 cm 处与 z 轴垂直的平面），如图 6.5 所示。

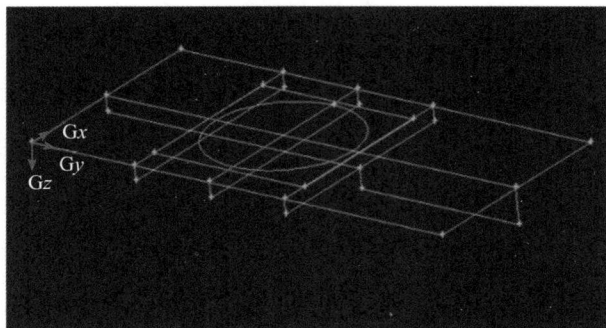

图 6.5　模拟分析用到的截面

6.3.3　物理参数模型

在 RPCVD 生长 SiGe 的 FLUENT 模拟中，需确定混合气体的各物理参数模型，包括密度、黏性系数、热传导系数、等压比热容等模型。

1. 混合气体的密度模型

流体的压缩性是流体的基本属性之一，任何流体都是可压缩的，只是可压缩的程度不同而已。但在某些情况下，若忽略密度的变化，不会产生较大的误差，则可将气体视为不可压缩流体，这样可使问题的处理大为简化。通常将流速低于 30 m/s 的流体按不可压缩流体处理。在 SiGe 外延生长的 RPCVD 模型中，由于气体的流速一般仅为 0.05 m/s，远小于 30 m/s，因此可将气体按不可压缩流体处理。

对于理想气体，FLUENT 模拟中的混合气体的密度模型为

$$\rho = \frac{p_{op}}{RT \sum\limits_i \dfrac{Y_i}{M_i}} \tag{6-6}$$

式中，R 是气体常数，T 是温度，Y_i 是组分 i 的质量分数，M_i 是组分 i 的分子量，p_{op} 是工作压强。

2. 混合气体的黏性系数模型

根据理想气体的混合定律，FLUENT 模拟中的混合气体的黏性系数模型为

$$\mu = \sum_i \frac{x_i \mu_i}{\sum\limits_j x_i \Phi_{ij}} \tag{6-7}$$

式中，x_i 是组分 i 的摩尔百分比，μ_i 是组分 i 的黏性系数，Φ_{ij} 可表示为

$$\Phi_{ij} = \frac{\left[1 + \left(\dfrac{\mu_i}{\mu_j} \right)^{\frac{1}{2}} \left(\dfrac{M_j}{M_i} \right)^{\frac{1}{4}} \right]^2}{\left[8 \left(1 + \dfrac{M_j}{M_i} \right) \right]^{\frac{1}{2}}} \tag{6-8}$$

式中，M_i 是组分 i 的分子量，M_j 是组分 j 的分子量，μ_i 是组分 i 的黏性系数，μ_j 是组分 j 的黏性系数。

3. 混合气体的热传导系数模型

对于理想气体，FLUENT 模拟采用分子运动论定义混合气体的热传导系数，即

$$k = \sum_i \frac{x_i k_i}{\sum_j x_i \Phi_{ij}} \tag{6-9}$$

式中，x_i 是组分 i 的摩尔百分比，k_i 是组分 i 的热传导系数。

4. 混合气体的等压比热容模型

在 FLUENT 模拟中，定义混合气体的等压比热容为各组分热容的质量平均，即

$$C_p = \sum_i Y_i C_{pi} \tag{6-10}$$

式中，Y_i 为组分 i 的质量分数，C_{pi} 为组分 i 的等压比热容。

6.3.4 物质属性与流体模型

根据 RPCVD 外延生长 SiGe 材料的实际工艺，这里确定了各前驱体的物质属性、质量分数及相应的工艺参数，分别如表 6.1、表 6.2 和表 6.3 所示。

表 6.1　各前驱体的物质属性

参数	H_2	SiH_4	SiH_2Cl_2	GeH_4
密度/(kg/m³)	8.189×10^{-2}	1.308	4.168	3.174
定容比热容/[J/(kg·K)]	14 283.00	1333.96	611.27	6020.00
热导率/[W/(m·K)]	0.1672	0.019 18	0.0134	0.013 45
动力黏度/[kg/(m·s)]	8.411×10^{-6}	1.08×10^{-5}	1.63×10^{-5}	1.58×10^{-5}
运动黏度/(m²/s)	1.03×10^{-4}	8.26×10^{-6}	3.9×10^{-6}	4.98×10^{-6}

表 6.2　各前驱体的质量分数及工艺参数(低温应变 SiGe 生长)

参数	H_2	SiH_4	GeH_4
流量/sccm	20 000.0	20.0	1.4
密度/(kg/m³)	8.189×10^{-2}	1.308	3.174
质量分数	0.9825	0.0160	0.0015

注：1 sccm=1 mL/min。

表 6.3　各前驱体的质量分数及工艺参数(高温弛豫 SiGe 生长)

参数	H_2	SiH_2Cl_2	GeH_4
流量/sccm	5000.0	50.0	80.0
密度/(kg/m³)	8.189×10^{-2}	4.168	3.174
质量分数	0.470	0.235	0.290

在流体力学中，通常利用雷诺数来确定流体模型。RPCVD 的雷诺数 Re 可由 CVD 的边界层理论确定，即

$$Re = \frac{vD}{\nu} \qquad\qquad (6-11)$$

式中，v 为流体速度，ν 为流体的运动黏度，D 为特征长度。根据流体动力学理论，对一般管道而言，若管道入口的雷诺数 $Re < 2300$，或管道内部的雷诺数 $Re < 300\,000$，则流体在管道中的流动为层流状态。

根据 SiGe RPCVD 的实际生长工艺参数与设备参数，这里计算了不同流量下基座上方及入气口处的雷诺数 Re，并据此确定了流体模型，如表 6.4 和表 6.5 所示。

表 6.4　基座上方的雷诺数 Re 及流体模型

气体流量 Q/slm	气体流速 v/(m/s)	运动黏度 ν/(m²/s)	D/m	Re	流体模型
20.0	0.044	1.03×10^{-4}	1.2560	536.54	层流

注：1 slm=1 L/min。

表 6.5　入气口处的雷诺数 Re 及流体模型

气体流量 Q/slm	气体流速 v/(m/s)	运动黏度 ν/(m²/s)	D/m	Re	流体模型
20.0	0.044	1.03×10^{-4}	0.0264	11.28	层流

由表可见，反应室入气口及内部流体均为层流状态。

6.3.5　模拟计算的基本假设与边界条件

为了简化复杂的物理过程，节省模拟计算的时间，在不影响模型精度及模拟结果的前提下，做如下假设：① 模拟情况是稳态的；② 流体与衬底和反应室壁面为无滑移条件；③ 忽略反应室内部的辐射换热；④ 基座的温度分布简化为等温条件，其余壁面均为等温条件；⑤ 流体是不可压缩的，且为层流模型；⑥ 气体为理想气体，密度的变化符合理想气体状态方程；⑦ 暂时不考虑气体间的化学反应，只考虑反应气体的扩散。

根据 RPCVD 设备结构及硅基半导体应变材料的生长实验工艺特性，这里确定了 FLUENT 模拟的边界条件。反应气体为 SiH_4（或 SiH_2Cl_2）、GeH_4 和 H_2 的混合气体，其中 SiH_4（或 SiH_2Cl_2）和 GeH_4 的组分浓度为 1%，H_2 的组分浓度为 99%。RPCVD 反应室的结构组成的边界条件如下：

（1）入气口：采用指定速度边界条件，即给定所有喷管入口处的速度值、温度值和反应气体浓度值。入气口温度设为 300 K，进行低温应变 SiGe 和高温弛豫 SiGe 生长模拟时的入气口总流量 Q 均设为 20 slm。

（2）出气口：采用压力边界条件，即压力为确定值，分别设为 40 Torr 和 80 Torr（1 Torr=133.322 Pa）。

（3）壁面：壁面温度为 350 K，速度采用无滑移边界条件。

（4）基座：模拟应变 SiGe 生长的基座温度为 873 K，模拟弛豫 SiGe 生长的基座温度为 1173 K。

6.4 FLUENT 模拟结果与分析

根据 RPCVD 设备结构及硅基半导体应变材料的生长实验工艺特性，这里确定了 FLUENT 模拟的基准工艺参数，如表 6.6 所示。本节采用 FLUENT 7.1 软件，对 RPCVD 生长 SiGe 的反应室内的压强、密度、速度及温度进行了二维分布与一维分布的模拟，工艺参数分别为气体的流量、反应室的工作压强及基座温度。

表 6.6　FLUENT 模拟的基准工艺参数

模拟类型	前驱体	流量/slm	压强/Torr	基座温度/K
应变 SiGe	$SiH_4 + GeH_4 + H_2$	20	40	873
弛豫 SiGe	$SiH_2Cl_2 + GeH_4 + H_2$	20	80	1173

6.4.1 流量对流场分布影响的模拟

设气体总流量分别为 5 slm、10 slm、15 slm、20 slm、30 slm 和 40 slm，基座温度为 873 K，压强为 40 Torr。图 6.6 是不同流量下反应室内轨迹线二维分布模拟结果。

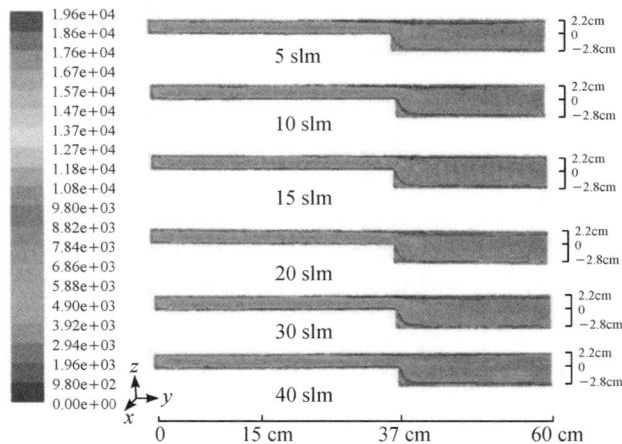

图 6.6　不同流量下反应室内轨迹线二维分布模拟结果

1. 压强场分布的模拟结果

图 6.7 和图 6.8 分别是不同流量下反应室内压强的二维分布和一维分布模拟结果。如图 6.7 所示，流量的改变对反应室内压强的分布影响不大。由图 6.8 可知，随着流量的增加，反应室内各处的压强线性增加，但流量对基座表面经基座中心垂直气流的 x 方向与平行气流的 y 方向的压强分布影响都不大。

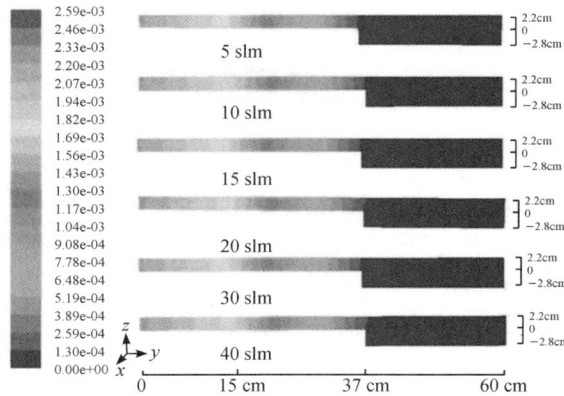

图 6.7　不同流量下反应室内压强的二维分布模拟结果

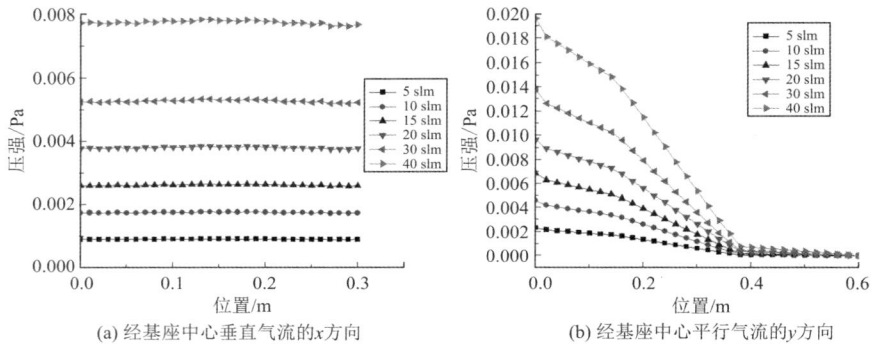

(a) 经基座中心垂直气流的x方向　　　　　(b) 经基座中心平行气流的y方向

图 6.8　不同流量下反应室内压强的一维分布模拟结果

2. 密度场分布的模拟结果

图 6.9 和图 6.10 分别是不同流量下反应室内密度的二维分布和一维分布模拟结果。由图可知，流量的改变对反应室内密度的分布无明显的影响。根据流量公式 $Q = Sv_r$，在截面面积 S 一定的情况下，流量 Q 越大，其径向速度 v_r 越大，会出现明显的偏移，无法沉积较均匀的薄膜。此外，入气口流量过小，不利于反应室内气体的充分反应，影响薄膜的沉积速率。

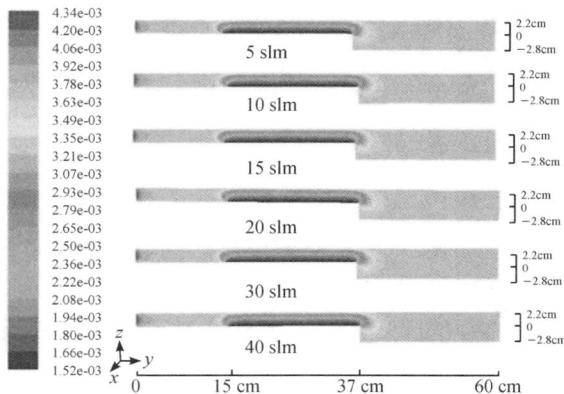

图 6.9　不同流量下反应室内密度的二维分布模拟结果

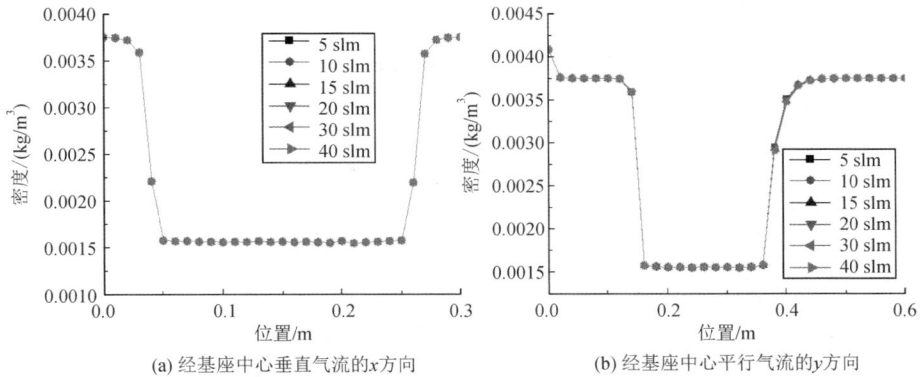

(a) 经基座中心垂直气流的x方向　　　　　　(b) 经基座中心平行气流的y方向

图 6.10　不同流量下反应室内密度的一维分布模拟结果

3. 速度场分布的模拟结果

图 6.11 和图 6.12 分别是不同流量下反应室内速度的二维分布和一维分布模拟结果。由图可见，当流量高于 20 slm 时，基座表面速度分布的均匀性变差；台阶处的速度明显高于基座处的速度，且随着流量的增加其速度差增加。

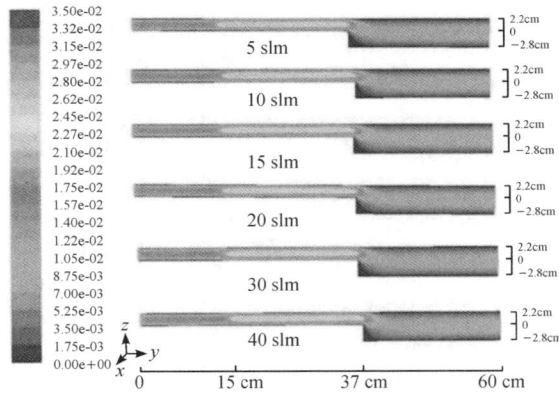

图 6.11　不同流量下反应室内速度的二维分布模拟结果

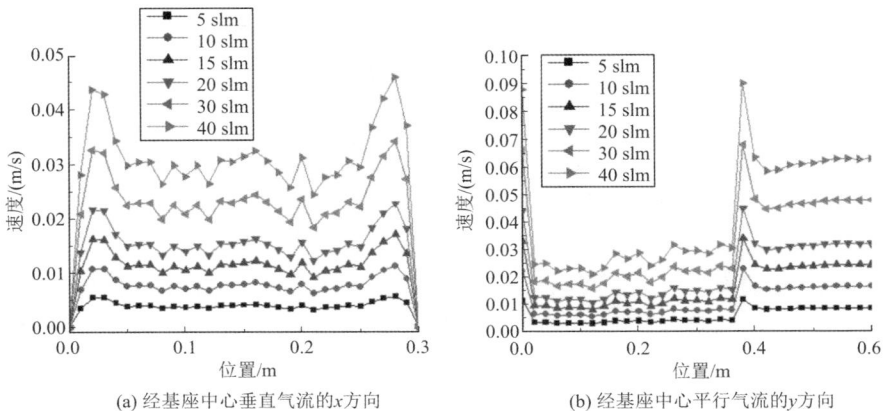

(a) 经基座中心垂直气流的x方向　　　　　　(b) 经基座中心平行气流的y方向

图 6.12　不同流量下反应室内速度的一维分布模拟结果

4. 温度场分布的模拟结果

图 6.13 和图 6.14 分别是不同流量下反应室内温度的二维分布和一维分布模拟结果。由图可知,流量的改变对反应室内温度的分布基本没有影响。在 z 方向上,温度由高到低递减,在基座表面上方约 0.5 cm 范围内温度分布较为均匀,形成一定的恒温区。

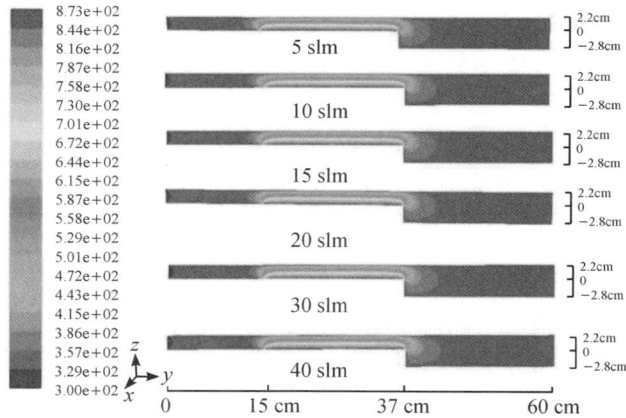

图 6.13　不同流量下反应室内温度的二维分布模拟结果

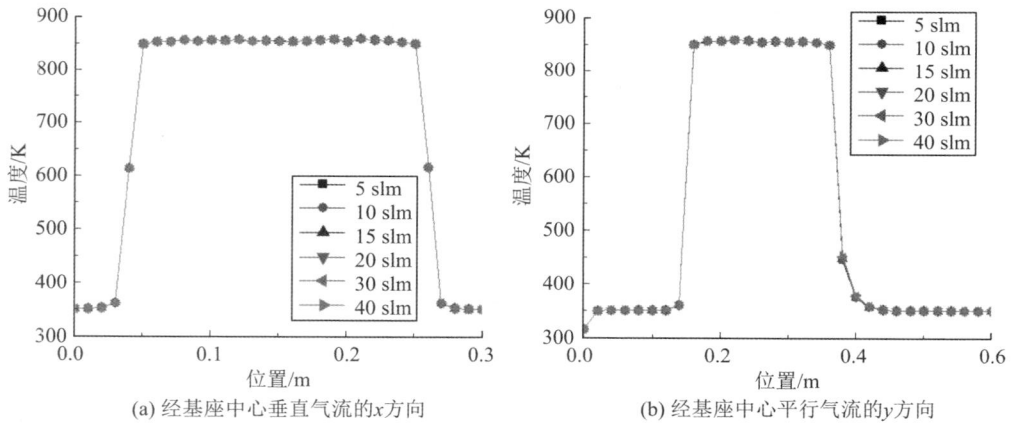

(a) 经基座中心垂直气流的 x 方向　　　　(b) 经基座中心平行气流的 y 方向

图 6.14　不同流量下反应室内温度的一维分布模拟结果

综合分析不同流量下反应室内压强、密度、速度及温度的二维分布和一维分布模拟结果,流量在 5～20 slm 范围内较好。

6.4.2　压强对流场分布影响的模拟

设工作压强分别为 10 Torr、20 Torr、40 Torr、60 Torr、80 Torr 和 100 Torr,基座温度为 873 K,流量为 20 slm。图 6.15 是不同工作压强下反应室内轨迹线二维分布模拟结果。由图可见,40 Torr 以下轨迹线的均匀性稍差些。

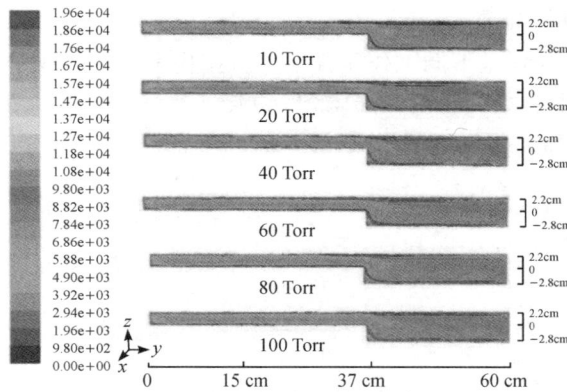

图 6.15　不同工作压强下反应室内轨迹线二维分布模拟结果

1. 压强场分布的模拟结果

图 6.16 和图 6.17 分别是不同工作压强下反应室内压强的二维分布与一维分布模拟结果。由图可知，从入气口到出气口，反应室内基座表面的压强逐渐下降，且随工作压强的增加变化不大；而沿垂直气流的方向，基座表面的压强波动较大，这主要是受基座与两侧壁的温度梯度和热辐射影响。其中，工作压强为 40 Torr 时基座表面各处的压强最大，这有利于提高气体在基座表面的吸附与沉积速率。

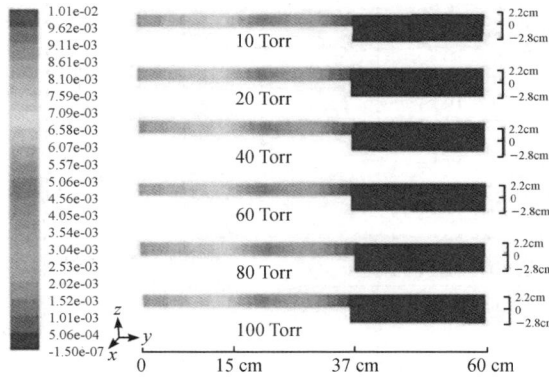

图 6.16　不同工作压强下反应室内压强的二维分布模拟结果

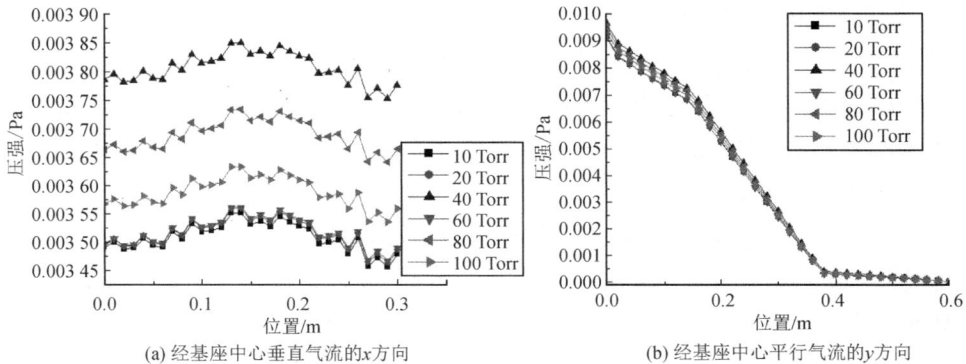

(a) 经基座中心垂直气流的 x 方向

(b) 经基座中心平行气流的 y 方向

图 6.17　不同工作压强下反应室内压强的一维分布模拟结果

2. 密度场分布的模拟结果

图 6.18 和图 6.19 分别是不同工作压强下反应室内密度的二维分布与一维分布模拟结果。由图可见，基座表面各处的密度分布均匀，并随工作压强的增大而增加；基座外的密度高于基座处，且密度差随工作压强的增大而增加。

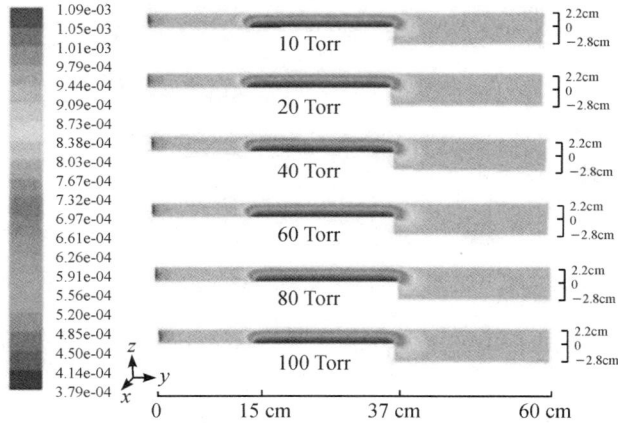

图 6.18   不同工作压强下反应室内密度的二维分布模拟结果

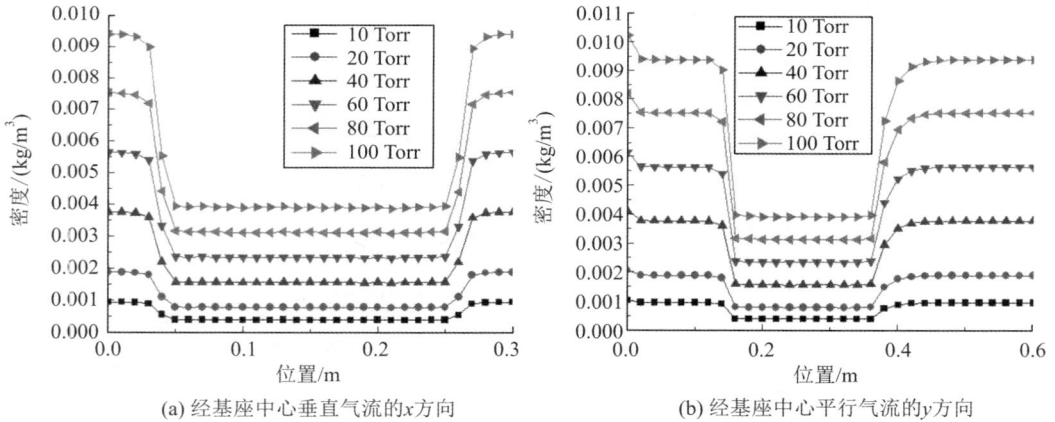

(a) 经基座中心垂直气流的x方向   (b) 经基座中心平行气流的y方向

图 6.19   不同工作压强下反应室内密度的一维分布模拟结果

3. 速度场分布的模拟结果

图 6.20 和图 6.21 分别是不同工作压强下反应室内速度的二维分布与一维分布模拟结果。由图可知，沿经基座中心垂直气流的 x 方向和平行气流的 y 方向，基座表面各处的速度与工作压强无关，呈现波浪分布；沿基座表面 z 方向，速度呈现倒 V 形分布。

4. 温度场分布的模拟结果

图 6.22 和图 6.23 分别是不同工作压强下反应室内温度的二维分布与一维分布模拟结果。由图可见，沿 x 和 y 方向，工作压强的改变对反应室内温度的分布几乎没有影响；沿 z 方向，温度由基座表面向顶部递减，且在基座表面上方约 0.5 cm 范围内呈现恒温区。

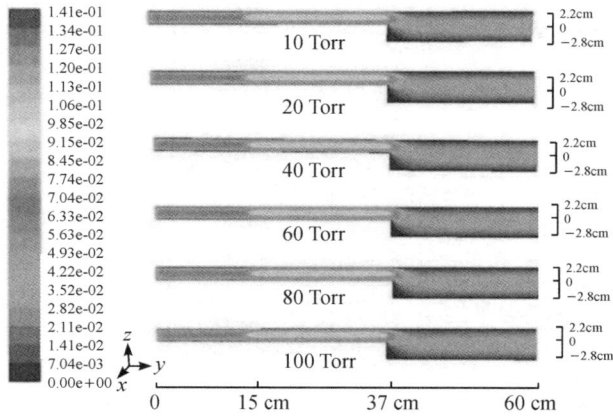

图 6.20　不同工作压强下反应室内速度的二维分布模拟结果

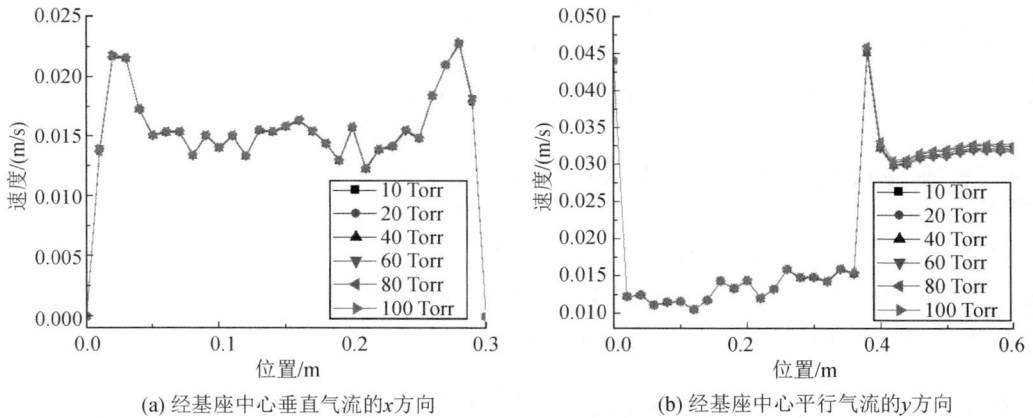

(a) 经基座中心垂直气流的x方向　　　　　　　　(b) 经基座中心平行气流的y方向

图 6.21　不同工作压强下反应室内速度的一维分布模拟结果

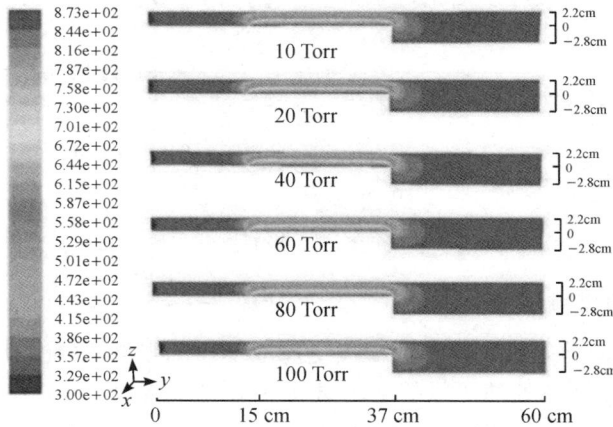

图 6.22　不同工作压强下反应室内温度的二维分布模拟结果

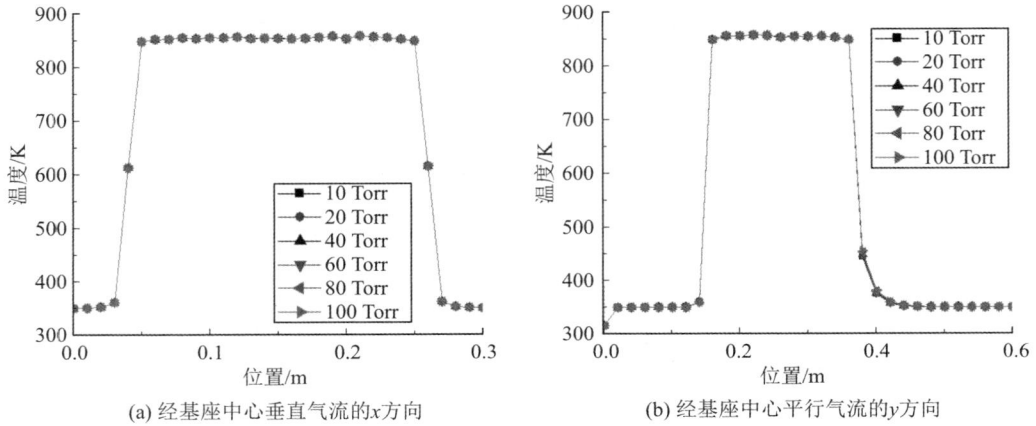

(a) 经基座中心垂直气流的x方向   (b) 经基座中心平行气流的y方向

图 6.23　不同工作压强下反应室内温度的一维分布模拟结果

　　综合分析不同工作压强下反应室内压强、密度、速度及温度的二维分布和一维分布模拟结果，可知工作压强对密度、速度及温度的分布基本没有影响，压强可在 20 Torr 到 100 Torr 范围内任意选取，这与 RPCVD 的实际工艺参数相一致。

6.4.3　基座温度对流场分布影响的模拟

　　设流量为 50 slm，压强为 40 Torr，基座温度分别为 823 K、873 K、923 K、1123 K、1173 K、1223 K。图 6.24 是不同基座温度下反应室内轨迹线二维分布模拟结果。由图可见，各基座温度下的轨迹线较为均匀，变化不大。

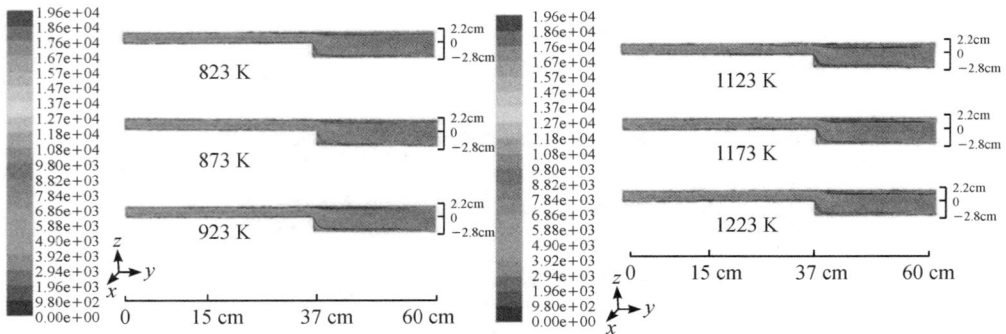

图 6.24　不同基座温度下反应室内轨迹线二维分布模拟结果

1. 压强场分布的模拟结果

　　图 6.25 和图 6.26 分别是不同基座温度下反应室内压强的二维分布与一维分布模拟结果。由图可见，基座表面各处的压强随基座温度的增加而增加，且垂直气流的 x 方向的压强增加量大于平行气流的 y 方向的压强增加量，但二者的分布趋势都不随温度改变；而各处的压强沿 z 方向基本不变。

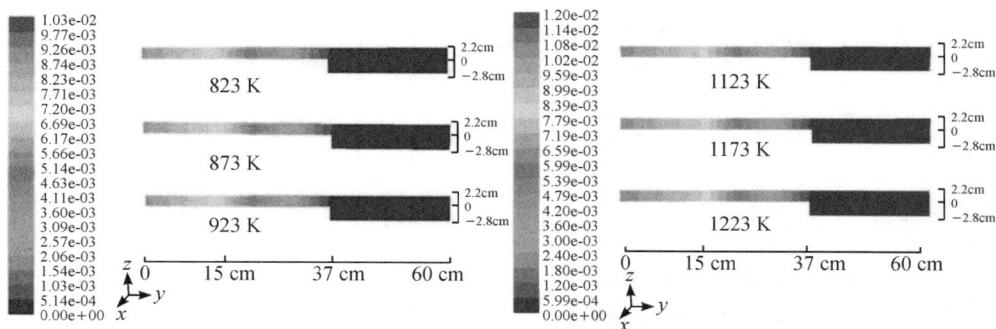

图 6.25　不同基座温度下反应室内压强的二维分布模拟结果

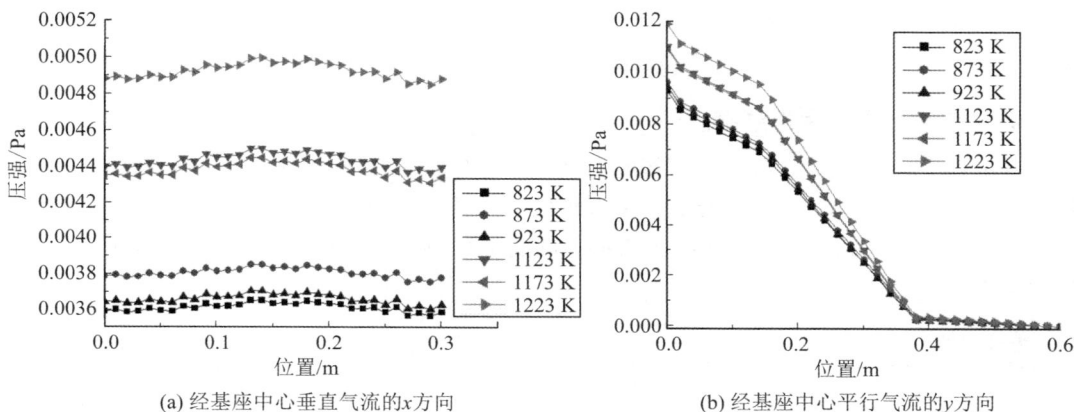

(a) 经基座中心垂直气流的 x 方向　　　　(b) 经基座中心平行气流的 y 方向

图 6.26　不同基座温度下反应室内压强的一维分布模拟结果

2. 密度场分布的模拟结果

图 6.27 和图 6.28 分别是不同基座温度下反应室内密度的二维分布与一维分布模拟结果。由图可见，基座表面各处的密度随基座温度的增加略有增加，且分布趋势一致，但基座外的密度分布与基座温度无关；在基座处，密度沿 z 方向向上逐渐增大，且在基座表面上方约 0.5 cm 范围内呈现恒密度区。

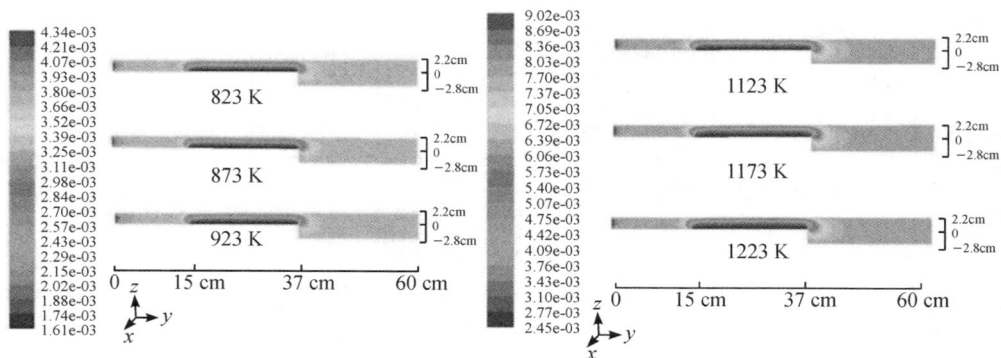

图 6.27　不同基座温度下反应室内密度的二维分布模拟结果

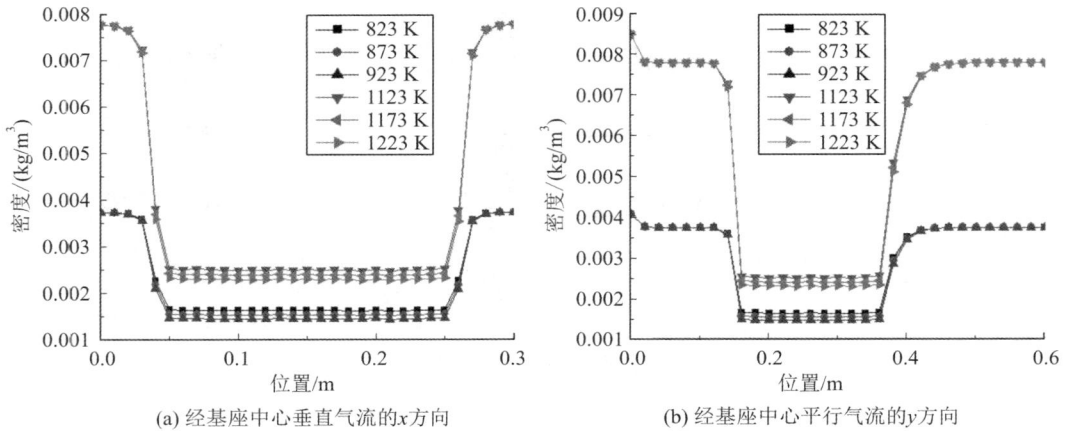

(a) 经基座中心垂直气流的x方向

(b) 经基座中心平行气流的y方向

图 6.28　不同基座温度下反应室内密度的一维分布模拟结果

3. 速度场分布的模拟结果

图 6.29 和图 6.30 分别是不同基座温度下反应室内速度的二维分布与一维分布模拟结果。由图可见，速度呈现 M 形分布。在基座处沿 x 和 y 方向，速度呈现波浪分布，且分布形状基本与温度无关；在基座处沿 z 方向，速度呈现倒 V 形分布，基座表面和顶部速度较低，中间速度较高。

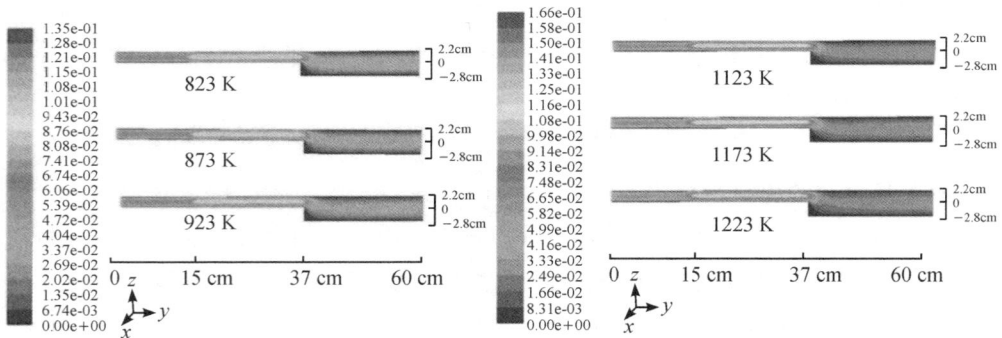

图 6.29　不同基座温度下反应室内速度的二维分布模拟结果

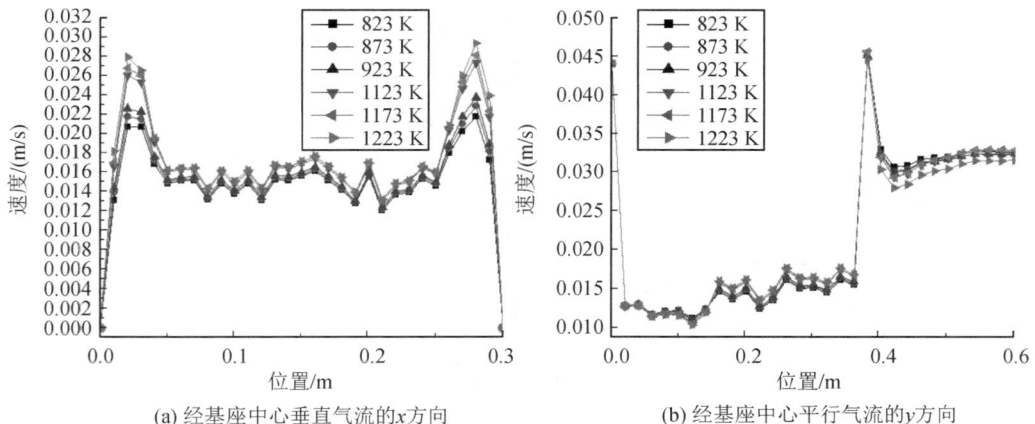

(a) 经基座中心垂直气流的x方向

(b) 经基座中心平行气流的y方向

图 6.30　不同基座温度下反应室内速度的一维分布模拟结果

4. 温度场分布的模拟结果

图 6.31 和图 6.32 分别是不同基座温度下反应室内温度的二维分布与一维分布模拟结果。由图可见，温度的分布趋势及形状基本不受基座温度变化的影响。在基座处沿 x 方向和 y 方向，温度分布均匀恒定；在基座表面沿 z 方向，温度分布呈现递减，且在基座表面上方约 $0.5\ cm$ 范围内温度恒定。

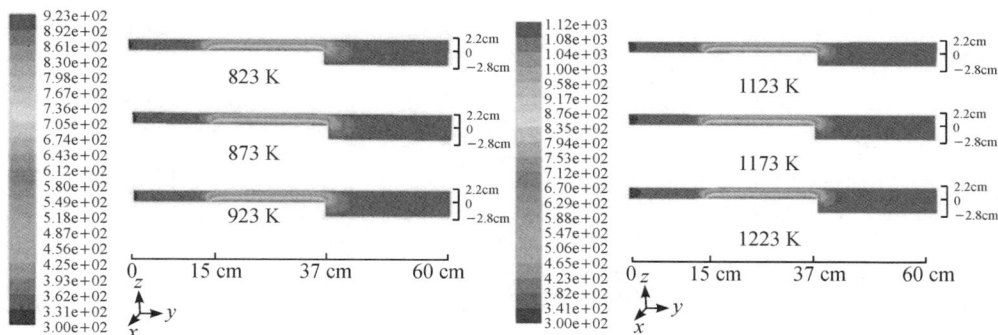

图 6.31　不同基座温度下反应室内温度的二维分布模拟结果

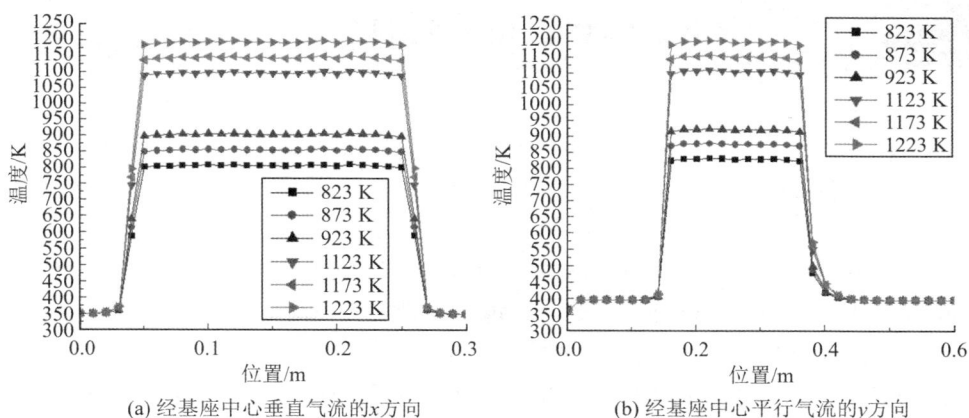

(a) 经基座中心垂直气流的 x 方向　　　　(b) 经基座中心平行气流的 y 方向

图 6.32　不同基座温度下反应室内温度的一维分布模拟结果

综合分析不同基座温度下反应室内压强、密度、速度及温度的二维分布和一维分布模拟结果，可知基座温度对密度、速度及温度的分布基本没有影响，基座温度可在 823 K（550℃）到 1223 K（950℃）范围内任意选取，这与 RPCVD 的实际工艺参数相一致。

6.4.4　模型验证

根据 Brajesh 理论，优化工艺参数的最佳方法是通过反应物的质量分布与流场分布的相关性来确定的。本小节采用经 FLUENT 模拟优化的工艺参数，即总流量 20 slm、压强 80 Torr、反应温度 1173 K（900℃），进行了弛豫 SiGe 的 RPCVD 实验，得到了弛豫 SiGe 的薄膜厚度分布，如图 6.33 的（A）曲线所示；采用 FLUENT 软件，模拟了弛豫 SiGe RPCVD 前驱体 SiH_2Cl_2 的量的浓度分布，如图 6.33 的（B）曲线所示。由图可见，二者的分布趋势基本一致，说明本节的仿真模型是正确的。两条分布曲线产生了平移，是因为二者的物理量不同。

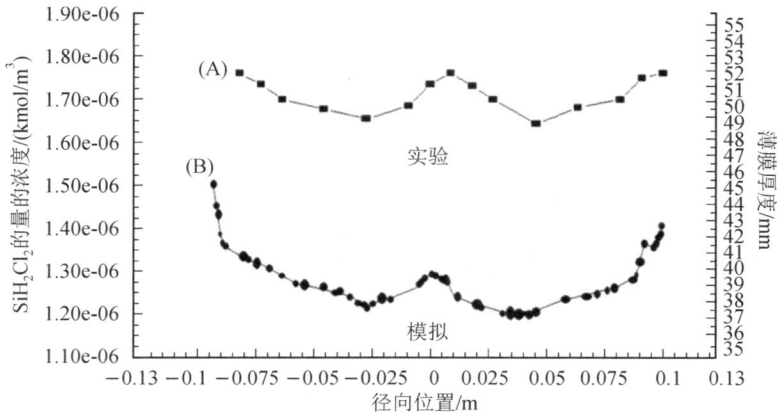

图 6.33　弛豫 SiGe 的薄膜厚度分布实验结果与 SiH_2Cl_2 的量的浓度分布模拟结果

6.5　FLUENT 模拟的正交法优化

6.5.1　正交法原理

正交实验设计(orthogonal experimental design)是研究多因素多水平的一种高效、快速、经济的科学有效的实验设计方法，它根据正交性，从全面实验中挑出部分有代表性的点进行实验，这些点具备"均匀分散，齐整可比"的特点。

日本统计学家田口玄一将正交实验选择的水平组合列成表格，称为正交表。正交法就是利用排列整齐的正交表对实验进行整体设计、综合比较和统计分析，实现通过少数的实验找到较好的生产条件，达到最高生产工艺效果。正交表能够在因素变化范围内均衡抽样，使每次实验都具有较强的代表性。

一个三因素三水平的实验，按全面实验要求，在未考虑每一组合的重复数的情况下，须进行 $3^3=27$ 次组合实验。但利用正交表安排实验，只需要进行 9 次实验。如图 6.34 所示为三因素三水平正交法示意图，其中 △ 表示这 9 次实验，每个平面都表示一个水平，共有 9 个平面。可以看到，每个平面上都有 3 个 △ 点，立方体每条直线上都有 1 个 △ 点，并且这些 △ 点是均衡分布的。因此，这 9 次实验的代表性很强，能较准确地反映出全面实验的结果，这就是正交实验设计所特有的均衡分散性。显然，正交法大大减少了工作量，并且实验结果科学合理。

正交法实验包括实验设计和实验结果分析两部分，其基本步骤包括：① 确定实验因素及水平数；② 选用合适的正交表；③ 列出实验方案及实验结果；④ 对正交实验设计结果进行分析，包括极差分析和方差分析；⑤ 确定最优或较优因素水平组合。

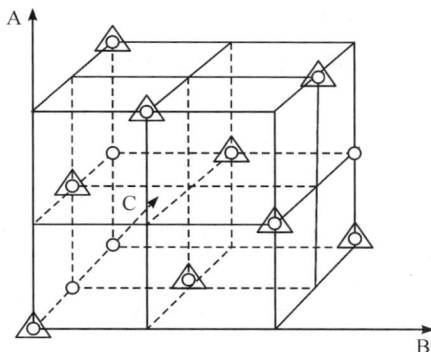

图 6.34　三因素三水平正交法示意图

　　本节将 FLUENT 模拟按生长温度高低分成两组实验,正交法实验一是对低温(550℃、600℃和650℃,即 823 K、873 K、923 K)下 FLUENT 模拟的正交优化设计与分析,正交法实验二是对高温(850℃、900℃和950℃,即 1123 K、1173 K、1223 K)下 FLUENT 模拟的正交优化设计与分析。

6.5.2　正交法实验一

　　根据低温下 FLUENT 模拟结果,这里确定了正交法实验一的三因素(流量、温度和压强)和三水平(1、2、3)正交表,如表 6.7 所示。

表 6.7　正交法实验一的因素水平正交表

水平	流量/slm	温度/K	压强/Torr
1	10	823	20
2	20	873	40
3	40	923	80

　　根据正交实验设计原理,选取三水平正交表,这里得到了正交法实验一的实验计划表,如表 6.8 所示。

表 6.8　正交法实验一的实验计划表

实验组	流量/slm	温度/K	压强/Torr
1	10	823	20
2	10	873	40
3	10	923	80
4	20	823	40
5	20	873	80
6	20	923	20
7	40	823	80
8	40	873	20
9	40	923	40

根据表征 Si 片均匀性的五点法原则，在 Si 衬底上取 9 个点，即中心 1 点、边缘 4 点、二分之一半径处 4 点。将 9 个点的 FLUENT 模拟数值进行方差处理，即有

$$S^2 = \frac{\sum_{i=1}^{n}(x_i-m)^2}{n-1} \qquad (6-12)$$

式中，x_i 为 9 个点中某一点的数据，m 为 x_i 的平均值，n 为数据数。根据式(6-12)，可计算 9 个点处 FLUENT 模拟数值结果的方差。

根据正交法原理，通过各因素的方差大小，可判断各因素的主次顺序和最佳水平，具体判断方法如下：

(1) 通过极差 R(最大值与最小值的差，也称为离散度)判断各因素的主次。极差越大，说明此因素的变化对指标的影响越大。

(2) 通过比较各水平的效应值 $\overline{K}$，判断各因素的最佳水平。$\overline{K}$ 值越小，说明该水平造成的实验结果的方差越小，均匀性越好。

根据各因素的主次顺序和最佳水平的判断方法，这里得到了正交法实验一的三指标——密度、速度和压强分布的各因素的主次顺序和最佳水平，分别如表 6.9、表 6.10 和表 6.11 所示。

表 6.9　正交法实验一密度分布正交实验结果分析表

实验组、判断依据及结果	流量/slm	温度/K	压强/Torr	密度方差 S^2
1	10 (1)	823(1)	20(1)	8.814 68e−12
2	10 (1)	873(2)	40(2)	3.358 27e−11
3	10 (1)	923(3)	80(3)	1.278 23e−10
4	20 (2)	823(1)	40(2)	3.570 00e−11
5	20 (2)	873(2)	80(3)	1.380 00e−10
6	20 (2)	923(3)	20(1)	7.940 00e−12
7	40 (3)	823(1)	80(3)	1.510 00e−10
8	40 (3)	873(2)	20(1)	8.470 00e−12
9	40 (3)	923(3)	40(2)	3.250 00e−11
$\overline{K_1}$	5.674 02e−11	6.515 30e−11	8.406 06e−12	
$\overline{K_2}$	6.037 51e−11	5.985 47e−11	3.392 59e−11	
$\overline{K_3}$	6.398 64e−11	5.609 40e−11	1.387 70e−10	
极差 R	2.173 86e−11	2.717 71e−11	3.910 91e−10	
主次顺序	压强—温度—流量			
最佳水平	压强 20 Torr、温度 923 K、流量 10 slm			

注：括号内的 1、2、3 代表水平。

表 6.10　正交法实验一速度分布正交实验结果分析表

实验组、判断依据及结果	流量/slm	温度/K	压强/Torr	速度方差 S^2
1	10 (1)	823 (1)	20 (1)	6.887 02e−07
2	10 (1)	873 (2)	40 (2)	6.470 09e−07
3	10 (1)	923 (3)	80 (3)	6.112 49e−07
4	20 (2)	823 (1)	40 (2)	2.641 37e−06
5	20 (2)	873 (2)	80 (3)	2.365 61e−06
6	20 (2)	923 (3)	20 (1)	2.840 41e−06
7	40 (3)	823 (1)	80 (3)	9.494 28e−06
8	40 (3)	873 (2)	20 (1)	1.095 99e−05
9	40 (3)	923 (3)	40 (2)	1.074 87e−05
$\overline{K_1}$	6.489 87e−07	4.274 78e−06	4.829 66e−06	
$\overline{K_2}$	2.615 80e−06	4.657 49e−06	4.679 02e−06	
$\overline{K_3}$	1.040 09e−05	4.733 45e−06	4.157 05e−06	
极差 R	2.925 59e−05	1.375 99e−06	2.017 84e−06	
主次顺序	流量—压强—温度			
最佳水平	流量 10 slm、压强 80 Torr、温度 823 K			

表 6.11　正交法实验一压强分布正交实验结果分析表

实验组、判断依据及结果	流量/slm	温度/K	压强/Torr	压强方差 S^2
1	10 (1)	823 (1)	20 (1)	5.838 75e−07
2	10 (1)	873 (2)	40 (2)	5.491 59e−07
3	10 (1)	923 (3)	80 (3)	5.714 28e−07
4	20 (2)	823 (1)	40 (2)	2.084 80e−06
5	20 (2)	873 (2)	80 (3)	2.224 24e−06
6	20 (2)	923 (3)	20 (1)	2.578 65e−06
7	40 (3)	823 (1)	80 (3)	7.771 88e−06
8	40 (3)	873 (2)	20 (1)	1.008 96e−05
9	40 (3)	923 (3)	40 (2)	1.026 70e−05
$\overline{K_1}$	5.681 54e−07	3.480 19e−06	4.417 36e−06	
$\overline{K_2}$	2.295 91e−06	4.287 65e−06	4.300 32e−06	
$\overline{K_3}$	9.376 14e−06	4.472 35e−06	3.522 52e−06	
极差 R	2.642 39e−05	2.976 47e−06	2.684 53e−06	
主次顺序	流量—温度—压强			
最佳水平	流量 20 slm、温度 823 K、压强 80 Torr			

根据正交法实验一密度分布、速度分布和压强分布的各因素的主次顺序和最佳水平结果，经过综合分析，这里得出了最终各因素的主次顺序和最佳水平，如表 6.12 所示。由于不同指标对应的最优因素水平组合是不同的，因此采用将指标拆开单独处理的方法进行分析。

（1）密度和速度取流量 1 最好，压强取流量 2 好，故综合取流量 1。

（2）密度取温度 3 好，速度和压强则取温度 1 好，故综合取温度 1。

（3）密度取压强 1 最好，速度和压强取压强 3 好。但压强 1 对密度的影响程度最大，压强 3 对速度和压强的影响排第二和第三，故综合取压强 1。

表 6.12　正交法实验一各因素的主次顺序和最佳水平结果综合

指标	判断依据及结果	因素		
		流量/slm	温度/K	压强/Torr
密度	$\overline{K_1}$	5.674 02e−11	6.515 30e−11	8.406 06e−12
	$\overline{K_2}$	6.037 51e−11	5.985 47e−11	3.392 59e−11
	$\overline{K_3}$	6.398 64e−11	5.609 40e−11	1.387 70e−10
	极差 R	2.173 86e−11	2.717 71e−11	3.910 91e−10
	主次顺序	压强—温度—流量		
	最佳水平	压强 20 Torr、温度 923 K、流量 10 slm		
速度	$\overline{K_1}$	6.489 87e−07	4.274 78e−06	4.829 66e−06
	$\overline{K_2}$	2.615 80e−06	4.657 49e−06	4.679 02e−06
	$\overline{K_3}$	1.040 09e−05	4.733 45e−06	4.157 05e−06
	极差 R	2.925 59e−05	1.375 99e−06	2.017 84e−06
	主次顺序	流量—压强—温度		
	最佳水平	流量 10 slm、压强 80 Torr、温度 823 K		
压强	$\overline{K_1}$	5.681 54e−07	3.480 19e−06	4.417 36e−06
	$\overline{K_2}$	2.295 91e−06	4.287 65e−06	4.300 32e−06
	$\overline{K_3}$	9.376 14e−06	4.472 35e−06	3.522 52e−06
	极差 R	2.642 39e−05	2.976 47e−06	2.684 53e−06
	主次顺序	流量—温度—压强		
	最佳水平	流量 20 slm、温度 823 K、压强 80 Torr		

综合上述分析，低温下 FLUENT 模拟结果的正交法最优因素水平组合为流量 1、温度 1、压强 1，即 RPCVD 的最优模拟工艺参数为流量 10 slm、温度 823 K、压强 20 Torr。

6.5.3　正交法实验二

与正交法实验一的处理方法相同，根据高温下 FLUENT 模拟结果，这里确定了正交法实验二的三因素（流量、温度和压强）和三水平（1、2、3）正交表，如表 6.13 所示。

表 6.13　正交法实验二的因素水平正交表

水平	流量/slm	温度/K	压强/Torr
1	10	1123	60
2	20	1173	80
3	40	1223	100

根据正交实验设计原理，选取三水平正交表，这里得到了正交法实验二的实验计划表，如表 6.14 所示。

表 6.14　正交法实验二的实验计划表

实验组	流量/slm	温度/K	压强/Torr
1	10	1123	60
2	10	1173	80
3	10	1223	100
4	20	1123	80
5	20	1173	100
6	20	1223	60
7	40	1123	100
8	40	1173	60
9	40	1223	80

与正交法实验一相同，在 Si 衬底上取 9 个点，将这 9 个点的 FLUENT 模拟数值进行方差处理。

根据各因素的主次顺序和最佳水平的判断方法，这里得到了正交法实验二的三指标——密度、速度和压强分布的各因素的主次顺序和最佳水平，分别如表 6.15、表 6.16 和表 6.17 所示。

表 6.15　正交法实验二密度分布正交实验结果分析表

实验组、判断依据及结果	流量/slm	温度/K	压强/Torr	密度方差 S^2
1	10（1）	1123（1）	60（1）	6.015 91e−11
2	10（1）	1173（2）	80（2）	1.005 57e−10
3	10（1）	1223（3）	100（3）	1.475 11e−10
4	20（2）	1123（1）	80（2）	1.090 00e−10
5	20（2）	1173（2）	100（3）	1.600 00e−10
6	20（2）	1223（3）	60（1）	5.330 00e−11
7	40（3）	1123（1）	100（3）	1.770 00e−10
8	40（3）	1173（2）	60（1）	5.800 00e−11
9	40（3）	1223（3）	80（2）	9.780 00e−11
$\overline{K_1}$	1.027 43e−10	1.152 81e−10	5.716 64e−11	
$\overline{K_2}$	1.072 48e−10	1.061 61e−10	1.023 21e−10	
$\overline{K_3}$	1.110 02e−10	9.955 11e−11	1.615 06e−10	
极差 R	2.477 95e−11	4.718 88e−11	3.130 17e−10	
主次顺序	压强—温度—流量			
最佳水平	压强 60 Torr、温度 1223 K、流量 10 slm			

表 6.16　正交法实验二速度分布正交实验结果分析表

实验组、判断依据及结果	流量/slm	温度/K	压强/Torr	速度方差 S^2
1	10 (1)	1123 (1)	60 (1)	7.043 33e−07
2	10 (1)	1173 (2)	80 (2)	6.480 44e−07
3	10 (1)	1223 (3)	100 (3)	6.109 37e−07
4	20 (2)	1123 (1)	80 (2)	2.574 51e−06
5	20 (2)	1173 (2)	100 (3)	2.485 13e−06
6	20 (2)	1223 (3)	60 (1)	2.752 99e−06
7	40 (3)	1123 (1)	100 (3)	9.808 39e−06
8	40 (3)	1173 (2)	60 (1)	1.103 98e−05
9	40 (3)	1223 (3)	80 (2)	1.052 29e−05
$\overline{K_1}$	6.544 38e−07	4.362 41e−06	4.832 38e−06	
$\overline{K_2}$	2.604 21e−06	4.724 33e−06	4.581 83e−06	
$\overline{K_3}$	1.045 71e−05	4.628 95e−06	4.301 48e−06	
极差 R	2.940 78e−05	1.085 76e−06	1.592 7e−06	
主次顺序	流量—压强—温度			
最佳水平	流量 10 slm、压强 100 Torr、温度 1123 K			

表 6.17　正交法实验二压强分布正交实验结果分析表

实验组、判断依据及结果	流量/slm	温度/K	压强/Torr	压强方差 S^2
1	10 (1)	1123 (1)	60 (1)	8.525 93e−07
2	10 (1)	1173 (2)	80 (2)	8.472 43e−07
3	10 (1)	1223 (3)	100 (3)	9.845 86e−07
4	20 (2)	1123 (1)	80 (2)	3.181 80e−06
5	20 (2)	1173 (2)	100 (3)	3.257 98e−06
6	20 (2)	1223 (3)	60 (1)	3.721 97e−06
7	40 (3)	1123 (1)	100 (3)	1.239 05e−05
8	40 (3)	1173 (2)	60 (1)	1.655 86e−05
9	40 (3)	1223 (3)	80 (2)	1.676 69e−05
$\overline{K_1}$	8.948 07e−07	5.474 97e−06	7.044 40e−06	
$\overline{K_2}$	3.387 25e−06	6.887 96e−06	6.931 98e−06	
$\overline{K_3}$	1.523 87e−05	7.157 81e−06	5.544 36e−06	
极差 R	4.303 16e−05	5.048 52e−06	4.500 11e−06	
主次顺序	流量—温度—压强			
最佳水平	流量 10 slm、温度 1123 K、压强 100 Torr			

根据正交法实验二密度分布、速度分布和压强分布的各因素的主次顺序和最佳水平结果，经过综合分析，这里得出了最终各因素的主次顺序和最佳水平，如表 6.18 所示。具体的分析如下：

（1）流量对密度、速度和压强的影响水平都为 1，故综合选取流量 1；

（2）温度对密度的影响水平为 3，对速度和压强的影响水平为 1，故综合选取温度 1；

（3）压强对密度、速度和压强的影响水平分别为 1、3 和 3，但压强 1 对密度的影响程度最大，故综合选取压强 1。

表 6.18　正交法实验二各因素的主次顺序和最佳水平结果综合

指标	判断依据及结果	因素		
		流量/slm	温度/K	压强/Torr
密度	$\overline{K_1}$	1.027 43e−10	1.152 81e−10	5.716 64e−11
	$\overline{K_2}$	1.072 48e−10	1.061 61e−10	1.023 21e−10
	$\overline{K_3}$	1.110 02e−10	9.955 11e−11	1.615 06e−10
	极差 R	2.477 95e−11	4.718 88e−11	3.130 17e−10
	主次顺序	压强—温度—流量		
	最佳水平	压强 60 Torr、温度 1223 K、流量 10 slm		
速度	$\overline{K_1}$	6.544 38e−07	4.362 41e−06	4.832 38e−06
	$\overline{K_2}$	2.604 21e−06	4.724 33e−06	4.581 83e−06
	$\overline{K_3}$	1.045 71e−05	4.628 95e−06	4.301 48e−06
	极差 R	2.940 78e−05	1.085 76e−06	1.592 7e−06
	主次顺序	流量—压强—温度		
	最佳水平	流量 10 slm、压强 100 Torr、温度 1123 K		
压强	$\overline{K_1}$	8.948 07e−07	5.474 97e−06	7.044 40e−06
	$\overline{K_2}$	3.387 25e−06	6.887 96e−06	6.931 98e−06
	$\overline{K_3}$	1.523 87e−05	7.157 81e−06	5.544 36e−06
	极差 R	4.303 16e−05	5.048 52e−06	4.500 11e−06
	主次顺序	流量—温度—压强		
	最佳水平	流量 10 slm、温度 1123 K、压强 100 Torr		

综合上述分析，高温下 FLUENT 模拟结果的正交法最优因素水平组合为流量 1、温度 1、压强 1，即 RPCVD 的最优模拟工艺参数为流量 10 slm、温度 1123 K、压强 60 Torr。

第7章
硅基半导体应变材料 CVD 生长机理与生长动力学模型

要制作性能优异的应变 SiGe HBT(异质结双极晶体管)和应变 Si CMOS 器件,必须生长出高质量、低缺陷的应变 SiGe 和应变 Si 外延材料。由于 Si 与 Ge 材料有 4.2% 的晶格失配,因此 Si 基异质结应变材料的生长会遇到许多 Si 同质外延中未曾出现的问题,特别是晶格失配所引起的缺陷、应变弛豫等影响材料性能的关键问题。而要解决这些关键问题,就必须首先深入研究硅基半导体应变材料的生长机理、生长表面特性、生长动力学等基本理论,建立硅基半导体应变材料的生长动力学模型,从而突破硅基半导体应变材料研究、设计的理论瓶颈。

本章将根据硅基半导体应变材料的 CVD(化学气相沉积)生长特性和已有的研究成果,进行硅和锗的表面结构与特性、氢的吸附与脱附机理、硅烷和锗烷的吸附分解反应机理、硅基半导体应变材料的 CVD 生长理论与机理、基于碰撞理论的表面生长动力学模型、基于 Grove 理论的生长动力学模型及基于分速率机制的生长动力学优化模型等研究。

7.1 硅和锗的表面结构与特性

硅基半导体应变材料包括应变 Si、应变 SiGe 和应变 Ge,衬底材料是半导体 Si 单晶,其中 SiGe 又是应变 Si 和应变 Ge 的虚衬底。因而,Si 和 Ge 的晶格结构、表面重构、表面电子结构等表面结构与特性对硅基半导体应变材料的生长有至关重要的影响。

7.1.1 硅和锗的表面重构

Si 和 Ge 是元素周期表中ⅣA族半导体元素,它们的晶体结构都是金刚石结构,原子都在正四面体的晶格中,其化学键的角度是 109.47°。金刚石晶体结构的本质是面心立方晶格,图 7.1 显示的是金刚石的面心立方晶胞结构。

在实际的工艺制造中,无论是双极工艺还是 CMOS 工艺,Si 和 Ge 的(100)衬底都是最常用的。然而在(100)衬底的表面,每个 Si 或 Ge 的原子都有两个"悬挂键",每个悬挂键都只有一个电子。根据化学键理论,只有一个电子的悬挂键不能形成化学键,是极不稳定的。

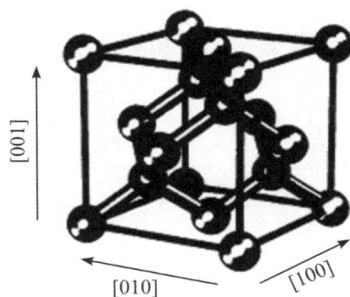

图 7.1　金刚石的面心立方晶胞结构

为使悬挂键处于稳定状态，Si 原子或 Ge 原子在表面上相互配对，形成一排一排的 "Si—Si 二聚体" 和 "Ge—Ge 二聚体"。二聚体排与排之间是被沟道隔开的，因此 "二聚化" 的表面呈现 2×1 周期性，称作 2×1 重构，如图 7.2 所示。由图可以看出，(100) 面上的悬挂键在单原子台阶上旋转了 90°，连续层叠的二聚体排是两两正交的。

图 7.2　Ⅳ族元素半导体表面二聚体的 2×1 重构

由于 Si 在半导体技术中的重要作用，因此 Si 的 2×1 重构表面结构成为最重要的表面研究对象。

与 C 的 2×1 重构表面的二聚体不同，Si 和 Ge 的 2×1 重构表面的二聚体是不均衡的，即二聚体是倾斜于表面的。倾斜的二聚体键偏离了表面的平面，导致形成了突出在表面上的 "向上" 二聚体原子和隐藏在表面下的 "向下" 二聚体原子。

根据扫描隧道显微镜的观察结果，Si 的 2×1 重构表面的二聚体仅仅在低温时是不均衡的，而在室温下则是均衡的。这是因为 Si 的 2×1 重构表面二聚体的倾斜是动态的，即二聚体通过一个均衡（对称）的转换（过渡）态，在两个同一不均衡结构之间快速转换。Si 的 2×1 重构表面均衡二聚体与不均衡二聚体的能量差非常小，只有几 kcal/mol，导致室温下二聚体的蹦跳时间是非常小的数量级。因此，在 Si 的 2×1 重构表面观察到的均衡二聚体是表面二聚体的时间平均结构。而在低温下，二聚体转换的速率非常低，所以可以观察到 Si 的 2×1 重构表面的不均衡二聚体被 "冷冻" 了。

与 Si 的 2×1 重构表面的动态翘曲二聚体不同，Ge 的 2×1 重构表面的二聚体即使在室温下也是静态翘曲的。这是因为其倾斜二聚体比其均衡二聚体更稳定，而且两个退化不均衡二聚体结构的转换是不顺畅的。因此，Ⅳ族元素半导体表面二聚体结构的变化趋势是按照元素周期表的趋势，即 C 的 2×1 重构表面的二聚体是均衡的，Ge 的 2×1 重构表面的二聚体是静态翘曲的，Si 的 2×1 重构表面的二聚体是介于两者之间的动态翘曲二聚体。如图 7.3 所示为 IV 族元素半导体表面二聚体的重构模式。

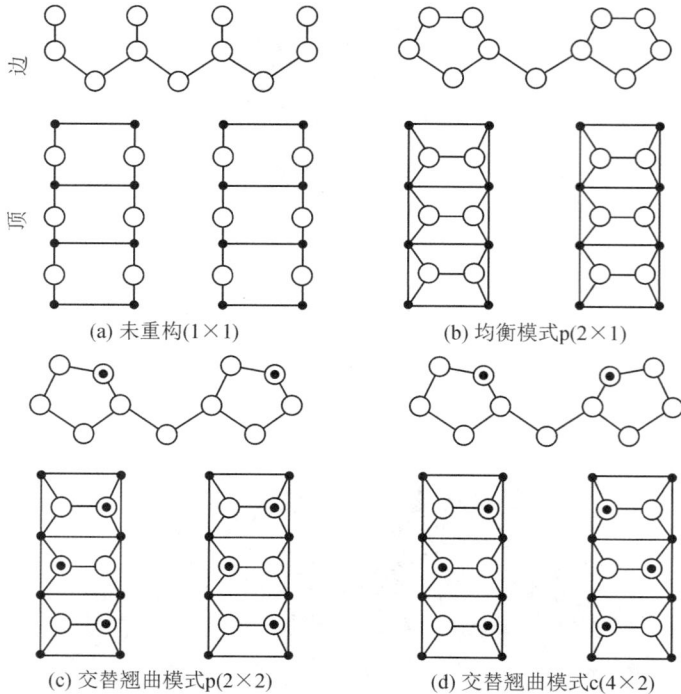

(a) 未重构(1×1)　　　　　(b) 均衡模式p(2×1)

(c) 交替翘曲模式p(2×2)　　　(d) 交替翘曲模式c(4×2)

图 7.3　IV 族元素半导体表面二聚体的重构模式

7.1.2　硅和锗的表面电子结构

Si 和 Ge 表面二聚体的化学键结构类似有机化合物乙烯分子的双键结构，其特征是包含一个强 σ 键和一个弱 π 键。二聚体中的每个原子各自提供一个悬挂键，进行"头碰头"的原子轨道重叠，形成强的 σ 键，并直接导致 2×1 的重构，形成二聚体；而二聚体中的每个原子剩余的一个悬挂键之间进行"肩并肩"的局部原子轨道交叠，形成弱的 π 键，弱 π 键具有相当明显的双游离基(二价自由基)特征。因此，Si 和 Ge 半导体表面 2×1 重构的 π 键及其双游离基活性特征，提高了半导体表面的活性，这种活性在许多情况下有着深远的意义。

Si 和 Ge 表面固态电子结构的不同导致了各自半导体表面二聚体的几何性质和化学性质的不同。Si 和 Ge 的 2×1 重构表面二聚体 π 键强度估计为 $2\sim8$ kcal/mol，远小于同族 C 的 2×1 重构表面二聚体 $12\sim22$ kcal/mol 的 π 键强度。

Si 和 Ge 的 2×1 重构表面的倾斜(翘曲)二聚体直接导致了二聚体上两个原子电荷的不均衡。在倾斜二聚体上，下原子更倾向于 sp^2 杂化，而上原子更具备 sp^3 杂化的特征。因此，下原子悬挂键主要是 p 轨道特征，而上原子悬挂键则主要是 s 轨道特征。倾斜二聚体上的电子密度重分配导致上原子比下原子有更高的电子密度。因此，下原子缺电子，倾向于亲电子；上原子电子富余，倾向于失电子。也就是说，倾斜二聚体在其 π 键上有一些两性离子特性。

Si 和 Ge 的 2×1 重构表面的二聚体的电子结构决定了其表面的一些物理和化学性质，如吸附与脱附、表面反应等。

7.2   氢的吸附与脱附机理

H_2 是 Si 基半导体应变材料 CVD 生长的 Si 源气体和 Ge 源气体的载气，占气体总流量的 90% 以上。H_2 不仅作为载气占据了大部分生长表面，而且也是 Si 源气体和 Ge 源气体的反应分解产物。因此，尽管 H_2 的结构简单，但 H_2 与 Si 的 2×1 重构表面的相互作用却是半导体表面化学最重要的研究课题。然而虽然进行了大量的理论和实验研究，但 H_2 在 Si 的 2×1 重构表面的吸附与脱附机理还不是十分清楚。人们提出了许多机理来解释 H_2 在 Si 的 2×1 重构表面的脱附反应，这些机理包括预成对机理、隔离二氢化物机理、共二聚体机理以及激发电子态机理。

7.2.1   预成对机理

预成对机理只涉及从一个表面二聚体上的脱附，即两个氢原子配对形成了 H_2，并直接从二聚体上脱附，如图 7.4 所示。预成对机理是二聚体上两个原子间弱 π 键相互作用的必然结果，即弱 π 键相互作用产生了热力学驱动力，使表面氢原子配对并形成单一氢化物相。与晶格气体模型结合，预成对机理就能解释氢从 Si 的 2×1 重构表面脱附的一阶动力学原理。

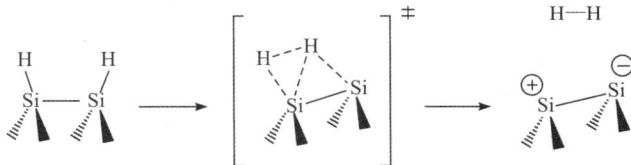

图 7.4 H_2 从 Si(100)-2×1 重构表面脱附的预成对机理

7.2.2   隔离二氢化物机理

隔离二氢化物机理使氢分子在 Si 的 2×1 重构表面的脱附过程只涉及一个 Si 原子，二聚体上两个预成对的氢原子先移至同一个 Si 原子上，然后从这个 Si 原子上脱附出来，如图 7.5 所示。这个基于第一原理的集群计算的替代机理能够重现可由 TPD（程序升温脱附）质谱分析测量的脱附动力学过程。

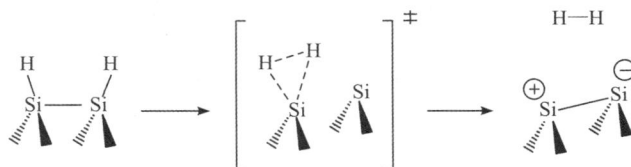

图 7.5 H_2 从 Si(100)-2×1 重构表面脱附的隔离二氢化物机理

7.2.3 共二聚体机理

STM(扫描隧道显微镜)和 SHG(二次谐波发生器)研究表明,在 Si 的 $2×1$ 重构表面通过共二聚体机理吸附氢和释放氢的二选一(替代/备则)模型是可行的。通过共二聚体机理释放氢发生在同一排的两个相邻二聚体之间,这时从相邻的 Si—H 键释放出的氢原子重组。三个共二聚体机理是通过 STM 和 SHG 实验被提出的。图 7.6(a)表示两个氢原子(2H)的释放机理,氢原子从两个相邻单氢二聚体中释放出来并重组。图 7.6(b)表示三个氢原子(3H)的释放机理,氢原子从相邻的单氢二聚体和双氢二聚体中释放出来。图 7.6(c)表示四个氢原子(4H)的释放机理,氢原子从两个相邻双氢二聚体中释放出来。

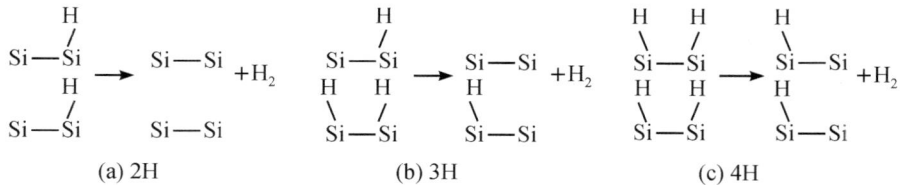

(a) 2H   (b) 3H   (c) 4H

图 7.6 H_2 从 Si(100)-$2×1$ 重构表面脱附的共二聚体机理

SHG 实验表明,氢分子通过共二聚体吸附在 Si 的 $2×1$ 重构表面的可能性顺序是:4H>3H>2H。此外,在高氢密度覆盖表面上 4H 吸附路径是主要的,而在低氢密度覆盖表面上 2H 吸附路径是主要的。

7.2.4 激发电子态机理

除了预成对、隔离二氢化物和共二聚体机理,STM 实验也提出了一个涉及均衡转换状态的氢脱附机理,如图 7.7 所示。STM 实验表明,与在倾斜二聚体上吸附相比,在均衡 Si—Si 二聚体上吸附氢分子的可能性更高。根据 STM 结果,氢的吸附过渡状态与均衡 Si—Si 二聚体的电子激发态有关。

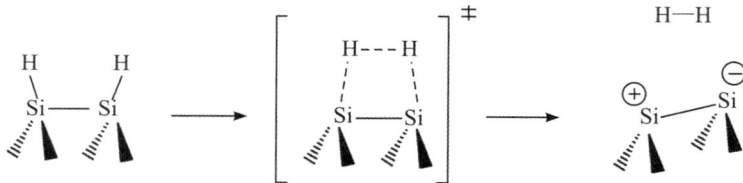

图 7.7 H_2 从 Si(100)-$2×1$ 重构表面脱附的激发电子态机理

氢和半导体表面的反应与表面的几何结构和电子结构密切相关。例如,预成对机理是基于表面二聚体上的弱 π 键,弱 π 键导致了氢原子在表面的优先成对。此外,利用共二聚体机理的氢脱附涉及两个表面 π 键,脱附过程与相邻二聚体的交替倾斜相关。

| 7.3 | 硅烷和锗烷的吸附分解反应机理 |

硅烷和锗烷是各种 CVD 工艺生长 Si 基半导体应变材料最常用的 Si 源气体和 Ge 源气体，因此，硅烷和锗烷在生长表面的吸附分解反应机理对建立 Si 基半导体应变材料的 CVD 生长动力学模型至关重要。

7.3.1　硅烷和锗烷的反应

由于 Si 外延薄膜生长的重要性，人们对 Si 的 2×1 重构表面动力学和硅烷(SiH_4)吸附机理进行了大量的理论与实验研究，发现硅烷在 Si 的 2×1 重构表面能发生直接分离反应并吸附在该表面上，在表面形成 Si—SiH_3 和 Si—H 键，如图 7.8(a)所示。同样，由于与 SiH_4 性质的相似性，锗烷(GeH_4)在Ⅳ族半导体表面也形成 GeH_3 和 H，如图 7.8(b)所示。

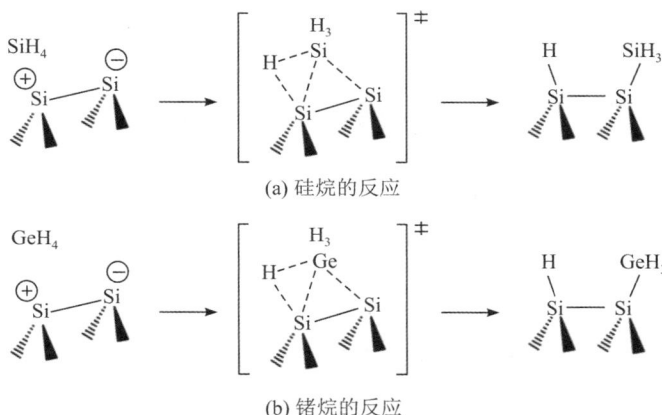

图 7.8　Ⅳ族半导体表面上硅烷和锗烷的反应

硅烷和锗烷在半导体表面的反应也可以被 Si 和 Ge 的 2×1 重构表面上亲质子性和亲电子性的点简易化。因为氢比硅和锗都更亲电子，所以硅烷中 Si—H 键和锗烷中 Ge—H 键都呈现两性性质。因此，在 Si 和 Ge 的 2×1 重构表面，硅烷和锗烷中的氢可以和亲电子的二聚体下原子发生反应，而硅原子和锗原子可以和亲质子的二聚体上原子发生反应。Brown 和 Doren 研究了硅烷在 Si 的 2×1 重构表面的吸附途径，给出的推论是：吸附过程中主要是硅烷上氢原子同 Si—Si 二聚体上亲电子发生反应，次要是亲质子的反应，其中还包括通过硅烷上的硅原子吸附。

7.3.2　硅烷和锗烷的吸附活化能

由硅烷和锗烷在 Si 表面的反应机理可以看出，硅烷和锗烷的吸附始终伴随着 Si—Si 二聚体上的 π 键、硅烷中 Si—H 键和锗烷中 Ge—H 键的断裂以及 Si—Si 二聚体上 Si—H 键、

Si—SiH₃ 键和 Si—GeH₃ 键的生成。表 7.1 给出了采用 KMLYP 和 QCISD(T) 方法计算的 SiH₄、GeH₄、Si₂H₆、Ge₂H₆、SiH₃GeH₃ 等含 Si 和 Ge 化合物的各种化学键的断裂能量均值。由表可知，KMLYP 和 QCISD(T) 的化学键能量有很好的一致性，其差值近似是一个常量。

表 7.1　含 Si 和 Ge 化合物的各种化学键的断裂能量均值

单位：kcal/mol

化学键	Si—H	Ge—H	Si—Si	Ge—Ge	Si—Ge
KMLYP/6−311＋G(d, p)	92.5	87.1	76.6	71.7	74.2
QCISD(T)/6−311＋G(2df, pd)	88.4	81.7	72.6	66.6	69.6
KMLYP−QCISD(T)	4.1	5.4	4.0	5.1	4.6

根据化学反应的能量关系，硅烷和锗烷在 Si 表面的吸附能量可近似认为是所有化学键断裂所放出的能量之和减去所有表面化学键形成时的能量之和，即

$$\Delta E_{ads} = E_{X-H} + E_{\pi} - E_{Si-H} - E_{Si-X} \tag{7-1}$$

式中，X 是指 Si 或 Ge，E_{X-H} 是指硅烷或锗烷上 Si—H 键或 Ge—H 键的强度，E_{π} 是指表面 π 键的强度，E_{Si-H} 是指表面上 Si—H 键的强度，E_{Si-X} 是指表面上 Si—Si 键或 Si—Ge 键的强度。从式（7-1）可以看出，当表面上有 Si—H 和 Si—X 两个强键形成和一个 X—H 强键断裂时，硅烷和锗烷在 Si 表面的吸附过程中都是放热的。

若取 E_{π} 为 7.41 kcal/mol，则式（7-1）的计算结果表明，锗烷的吸附能为 −72.19 kcal/mol，硅烷的吸附能为 −69.19 kcal/mol，故锗烷在吸附过程中所放的热量更大。这是因为锗烷吸附在 Si—Si 二聚体上的过程中，一个弱 Ge—H 键断裂，同时较强的 Si—H 和 Si—Ge 键形成。而硅烷在吸附过程中所放的热量较小，是因为硅烷吸附在 Si—Si 二聚体上的过程中，一个强 Si—H 键断裂，同时 Si—H 和 Si—Ge 键形成。

7.4　硅基半导体应变材料的 CVD 生长理论与机理

本节将重点论述硅基半导体应变材料的 CVD 生长理论与机理，包括气体的碰撞理论、CVD 扩散理论、半导体表面吸附理论、H₂ 的吸附与脱附动力学机理、SiH₄ 和 GeH₄ 的吸附分解机理等，为建立硅基半导体应变材料的 CVD 生长动力学模型奠定理论基础。

7.4.1　碰撞理论

气体的碰撞理论认为，气体分子要在固体表面发生反应生成固态薄膜，首先必须与固体表面发生碰撞。碰撞之后，只有少数气体分子被吸附在衬底表面，而大部分气体分子未被吸附，随主气流流出反应室。被吸附的气体分子在固体表面发生反应，最终形成固态薄膜。

1. 有效碰撞

并非每一次碰撞都会发生预期的反应，只有非常少的碰撞是有效的，能发生反应的碰

撞称为有效碰撞。

　　气体分子无限接近时会受到斥力，这就要求气体分子具有足够的运动速度（即能量）来克服斥力。因此，具有足够的能量是有效碰撞发生的必要条件。在实际生长工艺中，这个足够的能量由一定的生长温度来保证。

　　发生碰撞的反应物气体分子的总能量必须大于一个最低能量值 E，则具有能量 E 及以上的气体分子数目遵循玻尔兹曼分布，即有

$$F = e^{-\frac{E}{RT}} \tag{7-2}$$

式中，R 是理想气体常数，T 是温度。

　　这些具有足够能量（碰撞后足以反应）的反应物分子组或原子组称为活化分子组。从式（7-2）可以看出，分子组的能量 E 越高，活化分子组的数量就越少。因此能量 E 称为活化能，一般用 E_a 表示。

　　但仅具有足够能量是不够的，因为不同气体分子与固体表面的碰撞方向会有所不同。例如，对于气体反应 $NO_2 + CO = NO + CO_2$，气体分子与固体表面的碰撞方向主要有两种：O—N—O……C—O 和 O—N—O……O—C。显然，第一种碰撞方向有利于反应的进行，第二种以及其他碰撞方向都是无效的。碰撞的发生与碰撞方向有关，是因为晶体表面的悬挂键具有方向性（键角）。如果碰撞方向不对，则活化分子也不一定会被表面吸附并发生反应。

　　由此可见，发生有效碰撞的分子一定是活化分子，但活化分子只有在碰撞方向合适的时候才能发生有效碰撞，故在用碰撞理论计算反应速率时，引入了方位因子 p。方位因子 p 可从 10^{-9} 到 1 变化，包括了限制分子有效碰撞的各种因素，例如碰撞方向、碰撞延续时间、碰撞能量（即活化能）等。

2. 碰撞反应速率

　　根据气体的碰撞理论，碰撞反应速率 R 由碰撞频率 Z、有效碰撞分子数目 F 和碰撞的方位因子 p 决定，可表示为

$$R = pZF \tag{7-3}$$

由于 F 与气体分子的能量有关（又称为能量因子），因此碰撞反应速率 R 又可表示为

$$R = pZe^{-\frac{E_a}{RT}} \tag{7-4}$$

式中，E_a 是反应活化能，E_a 越大，活化分子组数越少，有效碰撞分子数目越少，碰撞反应速率越慢。

7.4.2　CVD 扩散理论

1. 菲克第一定律

　　1885 年，菲克（Fick）提出了描述物质扩散的第一定律，即菲克第一定律。该定律认为，如果在一个有限的基体中存在杂质浓度梯度，则杂质将产生扩散运动，且扩散方向是使杂质浓度梯度变小的方向，即由高浓度向低浓度方向扩散。

　　当扩散发生时，任何一点的杂质浓度可以表示为 $C(x, t)$，即杂质浓度是空间位置 x 和时间 t 的函数。若扩散时间足够长，则杂质分布将逐渐均匀。据此菲克第一定律可以表述

为杂质的扩散流密度 J 正比于杂质浓度梯度 $\partial C/\partial x$，比例系数 D 定义为杂质在基体中的扩散系数。菲克第一定律的一维表达式为

$$J = -D \frac{\mathrm{d}C}{\mathrm{d}x} \tag{7-5}$$

式(7-5)表明，当浓度梯度变小时，扩散减缓，"—"表示扩散方向为由高浓度到低浓度。扩散流密度 J 定义为单位时间内通过单位面积的杂质(粒子)数。扩散系数 D 反映了扩散的快慢，是扩散杂质的固有属性，与温度密切相关，其单位为 $\mathrm{cm^2/s}$、$\mu\mathrm{m^2/h}$ 或 $\mathrm{m^2/s}$。

2. 边界层理论

在 CVD 工艺中，反应室内气体分子的平均自由程远小于反应室的几何尺寸，气体为黏滞性流动。由于黏滞性，硅片表面与气流之间存在摩擦力，使紧贴硅片表面的气流速度为零。于是，在靠近硅片表面附近就存在一个气流速度受到扰动的薄层，称为边界层。在边界层内气流速度变化很大，在垂直气流方向存在很大的速度梯度。

边界层是一个过渡区域，存在于气流速度为零的硅片表面与气流速度为 U 的主气流区之间，其厚度 δ 定义为从气流速度为零的硅片表面到气流速度为 $0.99U$ 的区域的厚度。如果定义气流遇到平板边界时为坐标原点，则 δ 可表示为

$$\delta(x) = \left(\frac{\mu x}{\rho U}\right)^{1/2} \tag{7-6}$$

式中，μ 是气体黏滞系数，ρ 是气体密度，U 是主气流速度。设 L 为基座长度，则边界层的平均厚度可以表示为

$$\bar{\delta} = \frac{1}{L}\int_0^L \delta(x)\mathrm{d}x = \frac{2}{3}L\left(\frac{\mu}{\rho UL}\right)^{1/2} \tag{7-7}$$

或者

$$\bar{\delta} = \frac{2L}{3\sqrt{Re}} \tag{7-8}$$

式中，Re 为气体的雷诺数，是一个无量纲数，表示流体运动中惯性效应与黏滞效应的比，$Re = \rho UL/\mu$。由式(7-8)可见，边界层平均厚度与基座长度 L 成正比，与雷诺数 Re 成反比。

CVD 反应气体以扩散的方式从主气流区穿过边界层，在硅片表面反应分解，最终生长成为外延薄膜。因此，边界层厚度将密切影响反应气体的传输速度，继而影响到薄膜的生长速率。

7.4.3　半导体表面吸附理论

吸附就是气相中的分子或原子(简称粒子)聚集在固体表面上呈现的非均匀分布的现象。固体的表面与体内在晶体结构上的一个重大差异，就是固体表面原子或分子间的化学键中断，这种中断的键称为不饱和键或悬挂键。悬挂键具有吸引外来粒子的能力，入射到固体表面的粒子被悬挂键吸引，就形成了吸附。

吸附也是半导体表面，特别是 CVD 外延生长半导体薄膜材料过程中最常见的现象。半导体表面上的吸附与反应对半导体的物理参数，例如载流子密度、载流子复合率、载流子

俘获中心密度等有重大影响，而这些物理参数又决定了器件的电学性质和光学性质，使实际应用的器件受到很大影响。

1. 物理吸附与化学吸附

根据固体表面与吸附粒子间的作用力不同，吸附可分为物理吸附与化学吸附两种。

物理吸附的作用力是弱的范德华力，它也是低温下使气体凝结成液体的凝聚力。物理吸附的特征是吸附粒子和固体表面组成都不会改变。物理吸附通常进行得很快，并且是可逆的。

化学吸附的作用力与化合物中原子之间的作用力相似，比范德华力强得多。发生化学吸附时，气体分子与表面原子之间将会发生电子转移，或者分子被离解成原子或自由基并被化学键束缚在表面上。例如，硅基半导体应变材料 CVD 生长常用的 SiH_4、SiH_2Cl_2、GeH_4 等反应源气体的吸附就是化学吸附。因此，化学吸附相当于表面化学反应，并且是不可逆的。

2. 朗格缪尔吸附理论

朗格缪尔(Langmuir)对气-固表面的吸附进行了开创性的研究工作，其吸附理论的核心思想可用下述简式表示：

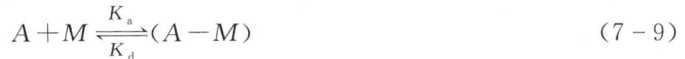

$$A + M \underset{K_d}{\overset{K_a}{\rightleftharpoons}} (A - M) \tag{7-9}$$

式中，K_a 和 K_d 分别表示吸附速率常数和脱附速率常数，A 表示吸附粒子，M 表示吸附表面座位，$(A-M)$ 表示吸附络合物。在 CVD 生长硅基半导体应变材料的吸附机理中，M 应是 Si 衬底表面。

覆盖率是吸附过程中的重要概念，为任意时刻已被反应物覆盖的固体表面积与固体的总表面积之比，记为 θ。在温度不变的条件下，覆盖率 θ 随着吸附气体的压强 p 的变化而变化，这种变化关系称为吸附等温线。

朗格缪尔吸附等温式是最早提出的具有理论基础的吸附等温式，它反映了在均匀表面，吸附分子彼此间没有作用，而且吸附是单分子层的情况下吸附达到平衡时的规律。根据朗格缪尔吸附等温式，气体的吸附速率的表达式为

$$\gamma_a = K_a p (1 - \theta) \tag{7-10}$$

式中，K_a 是吸附速率常数；θ 是固体表面覆盖率，$1-\theta$ 为固体表面未覆盖率。而气体的脱附速率的表达式为

$$\gamma_d = K_d \theta \tag{7-11}$$

式中，K_d 是脱附速率常数。当吸附达到平衡时，吸附速率和脱附速率相等，则可以得到

$$\theta = \frac{bp}{1 + bp} \tag{7-12}$$

式中，b 称为吸附平衡常数或者吸附系数，是一个与固体表面、反应物以及温度相关的常数，b 值越大，表示固体的吸附能力越强。吸附平衡常数的表达式为

$$b = \frac{K_a}{K_d} \tag{7-13}$$

如果反应物吸附时离解成两个粒子，且每个粒子都是一个吸附中心，则吸附速率为

$$\gamma_a = K_a p (1 - \theta)^2 \tag{7-14}$$

因为两个粒子都可以脱附，所以脱附速率为

$$\gamma_d = K_d \theta^2 \qquad (7-15)$$

3. 黏附系数

黏附系数是单位时间吸附在固体表面单位面积上的粒子数与落在固体表面单位面积上的粒子数之比，即一个粒子吸附在固体表面上的概率，用 S 表示。

根据气体动力学理论，气体粒子与固体表面碰撞，单位时间落在固体表面单位面积上的气体粒子数 N（单位时间碰撞在固体表面单位面积上的次数）满足

$$\frac{dN}{dT} = \frac{p}{(2\pi mkT)^{1/2}} \qquad (7-16)$$

式中，p 是压强，m 是气体粒子的质量，k 是玻尔兹曼常数，T 是气体的动力学温度。

7.4.4 H_2 的吸附与脱附动力学机理

在 SiGe、应变 Si 等硅基半导体应变材料的各种 CVD 生长工艺中，无论是哪种气源体系，H_2 都是唯一的载气。除了稀释和输运 Si 源和 Ge 源气体，H_2 还参与 Si 源和 Ge 源气体的化学分解过程，影响着硅基半导体应变材料的生长速率和 Ge 组分占比。

通常 Si 源和 Ge 源气体，如 SiH_4 和 GeH_4，都要被 H_2 稀释到 1% 左右，H_2 占了绝大多数。因而，硅基半导体应变材料的大部分生长表面的悬挂键空位都被 H_2 及 H 原子占据。

H_2 的吸附过程可分为三步进行，即气相中的 H_2 和生长表面发生碰撞、H_2 分子碰撞在生长表面上、H_2 吸附在生长表面上。H_2 的吸附与脱附动力学机理可用下式表示：

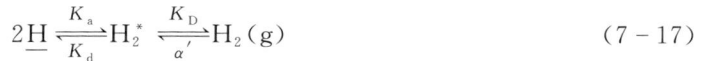

$$2\underline{H} \underset{K_d}{\overset{K_a}{\rightleftharpoons}} H_2^* \underset{\alpha'}{\overset{K_D}{\rightleftharpoons}} H_2(g) \qquad (7-17)$$

式中，H_2^* 为吸附在表面上的激活 H_2 分子；H 为生长表面吸附的 H 原子；$H_2(g)$ 为脱离表面的气相 H_2 分子；K_a 和 K_d、K_D 分别为吸附和脱附速率常数；α' 为凝聚系数，表示 H_2 分子被吸附在一个吸附活化能 E_a 为零的吸附空位上的概率。式(7-17)也呈现了 H_2 的吸附与脱附机理所遵循的动力学平衡态。

7.4.5 SiH_4 和 GeH_4 的吸附分解机理

SiH_4 和 GeH_4 是 CVD 工艺外延生长硅基半导体应变材料最重要、最常用、分解温度最低的反应气体源，其分解温度分别为 400℃ 左右和 300℃ 左右。因而，相对其他几种反应气体体系，SiH_4 和 GeH_4 的沉积温度最低，沉积速率最高，这对低温沉积应变 Si、应变 SiGe 的 UHVCVD（超高真空化学气相沉积）和 RPCVD（减压化学气相沉积）来说是最关键的。

SiH_4 和 GeH_4 的物理化学性质相似，其分解反应机理也相同。首先，气相的 SiH_4 和 GeH_4 分子吸附在生长表面上，产生激发态的 $(H-SiH_3)^*$ 和 $(H-GeH_3)^*$，然后分解为吸附的 $SiH_3(ad)$、$GeH_3(ad)$ 和 H(ad)，即

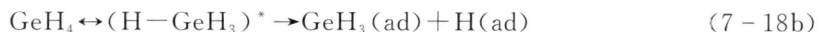

$$SiH_4 \leftrightarrow (H-SiH_3)^* \rightarrow SiH_3(ad) + H(ad) \qquad (7-18a)$$

$$GeH_4 \leftrightarrow (H-GeH_3)^* \rightarrow GeH_3(ad) + H(ad) \qquad (7-18b)$$

吸附的 $SiH_3(ad)$ 和 $GeH_3(ad)$ 继续分解为吸附的 $SiH_2(ad)$、$GeH_2(ad)$ 和 H(ad)，即

$$\text{SiH}_3(\text{ad}) \rightarrow \text{SiH}_2(\text{ad}) + \text{H}(\text{ad}) \qquad (7-19\text{a})$$

$$\text{GeH}_3(\text{ad}) \rightarrow \text{GeH}_2(\text{ad}) + \text{H}(\text{ad}) \qquad (7-19\text{b})$$

吸附的 $\text{SiH}_2(\text{ad})$ 和 $\text{GeH}_2(\text{ad})$ 再进一步分解为吸附的 $\text{SiH}(\text{ad})$、$\text{GeH}(\text{ad})$ 和 $\text{H}(\text{ad})$，即

$$\text{SiH}_2(\text{ad}) \rightarrow \text{SiH}(\text{ad}) + \text{H}(\text{ad}) \qquad (7-20\text{a})$$

$$\text{GeH}_2(\text{ad}) \rightarrow \text{GeH}(\text{ad}) + \text{H}(\text{ad}) \qquad (7-20\text{b})$$

吸附的 $\text{SiH}(\text{ad})$ 和 $\text{GeH}(\text{ad})$ 最终分解为所需要的 $\text{Si}(\text{ad})$、$\text{Ge}(\text{ad})$ 和 $\text{H}(\text{ad})$，即

$$\text{SiH}(\text{ad}) \longrightarrow \text{Si}(\text{ad}) + \text{H}(\text{ad}) \qquad (7-21\text{a})$$

$$\text{GeH}(\text{ad}) \longrightarrow \text{Ge}(\text{ad}) + \text{H}(\text{ad}) \qquad (7-21\text{b})$$

各分解反应所产生的吸附的 $\text{H}(\text{ad})$ 结合生成 H_2，即

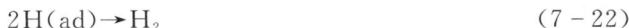

$$2\text{H}(\text{ad}) \rightarrow \text{H}_2 \qquad (7-22)$$

并最终脱附离开表面。

　　由上述各分解反应过程可以看出，H_2 作为稀释气体参与了 SiH_4 和 GeH_4 的分解反应，对 SiH_4 和 GeH_4 的分解起到了抑制作用。

7.5　基于碰撞理论的表面生长动力学模型

　　根据 RPCVD 技术的工艺特点和气体的碰撞理论，结合 H_2 的吸附与脱附动力学机理以及 SiH_4 和 GeH_4 的吸附分解机理，本节建立了硅基半导体应变材料的 RPCVD 表面生长动力学模型，进行了应变 SiGe 材料的 RPCVD 生长实验，并将生长速率实验值与计算值进行了对比，两者吻合较好。

7.5.1　H_2 的吸附与脱附速率

　　根据气体的碰撞理论，气相中的 H_2 与生长表面发生碰撞，其在平衡条件下单位时间内的碰撞速率(也称为碰撞频率)可表示为

$$R_{\text{c,H}} = \frac{P_{\text{H}_2}}{(2\pi m_{\text{H}_2} kT)^{1/2}} \qquad (7-23)$$

式中，$R_{\text{c,H}}$ 是碰撞速率，P_{H_2} 是 H_2 的分压，m_{H_2} 是 H_2 的质量。

　　根据吸附理论，吸附速率与三个影响因素成正比：碰撞速率 R_{c}、表面未覆盖率 $1-\theta$ 和吸附活化能 E_{a}。

　　由于化学吸附需要活化能，所以只有能量超过了活化能的碰撞分子才可能被吸附。因此，活化能对吸附速率的影响遵循阿伦尼乌斯定律，即活化分子数目占分子总数的比例呈玻尔兹曼分布，亦即

$$k_{\text{s}} = A e^{-\frac{E_{\text{a}}}{RT}} \qquad (7-24)$$

式中，k_{s} 是反应速率常数，E_{a} 是活化能，A 是频率因子，R 是理想气体常数，T 是温度。

　　由于 H_2 是双原子分子，吸附后解离为两个吸附 H 原子。因此，每个吸附 H_2 分子将占

据两个吸附空位。如果覆盖率 θ 较小，则 H_2 分子碰撞在未吸附空位上的概率近似为

$$f(\theta) \approx (1-\theta_H)^2 \qquad (7-25)$$

式中，θ_H 是 H_2 的吸附覆盖率。于是，根据式(7-23)、式(7-24)和式(7-25)，得到 H_2 的吸附速率为

$$R_a = R_{c,H} \cdot e^{-\frac{E_{a,H}}{kT}} \cdot (1-\theta_H)^2 \qquad (7-26)$$

吸附在生长表面上的 H_2，在表面分解后成为表面吸附 H 原子。与前面 H_2 的碰撞和吸附过程相比，通常认为这一过程对吸附速率的影响很小，可以忽略不计。根据吸附理论，若 H 原子从生长表面脱附，则需要克服吸附热 q 和吸附活化能 E_a 两者所形成的总势垒的能量，这个能量称为脱附活化能 E_d，即 $E_d = E_a + q$。

根据热力学统计理论，从热能涨落中得到的能量为 E_d 的分子的数目任何瞬时都正比于 $e^{-\frac{E_d}{kT}}$。因此，脱附速率 R_d 应正比于 $e^{-\frac{E_d}{kT}}$。除此之外，脱附速率还与表面上吸附的 H 原子数成正比。因而，H 原子的脱附速率为

$$R_d = R_{d,S} + R_{d,G} = C\nu N_s \theta_H^2 \left[(1-x)e^{-\frac{E_{d,S}}{kT}} + x e^{-\frac{E_{d,G}}{kT}} \right] \qquad (7-27)$$

式中，C 是由实验确定的一个常数；ν 为频率因子，是一个常数；N_s 是生长表面原子格点的总数，与表面晶向有关；$E_{d,S}$ 是 H 原子从 Si 原子上脱附的活化能；$E_{d,G}$ 是 H 原子从 Ge 原子上脱附的活化能；x 是生长表面 SiGe 合金中 Ge 组分占比，$1-x$ 是生长表面 SiGe 合金中 Si 组分占比。

根据动力学平衡理论，在稳定条件下，可认为 H 原子的脱附速率等于 H_2 的吸附速率，即 $R_d = R_a$。因而，联立式(7-26)和式(7-27)，可以得出 H_2 在生长表面的覆盖率 θ 的表达式为

$$\theta = \cfrac{1}{1 + \sqrt{\cfrac{C\nu N_s \left[(1-x)e^{-\frac{E_{d,S}}{kT}} + x e^{-\frac{E_{d,G}}{kT}} \right]}{R_{c,H} e^{-\frac{E_{a,H}}{kT}}}}} \qquad (7-28)$$

为了简化该表达式，令

$$D = \sqrt{\cfrac{C\nu N_s \left[(1-x)e^{-\frac{E_{d,S}}{kT}} + x e^{-\frac{E_{d,G}}{kT}} \right]}{R_{c,H} e^{-\frac{E_{a,H}}{kT}}}} \qquad (7-29)$$

则 H_2 在生长表面的未覆盖率，即空位率 $1-\theta$ 可表示为

$$1-\theta = \frac{D}{1+D} \qquad (7-30)$$

7.5.2　SiH_4 和 GeH_4 的表面碰撞率

在平衡状态下，SiH_4 和 GeH_4 与衬底表面发生碰撞，并被生长表面吸附。在单位时间内，碰撞到单位生长表面的 SiH_4 或 GeH_4 分子数，即碰撞率为

$$R_{c,MH_4} = k_M P_{MH_4} = \frac{P_{MH_4}}{(2\pi m_{MH_4} kT)^{1/2}} \qquad (7-31)$$

式中，k_M 为单位气压下的碰撞率，$k_M = (2\pi m_{MH_4} kT)^{-1/2}$；$P_{MH_4}$ 为 SiH_4 或 GeH_4 的分压强；m_{MH_4} 为每个 SiH_4 或 GeH_4 气体分子的质量；k 为玻尔兹曼常数；T 为平衡态温度。

SiH_4 或 GeH_4 成为吸附分子的净碰撞率应与其碰撞率和 H_2 在生长表面的空位率成正比，即

$$R_{ad} = (1-\theta_H)^2 \cdot R_{c,MH_4} = \frac{(1-\theta_H)^2 \cdot P_{MH_4}}{(2\pi m_{MH_4} kT)^{1/2}} \tag{7-32}$$

由于 SiH_4 或 GeH_4 是四步分解，每步分解都只脱去一个 H，吸附后都解离为两个吸附原子（MH_x 和 H 或者 M 和 H），因此，与 H_2 的吸附相同，每个吸附 SiH_4 或 GeH_4 分子将占据两个吸附空位，即吸附空位率 $1-\theta_H$ 的指数是 2。

7.5.3　SiGe 表面生长动力学模型

由于 Si 或 Ge 的生长机制是表面生长过程控制，Si 或 Ge 的生长速率应与 SiH_4 或 GeH_4 的净碰撞率 R_{ad} 和反应黏附系数 $r_M(x)$ 成正比。因而，单位表面积 Si 或 Ge 的生长速率可表示为

$$R_M(x) = r_M(x) \cdot (1-\theta_H)^2 \cdot \frac{R_{c,MH_4}}{P_M} \tag{7-33}$$

式中，P_M 为 Si 或 Ge 的体原子密度。

由于 SiGe 是合金，因此在 SiGe 材料生长过程中，Si 和 Ge 的生长可视为是相互独立和竞争的。因而，SiGe 材料的生长速率应为 Si 和 Ge 的生长速率之和，即

$$R_{SiGe} = R_{Si}(x) + R_{Ge}(x) = \frac{(1-\theta_H)^2}{1+\rho x}\left[\frac{r_{Si}(0)\cdot R_{c,SiH_4}}{P_{Si}} + \frac{r_{Ge}(0)\cdot R_{c,GeH_4}}{P_{Ge}}\right] \tag{7-34}$$

为了便于与实验值进行对比计算，这里将模型中的各气体分压换算成实际工艺中的各气体流量，即

$$P_{H_2} = P \cdot \left(\frac{Q_{H_2}}{Q_总}\right) \tag{7-35}$$

$$P_{SiH_4} = P \cdot \left(\frac{Q_{SiH_4}}{Q_总}\right) \tag{7-36}$$

$$P_{GeH_4} = P \cdot \left(\frac{Q_{GeH_4}}{Q_总}\right) \tag{7-37}$$

上述各式中，P 是总压，$Q_总$ 是总流量，Q_{H_2}、Q_{SiH_4} 和 Q_{GeH_4} 分别是 H_2、SiH_4 和 GeH_4 的流量。

将上述各式代入式(7-34)中，即可得到由工艺参数表征的硅基半导体应变材料表面生长动力学模型：

$$R_{SiGe} = \frac{\left(\frac{D}{1+D}\right)^2}{1+\rho x}\left[\frac{r_{Si}(0)\cdot\frac{P\cdot Q_{SiH_4}/Q_总}{(2\pi m_{SiH_4} kT)^{1/2}}}{P_{Si}} + \frac{r_{Ge}(0)\cdot\frac{P\cdot Q_{GeH_4}/Q_总}{(2\pi m_{GeH_4} kT)^{1/2}}}{P_{Ge}}\right] \tag{7-38}$$

因为 Si 和 Ge 的生长是相互独立和竞争的，所以 SiGe 材料中 Ge 组分占比 x 应是 Ge

的生长速率与 SiGe 的生长速率之比，即 $x = R_{Ge}/(R_{Si} + R_{Ge})$。利用式（7-32）、式（7-33）和式（7-34）可得到 Ge 组分占比 x 与流量的关系式为

$$\frac{1}{x} = 1 + J \frac{Q_{SiH_4}}{Q_{GeH_4}} \tag{7-39}$$

式中，$J = \dfrac{P_{Ge} r_{Si} k_{Si}}{P_{Si} r_{Ge} k_{Ge}} e^{-\frac{\Delta E_a}{kT}}$。

7.5.4　模型的 RPCVD 实验验证

SiGe 薄膜材料外延生长的实验设备是 AM 公司的 Centura Epi 200 mm RPCVD 外延炉，衬底采用 5 英寸 n 型 Si(100) 片，生长源分别是 SiH_4 和 GeH_4，载气是 H_2，生长压强为100 Torr，生长温度为 625℃，流量变化如表 7.2 所示。

本小节通过测量 SiGe 薄膜厚度，得到了应变 SiGe 材料的生长速率实验值；根据 7.5.3 节所建立的应变 SiGe 材料表面生长动力学模型，得到了不同 GeH_4 流量下应变 SiGe 材料的生长速率计算值，并将生长速率实验值与计算值进行了对比，结果如表 7.2 和图 7.9 所示。

表 7.2　在温度为 625℃、压强为 100 Torr 下气体流量以及 Ge 组分占比与生长速率的关系

样品	SiH_4 流量 /sccm	GeH_4 流量 /sccm	Ge 组分占比 x	生长速率实验值/(nm/min)	生长速率计算值/(nm/min)	模型误差（%）
1	110	0	0	10	9.1097	8.90
2	110	10	0.14	21	21.8884	4.23
3	110	30	0.194	41	43.5983	6.34
4	110	50	0.23	60	62.0461	3.41
5	110	70	0.254	78	75.3934	3.34
6	110	90	0.274	95	88.712	6.62
平均误差（%）				5.485		

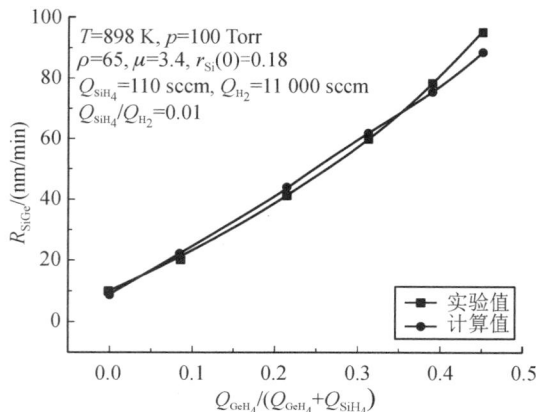

图 7.9　625℃下 R_{SiGe} 与 GeH_4 流量的关系

由表 7.2 和图 7.9 可以看出，应变 SiGe 外延薄膜材料 RPCVD 生长速率计算值与实验值吻合得很好，误差均小于 10%，平均误差仅为 5.5%。

为了研究硅基半导体应变材料 RPCVD 生长速率控制机理，这里还将所建立的表面生长动力学模型中 SiGe 材料生长速率计算值与 900℃ 下 SiGe 材料生长速率实验值进行了对比，结果如图 7.10 所示。由图 7.10 可见，计算值曲线与实验值曲线差距明显。这说明在 900℃ 的高温下，SiGe 材料的生长速率并不完全是由表面反应过程控制的。研究表明，当生长温度高于 650℃ 时，Ge 的生长速率就由低温时的表面反应控制转为气相输运控制。

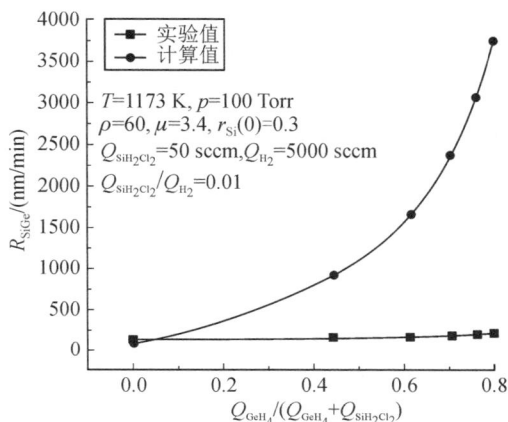

图 7.10　900℃ 下 R_{SiGe} 与 GeH$_4$ 流量的关系

本节首次建立了基于 RPCVD 工艺技术的硅基半导体应变材料表面生长动力学模型，并将生长速率计算值与实验值进行了对比，发现 625℃ 下应变 SiGe 材料的生长速率实验值与计算值吻合得相当好，平均误差仅为 5.5%，远小于 10% 的技术指标，说明该模型精度较高。此外，该模型中 SiGe 材料生长速率计算值与 900℃ 下弛豫 SiGe 材料生长速率实验值误差较大，说明高温下 RPCVD 工艺的 SiGe 薄膜生长速率并不完全是由表面反应控制的，这个结果与理论和文献研究结果相一致。

7.6　基于 Grove 理论的生长动力学模型

基于气体碰撞理论的 SiGe 表面生长动力学模型虽然与低温（625℃）下 RPCVD 生长 SiGe 的实验吻合较好，但与高温（900℃）下 RPCVD 生长 SiGe 的实验误差较大，这是因为基于气体碰撞理论的 SiGe 表面生长动力学模型的适用对象是低温下 SiGe 的 CVD 生长。而除了表面反应生长过程，SiGe 的 CVD 生长动力学还应包括反应气体的主气流输运、在边界层中的扩散等过程，特别是边界层中的扩散行为对 SiGe 的生长动力学影响很大，是精确建立 SiGe 材料 CVD 生长动力学模型的关键。

本节将详细论述 Grove 理论、SiGe 材料 CVD 生长的分立流密度机制和根据 Grove 理论建立的能准确反映 SiGe 材料 CVD 生长动力学行为的生长动力学模型以及模型参数的确定、模型的 RPCVD 实验验证。

7.6.1 Grove 理论

如图 7.11 所示，CVD 有五个主要过程：（a）反应物气体以合理的流速（形成平流层）被输运到反应室；（b）反应物气体从主气流以扩散方式通过边界层到达衬底表面；（c）反应物气体吸附在晶片的表面，成为吸附原子（分子）；（d）吸附原子（分子）在衬底表面发生化学分解反应，生成薄膜原子（分子）并沉积成薄膜；（e）化学反应的气态副产物和未反应的反应物气体脱离衬底表面，加入主气流被排出反应室。

根据 CVD 的生长理论与实验，Grove 提出了 CVD 生长速率控制理论，即 Grove 理论，该理论认为控制 CVD 薄膜生长速率的两个重要环节是反应物气体在边界层中的输运过程和反应剂在衬底表面上的化学反应过程，其模型示意图如图 7.12 所示。图中，F_1为从主气流到衬底表面的反应剂扩散流密度，F_2为反应剂在表面反应后沉积成固态薄膜的反应流密度。

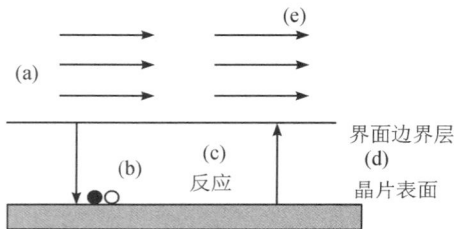

图 7.11　CVD 的五个主要过程示意图　　图 7.12　Grove 理论的模型示意图

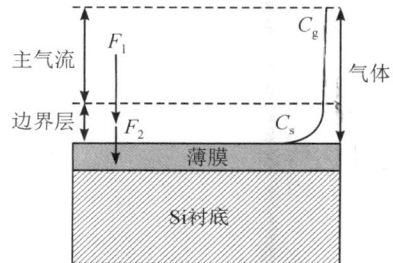

7.6.2 SiGe 材料 CVD 生长的分立流密度机制

SiGe 半导体材料具有合金属性，即 $Si_{1-x}Ge_x$ 材料中 Ge 组分占比 x 可在 $0\sim1$ 范围内任意变化。因而，在 CVD 外延生长 SiGe 薄膜材料时，可通过改变 GeH_4 流量与 SiH_4 流量的比值实现 SiGe 材料中 Ge 的不同组分变化。

研究表明，SiGe 薄膜的生长过程中 Si 和 Ge 的生长是相互独立、相互竞争的关系。因此，根据 Grove 理论，本小节提出了 SiGe 材料 CVD 生长的分立流密度机制，即气相扩散流密度 F_1 分别由提供 Si 源的 SiH_4（或 SiH_2Cl_2）气相扩散流密度 $F_{1,Si}$ 和提供 Ge 源的 GeH_4 气相扩散流密度 $F_{1,Ge}$ 表征，反应流密度 F_2 也同样分别由提供 Si 源的 SiH_4（或 SiH_2Cl_2）反应流密度 $F_{2,Si}$ 和提供 Ge 源的 GeH_4 反应流密度 $F_{2,Ge}$ 表征。也就是说，SiGe 材料 CVD 外延生长中 Si 的生长速率模型由 SiH_4（或 SiH_2Cl_2）的气相扩散流密度和表面反应流密度表征，而 Ge 的生长速率模型则由 GeH_4 的气相扩散流密度和表面反应流密度来表征。

图 7.13 是 SiGe 材料 CVD 生长的分立流密度机制示意图，其中 $F_{1,Si}$ 为 SiH_4 或 SiH_2Cl_2 从主气流到衬底表面的反应剂扩散流密度，$F_{2,Si}$ 为 SiH_4 或 $SiH_2Cl_2+GeH_4$ 在表面反应后沉积成固态薄膜的反应流密度；$F_{1,Ge}$ 为 GeH_4 从主气流到衬底表面的反应剂扩散流密度，$F_{2,Ge}$ 为 GeH_4 在表面反应后沉积成固态薄膜的反应流密度。

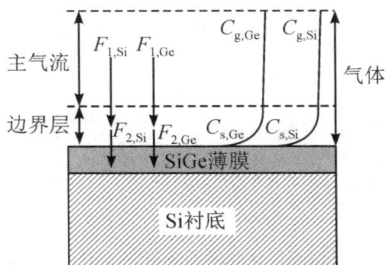

图 7.13　SiGe 材料 CVD 生长的分立流密度机制示意图

根据 Grove 理论，SiGe 材料 CVD 外延生长的气相扩散流密度与表面反应流密度的表达式如下：

$$F_{1,\text{Si}} = h_{\text{g,Si}}(C_{\text{g,Si}} - C_{\text{s,Si}}) \tag{7-40}$$

$$F_{1,\text{Ge}} = h_{\text{g,Ge}}(C_{\text{g,Ge}} - C_{\text{s,Ge}}) \tag{7-41}$$

$$F_{2,\text{Si}} = k_{\text{s,Si}} C_{\text{s,Si}} \tag{7-42}$$

$$F_{2,\text{Ge}} = k_{\text{s,Ge}} C_{\text{s,Ge}} \tag{7-43}$$

式中，$k_{\text{s,Si}}$、$k_{\text{s,Ge}}$ 分别为 SiH_4（或 SiH_2Cl_2）和 GeH_4 的表面化学反应速率常数，$h_{\text{g,Si}}$、$h_{\text{g,Ge}}$ 分别为 SiH_4（或 SiH_2Cl_2）和 GeH_4 的气相质量输运系数，$C_{\text{g,Si}}$、$C_{\text{g,Ge}}$ 分别为 SiH_4（或 SiH_2Cl_2）和 GeH_4 在主气流中的浓度，$C_{\text{s,Si}}$、$C_{\text{s,Ge}}$ 分别为 SiH_4（或 SiH_2Cl_2）和 GeH_4 在生长表面的浓度。

7.6.3　根据 Grove 理论建立的生长动力学模型

1. 扩散流密度 F_1

反应物气体通过扩散方式穿过边界层，最终到达衬底表面。设反应物气体的主气流穿过边界层扩散到衬底表面的扩散流密度为 F_1，则根据菲克第一定律，有

$$F_1 = D_{\text{g}} \frac{\text{d}C}{\text{d}x} \tag{7-44}$$

式中，D_{g} 是气态反应剂的扩散系数。假定扩散流的浓度梯度变化是线性的，则有

$$F_1 = \frac{D_{\text{g}}}{\delta(x)}(C_{\text{g}} - C_{\text{s}}) \tag{7-45}$$

式中，$\delta(x)$ 是边界层厚度，C_{g} 是气体在主气流中的浓度，C_{s} 是气体在生长表面的浓度。

假定扩散流密度 F_1 正比于 C_{g} 与 C_{s} 之差，则 F_1 也可表示为

$$F_1 = h_{\text{g}}(C_{\text{g}} - C_{\text{s}}) \tag{7-46}$$

式中，h_{g} 称为气体的气相质量输运系数。对比式（7-45）和式（7-46），可得到

$$h_{\text{g}} = \frac{D_{\text{g}}}{\delta(x)} \tag{7-47}$$

2. 反应流密度 F_2

假设在生长表面经化学反应生成的薄膜的生长速率正比于反应物在生长表面的浓度 C_{s}，则反应流密度 F_2 可表示为

$$F_2 = k_{\text{s}} C_{\text{s}} \tag{7-48}$$

式中，k_s 为表面化学反应速率常数。根据阿伦乌斯理论，k_s 的表达式为

$$k_s = k_0 \mathrm{e}^{-\frac{E_a}{kT}} \tag{7-49}$$

式中，E_a 是反应活化能，k 是玻尔兹曼常数，T 是反应温度，k_0 是 0 K 时的表面化学反应速率常数。

3. 生长速率控制机理

在稳定状态下，扩散流密度与反应流密度应当相等，即 $F_1 = F_2 = F$。由式（7-46）和式（7-48），可以得到

$$C_s = \frac{C_g}{1 + \dfrac{k_s}{h_g}} \tag{7-50}$$

由式（7-50）可以看出，薄膜的 CVD 生长过程存在两种极限：① 当 $h_g \gg k_s$ 时，C_s 趋于 C_g，即生长速率受表面化学反应速率控制；② 当 $k_s \gg h_g$ 时，C_s 趋于 0，即生长速率受气体的气相质量输运系数控制。

4. 生长速率 R

设生成一个单位体积薄膜所需的原子数为 N_0，则稳定状态下薄膜的生长速率 R 可表示为

$$R = \frac{F}{N_0} \tag{7-51}$$

将式（7-48）和式（7-50）代入式（7-51）中，可得到

$$R = \frac{k_s h_g}{k_s + h_g} \times \frac{C_g}{N_0} \tag{7-52}$$

在 RPCVD 工艺中，反应物要先被 H_2 稀释。在这种情况下，反应剂的浓度 C_g 应当定义为

$$C_g = Y C_T \tag{7-53}$$

式中，Y 是反应剂的摩尔百分比，C_T 是每立方厘米中分子的总数（包括反应物和稀释气体）。将式（7-53）代入式（7-52）中，可得到

$$R = \frac{k_s h_g}{k_s + h_g} \times \frac{C_T}{N_0} \times Y \tag{7-54}$$

由式（7-52）或式（7-54）可得出两个重要的结论：① 生长速率与 C_g 或 Y 成正比；② 在 C_g 或 Y 为常数时，生长速率将由 k_s 和 h_g 中较小者决定。因此，在薄膜生长过程中，生长速率存在以下两种极限情况：

（1）$h_g \gg k_s$ 时，C_s 趋向于 C_g，生长速率为

$$R = \frac{k_s C_T Y}{N_0} \tag{7-55}$$

这种情况下生长速率受表面化学反应速率控制，即受 k_s 控制。

（2）$h_g \ll k_s$ 时，C_s 趋向于 0，生长速率为

$$R = \frac{h_g C_T Y}{N_0} \tag{7-56}$$

这种情况下生长速率受气体的气相质量输运系数控制，即受 h_g 控制。

5. SiGe/Si 异质结材料 RPCVD 生长速率模型

根据 Grove 理论和 7.6.2 节提出的分立流密度机制，由式（7-54）可得到 SiGe 材料 CVD 生长中 Si 和 Ge 的生长速率分别为

$$R_{\mathrm{Si}} = \frac{k_{\mathrm{s,Si}} h_{\mathrm{g,Si}}}{k_{\mathrm{s,Si}} + h_{\mathrm{g,Si}}} \times \frac{C_{\mathrm{T,Si}}}{N_{0,\mathrm{Si}}} \times Y_{\mathrm{Si}} \tag{7-57}$$

$$R_{\mathrm{Ge}} = \frac{k_{\mathrm{s,Ge}} h_{\mathrm{g,Ge}}}{k_{\mathrm{s,Ge}} + h_{\mathrm{g,Ge}}} \times \frac{C_{\mathrm{T,Ge}}}{N_{0,\mathrm{Ge}}} \times Y_{\mathrm{Ge}} \tag{7-58}$$

由于 Si 和 Ge 原子的生长是独立的，因此 SiGe 薄膜的生长速率应为 Si 和 Ge 的生长速率之和，即

$$R_{\mathrm{SiGe}} = R_{\mathrm{Si}} + R_{\mathrm{Ge}} = \frac{k_{\mathrm{s,Si}} h_{\mathrm{g,Si}}}{k_{\mathrm{s,Si}} + h_{\mathrm{g,Si}}} \times \frac{C_{\mathrm{T,Si}}}{N_{0,\mathrm{Si}}} \times Y_{\mathrm{Si}} + \frac{k_{\mathrm{s,Ge}} h_{\mathrm{g,Ge}}}{k_{\mathrm{s,Ge}} + h_{\mathrm{g,Ge}}} \times \frac{C_{\mathrm{T,Ge}}}{N_{0,\mathrm{Ge}}} \times Y_{\mathrm{Ge}} \tag{7-59}$$

式中，$k_{\mathrm{s,Si}}$、$k_{\mathrm{s,Ge}}$ 分别为 Si 和 Ge 的表面化学反应速率常数；$h_{\mathrm{g,Si}}$、$h_{\mathrm{g,Ge}}$ 分别为 Si 和 Ge 的气相质量输运系数；$C_{\mathrm{T,Si}}$、$C_{\mathrm{T,Ge}}$ 分别为每立方厘米中 Si 和 Ge 分子的总数；$N_{0,\mathrm{Si}}$、$N_{0,\mathrm{Ge}}$ 分别为形成一个单位体积薄膜所需要的 Si 和 Ge 的原子数；Y_{Si}、Y_{Ge} 分别为硅源和锗源的摩尔百分比。

研究表明，由于 GeH_4 的分解温度（300℃）比 SiH_4 的分解温度（600℃）低，所以在 CVD 生长 SiGe 的过程中，当生长温度大于 650℃时，Si 的生长速率仍由表面化学反应速率控制，而 Ge 的生长速率则从由表面化学反应速率控制转化为由气体的气相质量输运系数控制。因此，当 RPCVD 生长温度小于 650℃时，Si 和 Ge 的生长速率均由表面化学反应速率控制，则 SiGe 外延材料的生长速率也应由表面化学反应速率控制，即 SiGe 材料 RPCVD 外延生长速率模型应为

$$R_{\mathrm{SiGe}} = R_{\mathrm{Si,表面}} + R_{\mathrm{Ge,表面}} = \frac{C_{\mathrm{T,Si}} k_{\mathrm{s,Si}}}{N_{0,\mathrm{Si}}} Y_{\mathrm{Si}} + \frac{C_{\mathrm{T,Ge}} k_{\mathrm{s,Ge}}}{N_{0,\mathrm{Ge}}} Y_{\mathrm{Ge}} \tag{7-60}$$

当 RPCVD 生长温度高于 650℃时，Si 的生长速率还是由表面化学反应速率控制，而 Ge 的生长速率则由气体的气相质量输运系数控制，即 SiGe 材料 RPCVD 外延生长速率模型应为

$$R_{\mathrm{SiGe}} = R_{\mathrm{Si,表面}} + R_{\mathrm{Ge,气相}} = \frac{C_{\mathrm{T,Si}} k_{\mathrm{s,Si}}}{N_{0,\mathrm{Si}}} Y_{\mathrm{Si}} + \frac{C_{\mathrm{T,Ge}} h_{\mathrm{g,Ge}}}{N_{0,\mathrm{Ge}}} Y_{\mathrm{Ge}} \tag{7-61}$$

6. 扩散系数

研究表明，扩散系数 D_g 与气体的温度 T 和总压强 p 有关，并且满足 $D_g \propto T^{3/2}/p$。因而，一般情况下可将扩散系数写成如下形式：

$$D_g = \frac{p_0}{p} \left(\frac{T}{T_0} \right)^n D_0 \tag{7-62}$$

式中，T_0 为 273 K，p_0 为一个大气压，D_0 为组分在温度 T_0、压强 p_0 下的扩散系数，由实验确定的指数 n 的值大约为 1.75。

由式（7-8）、式（7-47）和式（7-62），可得到气体的气相质量输运系数 h_g 与温度、压强、雷诺数等的关系如下：

$$h_g = \frac{D_g}{\delta} = 3 D_0 \left(\frac{p_0}{p} \right) \left(\frac{T}{T_0} \right)^n \frac{\sqrt{Re}}{2L} \tag{7-63}$$

7.6.4　模型参数的确定

1. 扩散系数 D_g 和气相质量输运系数 h_g

根据式(7-63)，确定 h_g 需要先确定 D_g 和 $\bar{\delta}$。D_g 表达式中 n 的值确定为 1.75，$\bar{\delta}$ 表达式中 L 和 Re 均根据实验设备 Centura Epi 200 mm RPCVD 系统确定。表 7.3 是 625℃ 与 100 Torr 下的扩散系数与气相质量输运系数。

表 7.3　625℃ 与 100 Torr 下的扩散系数与气相质量输运系数

压强 p/Torr	温度 T/K	基座长度 L/cm	雷诺数 Re	边界层厚度 δ/cm	扩散系数 D_g/(cm²/s)	气相质量输运系数 $h_{g,Ge}$/(cm/s)
100	898	30	1000	0.6325	87.9214	139.0159

2. 活化能 E_a 和反应速率常数 k_s

研究表明，高温(850~950℃，即 1123~1223 K)下和低温(550~650℃，即 823~923 K)下 SiH_4 和 GeH_4 的活化能不同。表 7.4 中给出了不同温度下的活化能与反应速率常数。

表 7.4　不同温度下的活化能与反应速率常数

温度 T/K	SiH_4 活化能 $E_{a,Si}$/(kJ/mol)	GeH_4 活化能 $E_{a,Ge}$/(kJ/mol)	Si 反应速率常数 $k_{s,Si}$/(cm/s)	Ge 反应速率常数 $k_{s,Ge}$/(cm/s)
898	242	225	0.0843	0.821
1173	29.1	23.1	860.6153	1592

3. 单位体积分子总数 C_T 和摩尔百分比 Y

根据理想气体状态方程 $pV = nRT$，单位体积分子总数 C_T 可表示为

$$C_T = \frac{nN_A}{V} = \frac{pN_A}{RT} \tag{7-64}$$

式中，p 是压强，V 是反应室体积，T 是反应温度，R 是气体常数，n 是摩尔数，N_A 是阿伏伽德罗常数。

根据式(7-64)，这里计算确定了不同温度下 100 Torr 反应压强所对应的单位体积分子总数 C_T，如表 7.5 所示。

表 7.5　不同温度下 100 Torr 反应压强所对应的单位体积分子总数 C_T

温度 T/℃	阿伏伽德罗常数 N_A/mol⁻¹	气体常数 R/[J/(mol·K)]	压强 p/Torr	单位体积分子总数 C_T/cm⁻³
625	6.02e23	8.314 472	100	1.0724e18
900	6.02e23	8.314 472	100	8.2095e17

反应剂摩尔百分比 Y 与流量的关系如下：

$$Y_{Si} = \frac{Q_{Si}}{Q_{总}} = \frac{Q_{Si}}{Q_{Si} + Q_{Ge} + Q_{H_2}} \tag{7-65}$$

$$Y_{Ge} = \frac{Q_{Ge}}{Q_{总}} = \frac{Q_{Ge}}{Q_{Si} + Q_{Ge} + Q_{H_2}} \tag{7-66}$$

式中，Q_{Si} 和 Q_{Ge} 分别为硅烷和锗烷的流量，$Q_{总}$ 为反应气体总流量。根据式(7-66)，这里计算得到了不同 GeH_4 流量所对应的摩尔百分比 Y，如表 7.6 所示。

表 7.6　不同 GeH_4 流量所对应的摩尔百分比 Y

样品	H_2 流量 Q_{H_2} /sccm	SiH_2Cl_2 流量 $Q_{SiH_2Cl_2}$ /sccm	GeH_4 流量 Q_{GeH_4} /sccm	GeH_4 摩尔百分比 Y_{Ge}(%)
1	5000	50	0	0.0000
2	5000	50	40	0.7859
3	5000	50	80	1.5595
4	5000	50	120	2.3211
5	5000	50	160	3.0710
6	5000	50	200	3.8095

7.6.5　模型的 RPCVD 实验验证

采用式(7-60)和式(7-61)，本小节分别计算了 625℃下应变 SiGe RPCVD 生长速率和 900℃下弛豫 SiGe RPCVD 生长速率，并与实验值进行了比较，结果分别如表 7.7 和表 7.8 所示。由表可见，低温下应变 SiGe 外延薄膜材料 RPCVD 生长速率模型和高温下弛豫 SiGe 外延薄膜材料 RPCVD 生长速率模型的平均误差分别为 7.12% 和 7.59%。

表 7.7　625℃下应变 SiGe RPCVD 生长速率计算值与实验值

样品	Q_{H_2} /sccm	Q_{SiH_4} /sccm	Q_{GeH_4} /sccm	Ge 组分占比 x(%)	生长速率 R/(nm/min) 计算值	实验值	模型误差(%)
1	11 000	110	0	0.0	10.7147	10	7.15
2	11 000	110	10	14.0	21.4525	21	2.15
3	11 000	110	30	19.4	42.8703	41	4.56
4	11 000	110	50	23.0	64.2113	60	7.02
5	11 000	110	70	25.4	85.4759	78	9.58
6	11 000	110	90	27.4	106.6646	95	12.28
模型平均误差(%)							7.12

表 7.8　900℃下弛豫 SiGe RPCVD 生长速率计算值与实验值

样品	Q_{H_2} /sccm	$Q_{SiH_2Cl_2}$ /sccm	Q_{GeH_4} /sccm	Ge 组分 占比 x	生长速率 R/(nm/min)		模型误差(%)
					计算值	实验值	
1	5000	50	0	0	139.6257	120.0	16.35
2	5000	50	40	0.084	158.8193	149.0	6.59
3	5000	50	80	0.139	177.7135	173.3	2.55
4	5000	50	120	0.192	196.3154	188.0	4.42
5	5000	50	160	0.235	214.6317	198.0	8.40
6	5000	50	200	0.276	232.6688	217.0	7.22
模型平均误差(%)							7.59

图 7.14 和图 7.15 分别是 625℃下应变 SiGe RPCVD 生长速率和 900℃下弛豫 SiGe RPCVD 生长速率与 GeH_4 流量的关系曲线。由图可以看出，应变和弛豫 SiGe 材料 RPCVD 生长速率随 GeH_4 流量的增加而增大，这与文献报道的研究结果相一致。

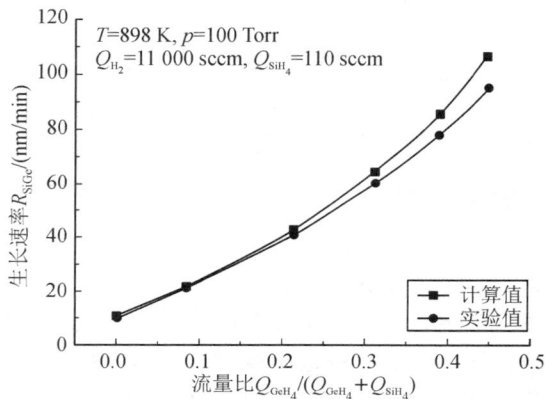

图 7.14　625℃下应变 SiGe RPCVD 生长速率与 GeH_4 流量的关系曲线

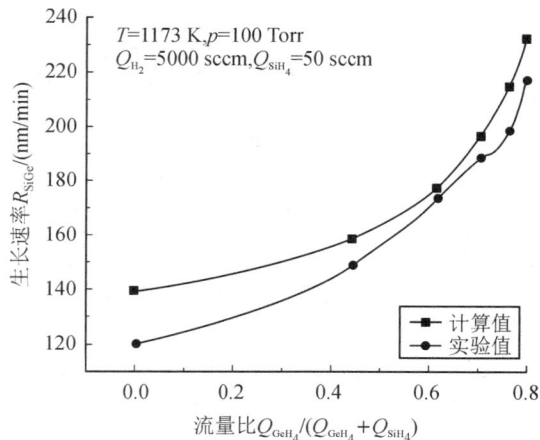

图 7.15　900℃下弛豫 SiGe RPCVD 生长速率与 GeH_4 流量的关系曲线

7.7　基于分速率机制的生长动力学优化模型

　　Si 和 Ge 半导体表面特性的研究结果表明，SiGe 材料的生长表面由 Si—Si、Si—Ge 和 Ge—Ge 等不同二聚体构成，在不同二聚体上的吸附分解活化能不一样。SiGe 材料的 CVD 生长实验研究也表明，不仅 SiGe 材料的生长速率随 GeH_4 流量比的增加而增大，而且其中 Si 的生长速率也随 GeH_4 流量比的增加而增大。

　　本节首先介绍了 SiGe 材料的合金生长特性；然后从 Si 和 Ge 半导体表面的二聚体理论出发，提出了 SiGe 材料 CVD 生长动力学的分速率机制；接着基于分速率机制，建立了 SiGe 材料 CVD 生长动力学的优化模型；最后进行了模型参数的确定和模型的 RPCVD 实验验证。

7.7.1　SiGe 材料的合金生长特性

　　SiGe 的 CVD 生长机理包括 SiH_4 和 GeH_4 气体分子的气相输运、SiH_4 和 GeH_4 在 Si 衬底表面的吸附、SiH_4 和 GeH_4 的分解、Si 原子和 Ge 原子扩散到晶格位置以及氢原子的脱附等过程，而基于 Grove 理论的生长动力学模型只考虑了气相输运过程和表面反应过程，其中表面反应过程包括了 SiH_4 和 GeH_4 气体分子的吸附和分解过程，而且 GeH_4 对反应速率的影响只通过反应剂摩尔百分比 Y 来反映，并且认为 Si 和 Ge 的沉积是完全独立的。

　　传统的 SiGe 材料 CVD 生长动力学理论认为，由于 SiGe 的合金特性，其生长速率 R_{SiGe} 可看作是其中 Si 的生长速率 R_{Si} 与 Ge 的生长速率 R_{Ge} 的简单加和。然而实际上，不仅 SiGe 材料的 CVD 生长速率随 GeH_4 流量比的增加而增大，而且其中 Si 的生长速率 R_{Si} 也随 GeH_4 流量比的增加而缓慢增大，这说明 SiGe 薄膜的 CVD 生长速率 R_{SiGe} 不是 Si 的沉积速率 R_{Si} 与 Ge 的沉积速率 R_{Ge} 的简单加和。若是简单加和，则一定温度下 Si 的生长速率 R_{Si} 应只随 SiH_4 或 SiH_2Cl_2 的流量的增加而增大，而与 GeH_4 的流量无关。SiGe RPCVD 生长速率与 GeH_4 流量的关系和不同 GeH_4 流量下 SiGe 及 Si 的 APCVD(常压化学气相沉积)生长速率温度曲线分别如图 7.16 和图 7.17 所示。

7.7.2　基于二聚体理论的分速率机制

1. 二聚体理论

　　根据 Si 和 Ge 半导体表面特性的研究结果可知，在 SiGe 合金表面，可形成四种由表面悬挂键构成的二聚体，即 Si—Si、Ge—Si、Si—Ge 和 Ge—Ge 二聚体。SiH_4、GeH_4 以及 H_2 等气体吸附在 SiGe 表面的二聚体上，可形成 Si—H、Ge—H、Si—SiH_3、Si—GeH_3 以及 Ge—GeH_3 等化学键。由于 Ge 原子取代了 Si 形成二聚体，因此氢脱附的能量降低了，这一点可从 Ge—H 键的键能弱于 Si—H 键的键能来解释。

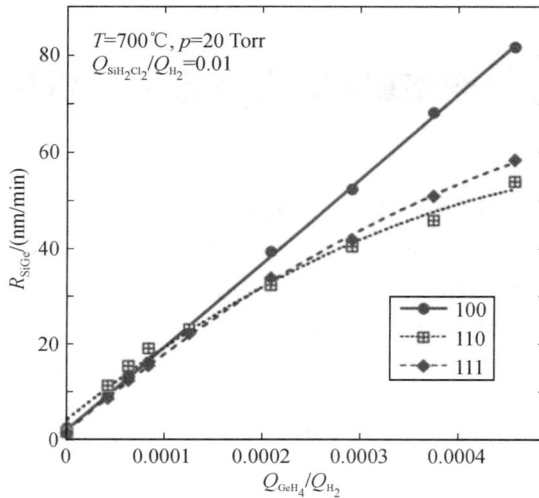

图 7.16　SiGe RPCVD 生长速率与 GeH$_4$ 流量的关系

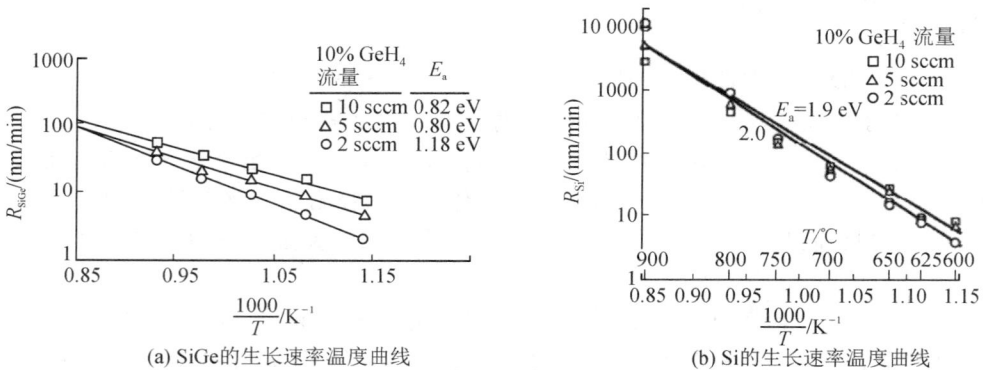

(a) SiGe的生长速率温度曲线　(b) Si的生长速率温度曲线

图 7.17　不同 GeH$_4$ 流量下 SiGe 及 Si 的 APCVD 生长速率温度曲线

　　表 7.9 给出了含 Si 和 Ge 化合物的键能，其中 Ge—H 键的键能较 Si—H 键小约 5.4 kcal/mol，因此 H 原子在 Ge 表面的脱附活化能较 Si 表面的低。另外，在 SiGe 表面的二聚体中，Si—Si 键的键能最大，Si—Ge 键次之，Ge—Ge 键最弱。因而，对同一种 Si 源（SiH$_4$ 或 SiH$_2$Cl$_2$）或 Ge 源（GeH$_4$），其在不同二聚体上的吸附活化能是不同的，相应的表面吸附活化能也就不同。如表 7.10 所示为 SiH$_4$ 和 GeH$_4$ 在 SiGe 表面二聚体上的吸附活化能。

表 7.9　含 Si 和 Ge 化合物的键能

化学键	Si—H	Ge—H	Si—Si	Ge—Ge	Si—Ge
键能/(kcal/mol)	92.5	87.1	76.6	71.7	74.2

表 7.10　SiH$_4$ 和 GeH$_4$ 在 SiGe 表面二聚体上的吸附活化能

二聚体	表面反应(X 代表 Si 或 Ge)	SiH$_4$ 吸附活化能/(kcal/mol)	GeH$_4$ 吸附活化能/(kcal/mol)
Si—Si	H—Si+Si—XH$_3$	4.3	4.7
Si—Ge	H—Si+Ge—XH$_3$	2.2	2.4

二聚体	表面反应(X 代表 Si 或 Ge)	SiH₄ 吸附活化能/(kcal/mol)	GeH₄ 吸附活化能/(kcal/mol)
Ge—Si	H—Ge+Si—XH₃	8.6	8.8
Ge—Ge	H—Ge+Ge—XH₃	6.8	6.1

实验表明，H 原子的脱附活化能虽然受到 Ge 原子的影响，但是基本上变化不大。因此，对于在 Si—Si 同质二聚体和 Si—Ge 异质二聚体上的氢脱附，当顶层原子是 Si 原子时，其脱附活化能基本相同。而当顶层原子是 Ge 原子时，对于 Ge—Ge 同质二聚体和 Ge—Si 异质二聚体的情况，脱附活化能相应地都降低将近 10 kcal/mol。如表 7.11 所示为 SiGe 合金表面氢在不同二聚体表面的脱附活化能。

表 7.11　SiGe 合金表面氢在不同二聚体表面的脱附活化能

二聚体	Si—Si	Ge—Ge	Si—Ge	Ge—Si
脱附活化能/(kcal/mol)	64.07	52.89	63.29	53.57

由于 Ge 组分占比较低(一般在 0.2 左右)，所以 Ge—Si 二聚体相对于 Si—Si 二聚体少很多，而它们的吸附活化能只相差 4.3 kcal/mol。因此，SiH₄ 在 Si—Si 二聚体和 Ge—Si 二聚体上的反应活化能可近似认为是其在 Si—Si 二聚体上的吸附(放热反应)活化能和脱附(吸热反应)活化能之差。同理，SiH₄ 在 Si—Ge 二聚体和 Ge—Ge 二聚体上的反应活化能可近似认为是其在 Si—Ge 二聚体上的吸附活化能和脱附活化能之差。

2. 分速率机制

Ge 表面较低的脱附活化能，使生长表面的 Ge 原子相当于一个表面吸附 H 原子的脱附中心，它的存在降低了 SiH₄ 的吸附活化能和氢原子的脱附活化能，增加了生长表面的空位，从而同时提高了 Ge 和 Si 的表面反应生长速率，最终提高了 SiGe 的生长速率。因此，随着 Ge 组分(即 GeH₄ 流量)的增加，$Si_{1-x}Ge_x$ 材料的 CVD 生长速率显著增加。

根据二聚体理论，由于生长表面为 SiGe 薄膜，而 SiH₄ 在 Si 原子上和 Ge 原子上的吸附活化能不一样，因此反应速率常数也不一样，所以应该分别考虑。此外，在 SiGe 材料的 CVD 生长过程中，SiGe 生长表面存在四种不同性质的二聚体，而 SiH₄ 反应气体在 Si—Si 二聚体和 Ge—Si 二聚体上的吸附活化能不同，导致 SiH₄ 在表面的分解反应活化能也不同，最终导致生长速率不同。

因此，$Si_{1-x}Ge_x$ 的 CVD 外延生长沉积速率应由三个部分组成：纯 Si 的外延生长速率、纯 Ge 的外延生长速率和由于 GeH₄ 而增加的 Si 的外延生长速率，即有

$$R_{SiGe}=R_{Si—Si}+R_{Si—Ge}+R_{Ge} \tag{7-67}$$

根据阿伦尼乌斯理论，各生长速率由各生长速率常数 k_s 决定，而 k_s 与活化能的关系为

$$k_s=k_0 e^{-\frac{E_a}{kT}} \tag{7-68}$$

因此，活化能的大小决定了生长速率常数的大小，也最终决定着生长速率的大小。

1) 活化能 $E_{Si—Si}$ 的确定

$E_{Si—Si}$ 指的是吸附在顶层为 Si 原子的 Si—Si 二聚体或 Si—Ge 二聚体上的 SiH₄ 的分解

反应活化能。在 SiH_4 吸附的同时，还将发生 H 的脱附，且 H 的脱附为吸热反应，SiH_4 的吸附为放热反应。根据 SiH_4 在 Si 和 Ge 表面的吸附与脱附机理，在顶层为 Si 原子的 Si—Si 二聚体或 Si—Ge 二聚体上的 SiH_4 的分解反应活化能 $E_{Si—Si}$ 可以认为是 H 的脱附活化能与 SiH_4 的吸附活化能之差，即

$$E_{Si—Si}=(E_{d,Si—Si}-E_{a,Si—Si})(1-x)+(E_{d,Si—Ge}-E_{a,Si—Ge})x \qquad (7-69)$$

式中，$E_{d,Si—Si}$ 和 $E_{d,Si—Ge}$ 分别是 H 在顶层为 Si 原子的 Si—Si 二聚体和 Si—Ge 二聚体上的脱附活化能；$E_{a,Si—Si}$ 和 $E_{a,Si—Ge}$ 分别是 SiH_4 在顶层为 Si 原子的 Si—Si 二聚体和 Si—Ge 二聚体上的吸附活化能；$1-x$ 和 x 分别是 Si—Si 二聚体和 Ge—Ge 二聚体占生长表面总二聚体的比例因子，其中 x 也是 SiGe 中的 Ge 组分占比。

2) 活化能 $E_{Si—Ge}$ 的确定

$E_{Si—Ge}$ 指的是吸附在顶层为 Ge 原子的 Ge—Ge 二聚体或 Ge—Si 二聚体上的 SiH_4 的分解反应活化能。同样，根据 SiH_4 在 Si 和 Ge 表面的吸附与脱附机理，在顶层为 Ge 原子的 Ge—Ge 二聚体或 Ge—Si 二聚体上的 SiH_4 的分解反应活化能 $E_{Si—Ge}$ 可以认为是 H 的脱附活化能与 SiH_4 的吸附活化能之差，即

$$E_{Si—Ge}=(E_{d,Ge—Si}-E_{a,Ge—Si})(1-x)+(E_{d,Ge—Ge}-E_{a,Ge—Ge})x \qquad (7-70)$$

式中，$E_{d,Ge—Si}$ 和 $E_{d,Ge—Ge}$ 分别为 H 在 Ge—Si 二聚体和 Ge—Ge 二聚体上的脱附活化能；$E_{a,Ge—Si}$ 和 $E_{a,Ge—Ge}$ 分别为 SiH_4 在 Ge—Si 二聚体和 Ge—Ge 二聚体上的吸附活化能；$1-x$ 和 x 分别为 Ge—Si 二聚体和 Ge—Ge 二聚体占生长表面总二聚体的比例因子，其中 x 也为 SiGe 中的 Ge 组分占比。

3) 活化能 $E_{Ge—Ge}$ 的确定

$E_{Ge—Ge}$ 指的是 GeH_4 的分解反应活化能。与 SiH_4 的分解反应活化能相似，$E_{Ge—Ge}$ 可由式 (7-71) 确定：

$$E_{Ge—Ge}=(E_{d,Ge—Ge}-E_{a,Ge—Ge})x \cdot x+[(E_{d,Ge—Si}-E_{a,Ge—Si})+$$
$$(E_{d,Si—Ge}-E_{a,Si—Ge})](1-x)x+(E_{d,Si—Si}-E_{a,Si—Si}) \cdot (1-x)(1-x) \qquad (7-71)$$

式中，E_d 和 E_a 分别为 H 和 GeH_4 在不同二聚体上的脱附活化能与吸附活化能，Ge 组分占比 x 也表示各二聚体所占的比例因子。

7.7.3 基于分速率机制的生长动力学模型

根据 7.7.2 节提出的分速率机制，结合式 (7-48)，得到 $Si_{1-x}Ge_x$ 材料 CVD 外延生长前驱体的表面反应分立流密度分别为

$$F_{2,Si}=k_{s,Si—Si}C_{s,Si—Si}+k_{s,Si—Ge}C_{s,Si—Ge} \qquad (7-72)$$

$$F_{2,Ge}=k_{s,Ge}C_{s,Ge} \qquad (7-73)$$

式中，$k_{s,Si—Si}$ 和 $k_{s,Si—Ge}$ 分别为 SiH_4（或 SiH_2Cl_2）在 Si 原子和 Ge 原子表面的反应速率常数，$k_{s,Ge}$ 为 GeH_4 的表面反应速率常数，$C_{s,Si—Si}$ 和 $C_{s,Si—Ge}$ 分别为吸附在 Si 原子和 Ge 原子上的 SiH_4（或 SiH_2Cl_2）的浓度，$C_{s,Ge}$ 为生长表面吸附的 GeH_4 的浓度。其中，$C_{s,Si—Si}$ 和 $C_{s,Si—Ge}$ 与生长表面吸附的 SiH_4（或 SiH_2Cl_2）的总浓度 $C_{s,Si}$ 的关系分别为

$$C_{s,Si—Si}=C_{s,Si}\times(1-x) \qquad (7-74)$$

$$C_{\text{s, Si—Ge}} = C_{\text{s, Si}} \times x \tag{7-75}$$

式中，x 为 $\text{Si}_{1-x}\text{Ge}_x$ 中的 Ge 组分占比，$1-x$ 为 $\text{Si}_{1-x}\text{Ge}_x$ 中的 Si 组分占比。平衡时，$F_1 = F_2$，则由式（7-40）和式（7-72）可得到

$$k_{\text{s, Si—Si}} C_{\text{s, Si—Si}} + k_{\text{s, Si—Ge}} C_{\text{s, Si—Ge}} = h_{\text{g, Si}} (C_{\text{g, Si}} - C_{\text{s, Si}}) \tag{7-76}$$

由式（7-74）、式（7-75）、式（7-76），可推导出

$$C_{\text{s, Si}} = \frac{h_{\text{g, Si}} C_{\text{g, Si}}}{k_{\text{s, Si—Si}}(1-x) + k_{\text{s, Si—Ge}} x + h_{\text{g, Si}}} \tag{7-77}$$

根据 Grove 理论，由式（7-74）、式（7-75）和式（7-77），可推导出各速率模型，即有

$$
\begin{aligned}
R_{\text{Si—Si}} &= \frac{k_{\text{s, Si—Si}} C_{\text{s, Si—Si}}}{N_0} = \frac{k_{\text{s, Si—Si}} \times C_{\text{s, Si}} \times (1-x)}{N_0} \\
&= \frac{k_{\text{s, Si—Si}} \times (1-x)}{N_0} \times \frac{h_{\text{g, Si}} C_{\text{g, Si}}}{k_{\text{s, Si—Si}}(1-x) + k_{\text{s, Si—Ge}} x + h_{\text{g, Si}}}
\end{aligned} \tag{7-78}
$$

$$R_{\text{Si—Ge}} = \frac{k_{\text{s, Si—Ge}} C_{\text{s, Si—Ge}}}{N_0} = \frac{k_{\text{s, Si—Ge}} \times C_{\text{s, Si}} \times x}{N_0} = \frac{k_{\text{s, Si—Ge}} \times x}{N_0} \times \frac{h_{\text{g, Si}} C_{\text{g, Si}}}{k_{\text{s, Si—Si}}(1-x) + k_{\text{s, Si—Ge}} x + h_{\text{g, Si}}} \tag{7-79}$$

$$R_{\text{Ge}} = k_{\text{s, Ge}} \times \frac{h_{\text{g, Ge}} C_{\text{g, Ge}}}{h_{\text{g, Ge}} + C_{\text{g, Ge}}} \tag{7-80}$$

根据分速率机制，由式（7-78）、式（7-79）和式（7-80），可得到 $\text{Si}_{1-x}\text{Ge}_x$ 材料 CVD 外延生长速率模型为

$$R_{\text{SiGe}} = \frac{h_{\text{g, Si}} [k_{\text{s, Si—Si}}(1-x) + k_{\text{s, Si—Ge}} x]}{k_{\text{s, Si—Si}}(1-x) + k_{\text{s, Si—Ge}} x + h_{\text{g, Si}}} \times \frac{C_{\text{T, Si}}}{N_{0, \text{Si}}} \times Y_{\text{Si}} + \frac{k_{\text{s, Ge}} h_{\text{g, Ge}}}{k_{\text{s, Ge}} + h_{\text{g, Ge}}} \times \frac{C_{\text{T, Ge}}}{N_{0, \text{Ge}}} \times Y_{\text{Ge}} \tag{7-81}$$

式中，$k_{\text{s, Si—Si}}$ 和 $k_{\text{s, Si—Ge}}$ 分别为 Si 源在 Si 表面和 Ge 表面上的反应速率常数；$k_{\text{s, Ge}}$ 是 Ge 源的表面反应速率常数；$h_{\text{g, Si}}$ 和 $h_{\text{g, Ge}}$ 分别为 Si 和 Ge 的气相质量输运系数；$C_{\text{T, Si}}$ 和 $C_{\text{T, Ge}}$ 分别为每立方厘米中 Si 和 Ge 分子的总数；$N_{0, \text{Si}}$ 和 $N_{0, \text{Ge}}$ 分别为形成一个单位体积薄膜所需要的 Si 和 Ge 的原子数；Y_{Si} 和 Y_{Ge} 分别为 Si 源和 Ge 源的摩尔百分比。

由于 GeH_4 的分解温度（300℃）比 SiH_4 的分解温度（600℃）低，所以根据 Grove 理论，当 CVD 生长温度小于 650℃时，Si 和 Ge 的生长均由表面反应速率控制，则 $\text{Si}_{1-x}\text{Ge}_x$ 外延材料的生长也应由表面反应速率控制，此时 $\text{Si}_{1-x}\text{Ge}_x$ 材料 CVD 外延生长速率模型如式（7-81）所示。当 CVD 生长温度大于 650℃时，Si 的生长仍由表面反应速率控制，而 Ge 的生长则从由表面反应速率控制转化为由气相质量输运系数控制。因此，根据式（7-81），高温（温度大于 650℃）下 $\text{Si}_{1-x}\text{Ge}_x$ 材料 CVD 外延生长速率模型应为

$$R_{\text{SiGe}} = [k_{\text{s, Si—Si}}(1-x) + k_{\text{s, Si—Ge}} x] \times \frac{C_{\text{T, Si}}}{N_{0, \text{Si}}} \times Y_{\text{Si}} + k_{\text{s, Ge}} \times \frac{C_{\text{T, Ge}}}{N_{0, \text{Ge}}} \times Y_{\text{Ge}} \tag{7-82}$$

7.7.4　模型参数的确定

1. 活化能 E_{a} 与反应速率常数 k_{s}

研究表明，如果脱附的温度上升 90 K，则活化能大约下降 6 kcal/mol。因此，不同温度

下的活化能可由式(7-83)计算得到：

$$E_{T_2} = E_{T_1} - (T_2 - T_1) \div 90 \times 6 \tag{7-83}$$

式中，E_{T_2} 和 E_{T_1} 分别表示温度为 T_2 和 T_1 时的活化能。

根据分速率机制和式(7-69)、式(7-70)、式(7-71)、式(7-83)，这里计算得到了不同温度下 SiH_4 和 GeH_4 的分解反应活化能及相应的反应速率常数，如表 7.12 所示。

表 7.12   不同温度下 SiH_4 和 GeH_4 的分解反应活化能及相应的反应速率常数

温度 T /K	活化能 $E_{a,\,Si-Si}$ /(kJ/mol)	活化能 $E_{a,\,Si-Ge}$ /(kJ/mol)	活化能 $E_{a,\,Ge-Ge}$ /(kJ/mol)	反应速率常数 $k_{s,\,Si-Si}$ /(cm/s)	反应速率常数 $k_{s,\,Si-Ge}$ /(cm/s)	反应速率常数 $k_{s,\,Ge}$ /(cm/s)
823	253.8	188.874	222.411	2.3516e9	4.1344e9	3.4622e10
873	239.8	174.874	208.411	4.5104e9	6.9084e9	4.7661e10
923	225.8	160.874	194.411	8.3653e9	1.8153e10	4.7956e10

2. 单位体积分子总数 C_T

根据理想气体状态方程 $pV = nRT$，单位体积分子总数 C_T 可表示为

$$C_T = \frac{nN_A}{V} = \frac{pN_A}{RT} \tag{7-84}$$

式中，p 是压强，V 是反应室体积，T 是反应温度，R 是气体常数，n 是摩尔数，N_A 是阿伏伽德罗常数。根据式(7-84)，这里计算确定了不同温度下 40 Torr 反应压强所对应的单位体积分子总数 C_T，如表 7.13 所示。

表 7.13   不同温度下 40 Torr 反应压强所对应的单位体积分子总数 C_T

温度 T /K	阿伏伽德罗常数 N_A/mol^{-1}	气体常数 R /[J/(mol·K)]	压强 p/Torr	单位体积分子总数 C_T/cm^{-3}
823	6.02e23	8.314 472	40	4.6803e17
873	6.02e23	8.314 472	40	4.4122e17
923	6.02e23	8.314 472	40	4.1732e17

7.7.5 模型的 RPCVD 实验验证

本小节采用 ASM 公司的 Epsilon E2000 RPCVD 系统，进行了硅基半导体应变与弛豫材料的生长实验研究。实验中衬底采用 6 英寸单面抛光 p 型 Si(100) 片，应变 $Si_{1-x}Ge_x$ 生长源是 SiH_4-GeH_4-H_2 气源体系，弛豫 $Si_{1-x}Ge_x$ 生长源是 SiH_2Cl_2-GeH_4-H_2 气源体系，具体工艺参数见表 7.14、表 7.15 和表 7.16。

表 7.14　**550℃下不同 GeH$_4$/SiH$_4$ 流量比时应变 Si$_{1-x}$Ge$_x$ 的 RPCVD 生长速率**

样品	Q_{H_2} /sccm	Q_{SiH_4} /sccm	Q_{GeH_4} /sccm	Ge 组分 占比 x	生长速率 R/(nm/min)		模型误差 (%)
					计算值	实验值	
1	20 000	20	0.8	0.26	40.9203	40	2.30
2	20 000	20	1.4	0.34	53.2364	50	6.40
3	20 000	20	6.0	0.56	141.0932	148	5.34
4	20 000	20	13.0	0.64	270.4746	270	0.17
平均误差 (%)	3.55						

表 7.15　**600℃下不同 GeH$_4$/SiH$_4$ 流量比时应变 Si$_{1-x}$Ge$_x$ 的 RPCVD 生长速率**

样品	Q_{H_2} /sccm	Q_{SiH_4} /sccm	Q_{GeH_4} /sccm	Ge 组分 占比 x	生长速率 R/(nm/min)		模型误差 (%)
					计算值	实验值	
1	20 000	20	0.8	0.20	62.9117	65	3.21
2	20 000	20	1.4	0.30	79.2770	80	0.78
3	20 000	20	6.0	0.46	191.9183	200	0.40
4	20 000	20	13.0	0.52	359.3609	360	0.18
平均误差 (%)	1.14						

表 7.16　**650℃下不同 GeH$_4$/SiH$_4$ 流量比时应变 Si$_{1-x}$Ge$_x$ 的 RPCVD 生长速率**

样品	Q_{H_2} /sccm	Q_{SiH_4} /sccm	Q_{GeH_4} /sccm	Ge 组分 占比 x	生长速率 R/(nm/min)		模型误差 (%)
					计算值	实验值	
1	20 000	20	1.4	0.2	117.5567	120	2.00
2	20 000	20	6	0.26	226.4205	230	1.55
3	20 000	20	13	0.34	391.0667	390	0.27
平均误差 (%)	1.27						

采用式(7-81)，这里分别计算了不同温度(550℃、600℃和650℃)下不同 GeH$_4$/SiH$_4$ 流量比时应变 Si$_{1-x}$Ge$_x$ 的 RPCVD 生长速率，并与实验值进行了比较，结果如表 7.14、表 7.15、表 7.16 和图 7.18、图 7.19、图 7.20 所示。由表和图可见，550℃、600℃和650℃下应变 Si$_{1-x}$Ge$_x$ 外延薄膜材料 RPCVD 生长速率模型与实验非常吻合，平均误差分别为 3.55%、1.14%和 1.27%。

图 7.21 是同一流量下应变 Si$_{1-x}$Ge$_x$ 外延薄膜材料 RPCVD 生长速率与温度的关系曲线。由图可以看出，应变 Si$_{1-x}$Ge$_x$ 材料 RPCVD 生长速率不仅随 GeH$_4$ 流量的增加而增大，也随温度的增加而增大，这与文献报道的研究结果相一致。

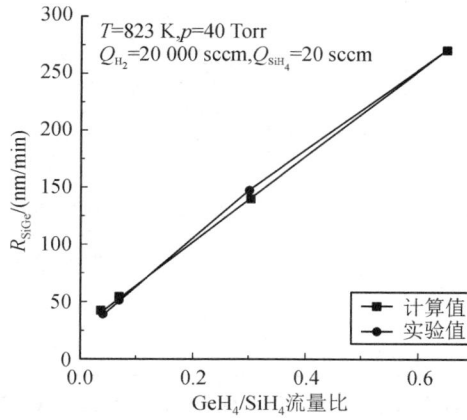

图 7.18　550℃下应变 $Si_{1-x}Ge_x$ 生长速率与 GeH_4/SiH_4 流量比的关系

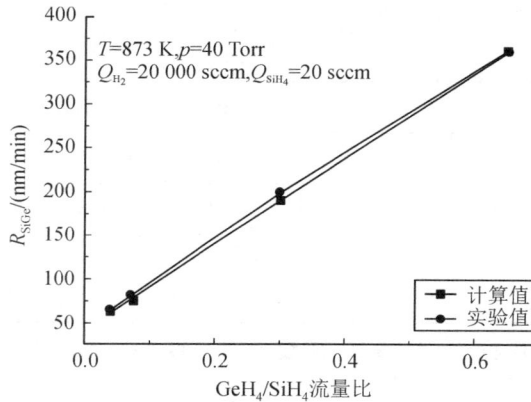

图 7.19　600℃下应变 $Si_{1-x}Ge_x$ 生长速率与 GeH_4/SiH_4 流量比的关系

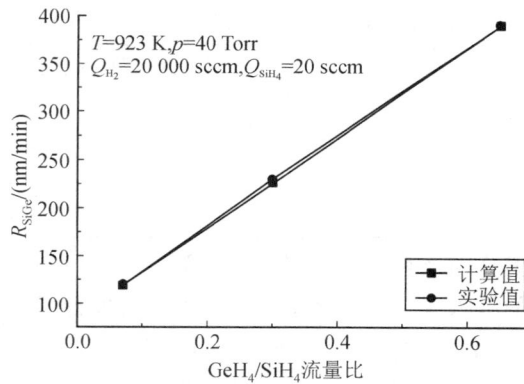

图 7.20　650℃下应变 $Si_{1-x}Ge_x$ 生长速率与 GeH_4/SiH_4 流量比的关系

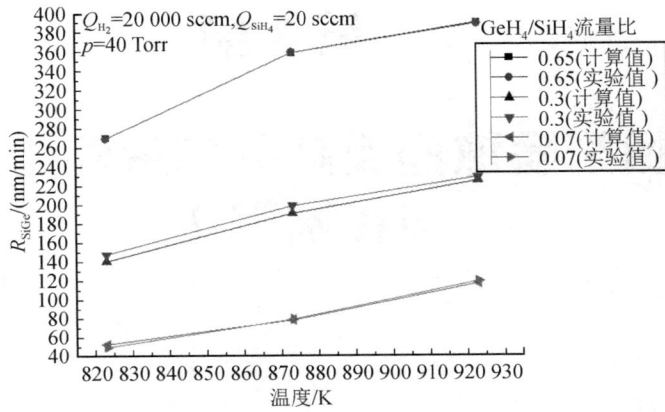

图 7.21　同一流量下应变 $Si_{1-x}Ge_x$ 生长速率与温度的关系曲线

第8章

硅基半导体应变材料的缺陷形成机理与控制方法

SiGe/Si 或 Si/SiGe 异质结的晶格常数差随 SiGe 中 Ge 组分的增加而增大，最大晶格常数差为 4.2%。因而，在 Si 衬底上直接生长 Ge，会在材料中引入较大的位错密度，高达 $10^{10} \sim 10^{12} \, \text{cm}^{-2}$。

SiGe/Si 或 Si/SiGe 异质结材料的位错对 SiGe 和应变 Si 器件的性能影响明显，例如金属杂质极容易在位错上沉淀，破坏 PN 结的反响特性；位错会引起噪声增加等。

研究位错等缺陷的机理与行为，有效降低缺陷数量，特别是降低表面应变层的穿透位错密度，制备出高质量的应变或弛豫外延材料，是应变 SiGe/Si 或 Si/SiGe 异质结材料应用的关键。

本章首先系统地研究硅基半导体应变材料的缺陷机理，重点对失配位错与穿透位错的产生及增殖机制进行研究；然后根据硅基半导体应变材料的生长特性，采用 RPCVD 生长工艺，进行硅基半导体应变材料的缺陷控制实验研究，实验样品编号为 1～9 号。

8.1 硅基半导体应变材料的缺陷机理

晶体理论认为，即使在绝对零度，实际晶体中也不是所有原子都严格地按周期性规律排列，而原子周期性排列受到破坏的区域就称为晶体缺陷。

8.1.1 硅基半导体应变材料的缺陷类型

与体材料相同，硅基半导体应变材料的缺陷也分为以下四类：点缺陷、线缺陷（位错）、面缺陷、体缺陷。这里重点介绍点缺陷、线缺陷和面缺陷。

1. 点缺陷

晶体中的点缺陷包括空位、间隙原子和置换原子。由于原子必须具有较大的能量才能挤入间隙位置，且迁移时激活能较小，所以空位比间隙原子多得多，因而空位是常见的点缺陷。

Si 和 Ge 等具有金刚石结构的半导体晶体中的空位最邻近有四个原子,每个原子各有一个不成对的电子,成为不饱和共价键。这些不饱和共价键倾向于接受电子,因此空位表现出受主作用。而每个间隙原子则有四个可以失去的未形成共价键的电子,因而表现出施主作用。

2. 线缺陷

线缺陷又称为位错,会对半导体材料的特性与器件的性能产生重大影响。位错与晶体中其他缺陷间的关系密切,常常是其他缺陷的核心,并可用来解释其他缺陷的生成。

位错的一般特性有:① 位错虽被视为线缺陷,但它并非几何学意义上的线,而是有一定宽度的管道;② 位错管道内及其附近形成一个应力场,位错管道内原子的平均能量比其他区域大得多;③ 位错在晶体中可形成一封闭环形,或终止于晶体表面,或终止于晶界上,但不能终止于晶体内部。

位错的类型有三种,分别为刃位错、螺位错和混合位错,其示意图如图 8.1 所示。

图 8.1(a)是刃位错示意图,在切应力 τ 的作用下晶体局部发生滑移后出现了一个多余的半原子面 $EFGH$,该半原子面好像一把刀刃插入晶体中,故称这种位错为刃位错。

图 8.1(b)是螺位错示意图,是晶体受到与滑移面平行的切应力 τ 的作用而产生的位错。原子面沿位错线 EF 呈螺旋形,每绕轴一周,原子面上升一个原子间距,故称这种位错为螺位错。

图 8.1(c)是混合位错示意图,其位错线与伯格斯矢量 b 相交成任意角度,形成一条曲线。在 A 处,位错线与 b 平行,因此是螺位错;在 C 处,位错线与 b 垂直,因此是刃位错;在 A 与 C 之间,位错线与 b 既不垂直也不平行,位错线上任意一点经矢量分解后可得到刃位错和螺位错分量。

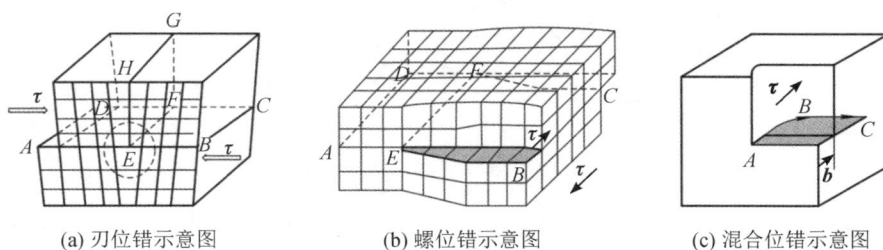

(a) 刃位错示意图　　　　(b) 螺位错示意图　　　　(c) 混合位错示意图

图 8.1　三种位错类型示意图

3. 面缺陷

在实际的外延生长过程中,一些微痕、微粒、氧化物或者清洗时留下的污点,都会使晶体原子的正常排列遭到破坏,形成错排。在外延过程中,这种错排逐渐传播,直到晶体表面,成为区域性缺陷,也就是面缺陷。

图 8.2 是 2 号样品经过腐蚀后其弛豫 SiGe 层表面的微分干涉相衬(DIC)显微镜照片,其中右侧凸起部分就是由 Si 衬底在清洗过程中留下的污点所造成的面缺陷。

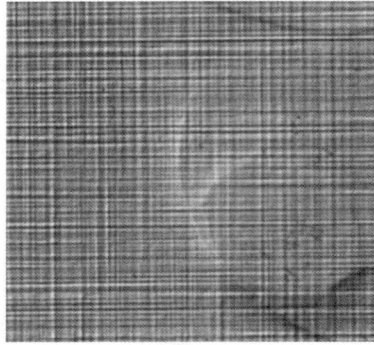

图 8.2　2 号样品弛豫 SiGe 层表面的 DIC 显微镜照片

8.1.2　失配位错与穿透位错的产生

当 SiGe 外延层中失配应力足够大时，就会在倾斜的 {111} 面上形成位错环。位错环在 {111} 面上沿着 ⟨110⟩ 方向不断扩展，一边在界面处固定形成失配位错，如图 8.3 中的 BF 段；另一边向外延层表面扩展，到达表面以后断开，形成穿透位错，如图 8.3 中的 AB 段；穿透位错继续在失配应力的作用下扩展，从 AB 位置运动到 CD 位置，使界面处的失配位错长度不断增加，增加的失配位错段如图 8.3 中的 BD 段。显而易见，失配应力的释放（弛豫）是通过增加的失配位错段来实现的。外延生长的过程中会形成很多这样的位错环，释放失配应力的同时也留下了大量的穿透位错。

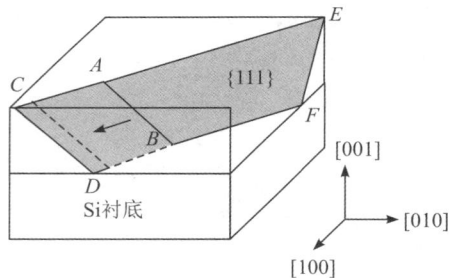

图 8.3　失配位错与穿透位错的产生示意图

图 8.4 是 2 号样品 SiGe/Si 异质结中失配位错的 TEM 图像，样品的材料结构是：6 英寸 Si 衬底/2.5 μm 渐变 $Si_{1-x}Ge_x$（x 的取值范围为 0～0.2）/0.2 μm 弛豫 $Si_{0.8}Ge_{0.2}$/10 nm 应变 Si。从图中可以清楚地看到，失配位错段"3"被固定在界面处，"1"和"2"是此失配位错

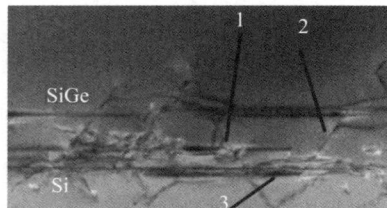

图 8.4　2 号样品 SiGe/Si 异质结中失配位错的 TEM 图像

的两个穿透段，与渐变层中其他位错交互作用，停留在渐变层中形成位错网络。

图 8.5 是 2、3、9 号样品弛豫 SiGe 层表面的 DIC 显微镜照片，从图中可以清楚地看到，穿透位错在弛豫 SiGe 层表面留下了大量的腐蚀坑。

|2号样品|3号样品|9号样品|

图 8.5　2、3、9 号样品弛豫 SiGe 层表面的 DIC 显微镜照片

8.1.3　硅基半导体应变材料中的位错环

实际晶体中的位错线不能一段段孤立地存在，也不能终止在晶体内部，而只能终止在晶体自由表面或晶界这种内表面上。此外，形成直线位错所需能量较高，晶体中的位错多为位错环。因此，在晶体内部，位错线一定是封闭的，从而形成一个由位错环构成的三维位错网络。

图 8.6 是晶体中的位错环示意图，除了 A、B、C、D 四点处，其余位置均为混合位错。根据伯格斯矢量与位错线的关系，可判定 A、C 点处为螺位错，B、D 点处为刃位错。

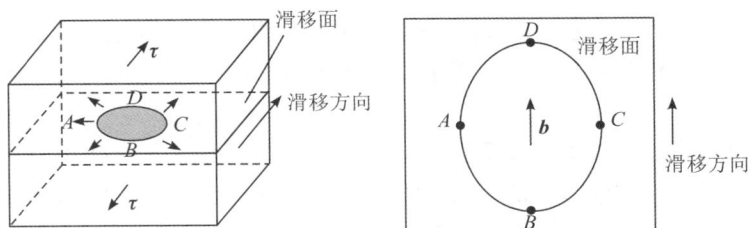

图 8.6　位错环示意图

图 8.7 是 3 号样品 SiGe/Si 异质结中位错环的 TEM 图像，图中下方颜色较浅的区域是 Si 衬底，颜色较深的区域是 Ge 组分渐变的 SiGe 外延层，"1"是典型的位错环。3 号样品的材料结构是：6 英寸 Si 衬底/2.5 μm 渐变 Si$_{1-x}$Ge$_x$（x 的取值范围为 $0\sim0.2$）/0.2 μm 弛豫

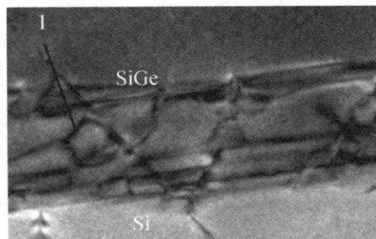

图 8.7　3 号样品 SiGe/Si 异质结中位错环的 TEM 图像

$Si_{0.8}Ge_{0.2}$/6 nm 应变 Si，这些材料均采用 RPCVD 工艺制备。

8.2　硅基半导体应变材料的位错行为

　　硅基半导体应变材料的位错行为有位错的滑移、位错的攀移、位错的交互作用和位错的增殖等，这些位错行为将影响表面的 TDD(穿透位错密度)。

8.2.1　位错的滑移

　　滑移是位错在切应力作用下，在平行于由伯格斯矢量和位错线决定的平面内的移动。螺位错的伯格斯矢量平行于位错线，因此它可以在位错线所在的任何平面内滑移。刃位错的伯格斯矢量垂直于位错线，所以它只有一个滑移面。

　　刃位错的滑移特点是：① 滑移方向垂直于位错线；② 滑移过程中晶体的两部分会发生伯格斯矢量大小的相对运动；③ 刃位错移出晶体后会在晶体的表面产生伯格斯矢量大小的台阶。

　　与刃位错不同，螺位错的滑移方向与伯格斯矢量、切应力及晶体的滑移方向相垂直。由于伯格斯矢量与位错线平行，所以螺位错不具有确定的滑移面，可以在通过位错线的任何密排面上滑移。因此，当螺位错的滑移在某一滑移面上受阻时，螺位错可离开此滑移面并在与其相交的其他滑移面上继续滑移。

　　螺位错的滑移特点是：① 滑移方向总和位错线垂直；② 滑移过程中晶体的两部分会发生伯格斯矢量大小的相对运动；③ 螺位错全部移出晶体后会在晶体的表面产生伯格斯矢量大小的完整台阶。

　　混合位错的滑移方向与位错线垂直，与伯格斯矢量、切应力及晶体的滑移方向成一定角度(沿位错线法线方向滑移)。如图 8.8 所示为位错环的滑移，可以用来说明混合位错的滑移。位错环上除了最前面、最后面、最左面和最右面的四点处，其他各点处均为混合位错。当沿伯格斯矢量 b 的方向施加切应力时，位错环上的各点沿各自的法线方向在滑移面上向外扩展。当位错环滑过整个滑移面并移出晶体时，晶体表面沿切应力方向会形成一个宽度为 b 的台阶。如果外加切应力方向相反，则位错环将逐渐缩小，甚至消失。

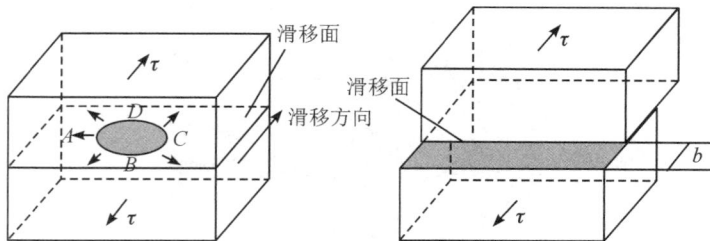

图 8.8　位错环的滑移

混合位错的滑移特点是：① 滑移方向和位错线垂直；② 滑移过程中晶体的两部分会发

生伯格斯矢量大小的相对运动；③ 混合位错全部移出晶体后会在晶体表面产生伯格斯矢量大小的完整台阶。

实际上，位错最容易沿晶体中原子排列最密的晶面和晶向滑移。对于 Si、Ge、SiGe 等半导体，{111}面原子排列最密，原子间距最小，原子间的结合力最强，但面与面间的距离最大，因而结合力也最弱，故{111}面最易成为滑移面。同理，〈110〉晶向原子线密度最大，滑移阻力最小，最易成为滑移方向。

8.2.2　位错的攀移

位错的攀移指在缺陷或外力作用下，位错线在垂直于其滑移面方向上的运动，它将导致晶体中空位或间隙原子的增殖或减少。位错攀移的实质是多余半原子面的伸长或缩短，因此刃位错有攀移运动，而没有多余半原子面的螺位错则无攀移运动。

晶体中空位浓度、外加应力以及温度等因素对位错的攀移都有影响，位错攀移的驱动力来自晶体中空位的运动。

位错攀移在低温下是难以进行的，只有在高温下才可能发生。空位的迁移速度随温度升高而加快，所以温度的升高能大大增加位错攀移的概率。在许多高温过程中，如蠕变、单晶拉制等，位错攀移起着重要作用。相对而言，不涉及单个原子或空位迁移的滑移受温度的影响则要小得多。

混合位错的攀移是位错线脱离滑移面的运动，不是纯粹的攀移，而是由刃位错的攀移和螺位错的滑移合成的运动。

8.2.3　位错的交互作用

晶体若同时含有位错和点缺陷(特别是溶入的异质原子)，则会发生位错的交互作用。

空位对螺位错运动的影响很大，有空位存在的螺位错的运动速度大于没有空位存在的情况。在位错滑移面上的空位聚集体可加速螺位错的运动，并且螺位错能通过交滑移跨越该空位缺陷，避免产生钉扎现象。例如，低温缓冲层技术就是通过一层相对低温生长的 Si 薄膜中存在的大量空位缺陷来干预该层上继续生长的 SiGe 薄膜中位错的运动，从而降低最终 SiGe 层内的位错密度。

每条位错线周围都存在应力场，会对其附近位错产生作用和影响。位错间的相互作用力使得位错之间有可能发生相互转化或相互作用，即发生反应。位错间能否发生反应，取决于两个条件：① 几何条件，即按照伯格斯矢量守恒的要求，反应后所有位错的伯格斯矢量之和应等于反应前所有位错的伯格斯矢量之和；② 能量条件，即位错间的反应必须是一个能量降低的过程，反应后各位错的总能量应小于反应前各位错的总能量。一般认为穿透位错密度降低主要依靠两个伯格斯矢量相反的位错的相互湮灭。

8.2.4　位错的增殖

位错能在晶体生长过程中产生，同样也能在塑性变形过程中产生。位错线沿滑移面移动到晶体表面时,会在晶体表面留下滑移台阶,大量的滑移台阶积累成滑移带。如此说,晶体的位错似乎愈来愈少了。但实际并非如此,经过塑性变形,位错会大量增加,可见位错肯定是以某种方式不断增殖的。

关于位错的增殖有许多理论,如弗兰克-里德(Frank-Read)源增殖理论、双交滑移增殖理论、攀移增殖理论等,其中最有说服力的是 Frank-Read 源增殖理论。

Frank-Read 源增殖理论认为,位错线在晶体内部以位错环或三维网络形式存在。位错网络中的位错线不会都在同一个滑移面上,故不能一致运动,网络中的节点可能成为固定点。

Frank-Read 源增殖理论设想在晶体的滑移面上有一位错线段 AB,A 和 B 是其两端节点,该位错线段被其他不在此滑移面内的位错牵制而不能运动,如图 8.9(a)所示。当外加切应力满足必要条件时,位错线段 AB 将受到滑移力的作用而发生滑移运动。在应力场均匀的情况下,沿位错线各处的滑移力大小相等,如图 8.9(b)所示;而本应平行向前滑移的位错线由于两端被固定,在运动时发生弯曲,使位错变成曲线形状,如图 8.9(c)所示。位错线段 AB 由于滑移而弯曲,并且不断地沿曲线的法向向外扩张,如图 8.9(d)、(e)所示。这是因为位错所受的力总是处处与位错本身垂直,即使位错弯曲之后也是这样,所以在力的继续作用下,位错的每一微元线段都要沿它的法线方向向外运动。之后,因为伯格斯矢量相反,两个弧位错线相遇后湮灭,原来的一条位错线被分成两部分,如图 8.9(f)所示。外面的位错环在滑移力的作用下不断扩大,直至晶体表面形成滑移台阶,如图 8.9(g)所示;内部的另一段位错将在线张力和滑移力的共同作用下回到图 8.9(a)的原始状态。

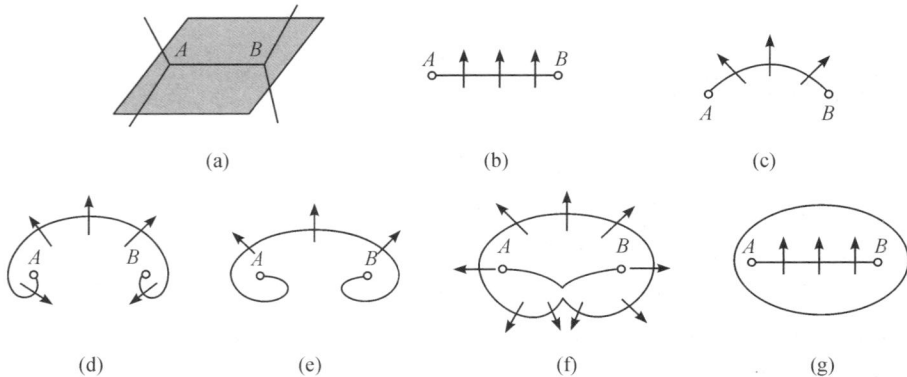

(a)　　　　(b)　　　　(c)

(d)　　　(e)　　　(f)　　　(g)

图 8.9　Frank-Read 源增殖机制示意图

由于应力继续加在晶体上,因此上述过程不断重复,产生大量位错环,造成位错的增殖。位错线段 AB 通过扩张过程不断地产生位错环,而本身又永不消失,这就是位错源。因此,滑移过程不仅是消耗位错的过程,也是不断产生新位错的过程,这就是晶体塑性变形的实质。

图 8.10 是 9 号样品 SiGe/Si 异质结的 TEM 图像。从图中可以十分清楚地看到,在渐变组分的 SiGe 层中,"1"是一个已经形成的位错环,"2"是正在滑移并产生弯曲的新位错,其 A、B 两端点被固定在界面处,从而形成 Frank-Read 源。

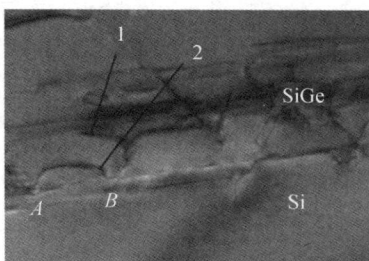

图 8.10　9 号样品 SiGe/Si 异质结的 TEM 图像

8.3　硅基半导体应变材料的缺陷控制技术

对于硅基半导体应变材料而言，无论是基于 Si 衬底的应变 SiGe，还是基于弛豫 SiGe 虚拟衬底的应变 Si 或应变 Ge，都具有异质结材料结构特性，其位错密度随 SiGe 层中 Ge 组分及应变层厚度的增加而增加。为了有效降低位错密度，人们提出了多种缺陷控制技术，如渐变组分 SiGe 缓冲层技术、低温 Si 技术、低温 SiGe 技术和离子注入技术等。

8.3.1　渐变组分 SiGe 缓冲层技术

渐变组分 SiGe 缓冲层技术是最早提出的控制应变 Si 表面穿透位错密度的技术，目前已被广泛应用。该技术在 Si 衬底上先生长一层 Ge 组分渐变的 $Si_{1-x}Ge_x$ 过渡层，其中 Ge 组分占比 x 从 0 逐渐梯度增加；然后生长固定组分的弛豫 SiGe 层；再生长所需的应变 Si 层。

渐变组分 SiGe 缓冲层的作用机理是：Ge 组分的梯度渐变大大降低了界面处的失配应变，甚至可达到无失配应变，从而达到降低位错密度，甚至无位错缺陷的目的。

图 8.11 是 3 号样品渐变组分 SiGe/Si 异质结的 TEM 图像。从图中可以清楚地看到，Si 衬底中出现大量位错，而弛豫 SiGe 层中并未出现位错，这一现象也与相关文献的实验研究结果相同。下面分析渐变组分 SiGe 结构材料的这种现象。

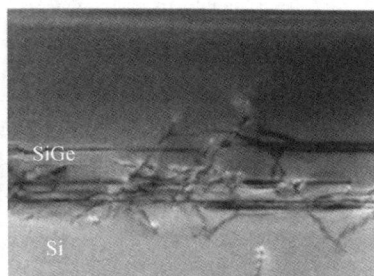

图 8.11　3 号样品渐变组分 SiGe/Si 异质结的 TEM 图像

根据 Frank-Read 源增殖理论,在线性渐变组分 SiGe 缓冲层中,沿 {111} 面滑移的位错线分量相互交叉形成位错网和节点,这些位错网和节点起着 Frank-Read 源的作用,产生更多的位错,以释放应力。组分渐变的各薄层之间的应力或使钉扎的部分位错线在下一层中弯曲,或把位错线分量推向样品边缘,使新的薄层表面几乎没有位错。缓冲层结构在整个生长过程中不断重复上述过程,最终使上表面位错密度很低。因此,若要做到使位错密度很低,甚至无位错,就要增加渐变组分 SiGe 缓冲层的厚度。

根据 SiGe 晶格常数与 Ge 组分占比的线性差值关系,Ge 组分的渐变导致 SiGe 晶格常数的渐变,进而使位错分布也渐变。也就是说,所有弛豫所需的位错都在渐变区域中,从衬底分布到顶层。因此,每个原子面都将有一些位错,钉扎点将会分散得较远。

为了激活 Frank-Read 源,衬底的一些位错或其他源形成的一些位错必须在开始的时候就是可用的。观察位错前体的成核是非常困难的,因为它们可能会在界面处的粒子或者其他缺陷上成核。如果出现太多缺陷的前体,将会导致位错网密度过大,钉扎点太近并且应力减少,以至于 Frank-Read 源增殖机制不起作用。因此,清洁对这个机制至关重要。

温度也是重要的参数,即温度必须足够高,使得这些源可以被激活,位错才可以移动。

另一个重要的参数是"严格的渐变"。正如我们要在后面讨论的那样,梯度能够让钉扎点相互之间分散得足够远,以使 Frank-Read 源起作用。如果梯度太大,以至于无法渐变,则太多的缺陷将会靠近或者聚集到同一个面上,那样会把缺陷钉得太近,这正是无梯度生长 SiGe 外延层的情况。

然而,渐变组分 SiGe 缓冲层技术也有明显的不足:① 外延厚度在几到几十微米,不易与 Si 基 CMOS 工艺集成;② 厚的 SiGe 外延层耗费大量时间和材料,使得成本大大增加;③ SiGe 层的热导率远低于体 Si 和体 Ge 的热导率,厚 SiGe 层的热传导性能较差。

8.3.2 低温 Si 技术

低温 Si(LT-Si)技术是指先低温生长一层 Si 缓冲层,再生长高弛豫度的薄弛豫 SiGe 层的技术。该技术的特点是:可在临界厚度内将应变 SiGe 弛豫,并且其穿透位错密度可大大降低。

LT-Si 技术的原理是:由于低温生长,在 LT-Si 缓冲层中存在大量点缺陷,如间隙 Si、空位等,这些点缺陷在 SiGe/LT-Si 异质结界面处会引起失配位错,而大量失配位错最终使应变 SiGe 在临界厚度内将应力释放,形成弛豫 SiGe;同时,点缺陷又可与失配位错发生交互作用,使表面的穿透位错密度大大降低;而 SiGe 的高温生长又加速了失配位错的运动,使失配位错的湮灭概率增加。

研究表明,低温 Si 生长温度越低,越能有效地阻挡位错向表面攀移,但温度低于400℃时,低温 Si 表面将出现起伏,不利于后续外延材料的生长。此外,生长 SiGe 的温度越低,攀移到 SiGe 的位错就越少。如果 SiGe 生长温度过高,低温 Si 层可能会在此过程中退火,使其晶格过于完美而不能起到释放应力的作用。

图 8.12 和图 8.13 分别是 3 号样品和 8 号样品的 TEM 图像和表面经过腐蚀后的 DIC 显微镜照片。3 号样品是在 Si 衬底上直接生长 2.5 μm 的渐变组分 SiGe 缓冲层以及 200 nm 的固定组分 SiGe 层,8 号样品则是先生长 10 nm 的低温 Si 层,再生长 2.5 μm 的渐变组分

SiGe 缓冲层和 300 nm 的弛豫 SiGe 层。从图 8.12 中可以看到,3 号样品有大量位错穿透至表面。从图 8.13 中可以看出,8 号样品虽然在异质结处产生大量位错,但大部分位错在 SiGe 层中湮灭,未穿透到表面。这说明采用低温 Si 技术的 8 号样品中形成的大量位错,在后续高温生长的条件下,可以得到有效的湮灭。从图 8.12 和图 8.13 的 DIC 显微镜照片中可以看到,表面经过腐蚀后,3 号样品中出现很多腐蚀坑,有位错穿透至表面;而 8 号样品表面光滑。

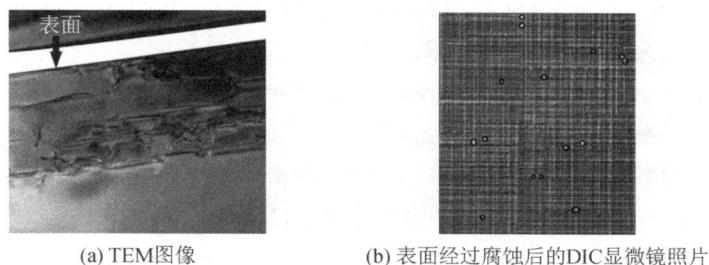

(a) TEM图像   (b) 表面经过腐蚀后的DIC显微镜照片

图 8.12 3 号样品的 TEM 图像和表面经过腐蚀后的 DIC 显微镜照片

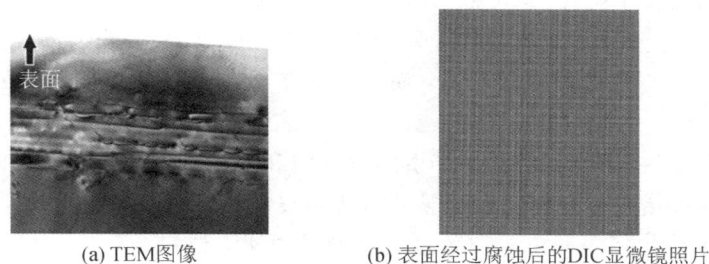

(a) TEM图像   (b) 表面经过腐蚀后的DIC显微镜照片

图 8.13 8 号样品的 TEM 图像和表面经过腐蚀后的 DIC 显微镜照片

8.3.3 低温 SiGe 技术

低温 SiGe 技术是指通过在 SiGe 外延层中插入低温 SiGe 缓冲层,从而降低 SiGe 外延材料穿透位错密度的技术。

与 LT-Si 技术的原理相似,低温 SiGe 技术的原理是:由于低温生长,在低温 SiGe 缓冲层中存在大量点缺陷,这些点缺陷在 SiGe/Si 异质结界面处会引起失配位错,而失配位错又使应变 SiGe 在临界厚度内将应力完全释放,从而形成薄的弛豫 SiGe 层;而后续的高温 SiGe(相对于低温 SiGe)生长阶段加速了失配位错的运动,从而改进了失配位错的湮灭条件。

低温 SiGe 技术可以在不损失应变弛豫度的情况下,有效地控制 SiGe 外延层中的穿透位错密度,并获得平滑的表面,从而得到高质量的应变弛豫 SiGe 外延层。

低温 SiGe 技术提高了应变弛豫度、降低了穿透位错密度并且改善了表面粗糙度。在后续的热处理过程中,低温 SiGe 层的热稳定性将决定外延层的质量。

1996 年,日本 Nagoya 大学的 Iwano 将 GaAs/Si 异质结生长的两步生长方法应用到 SiGe/Si 异质结中,具体操作如下:在 Si (100)衬底上,先在室温下生长 50 nm 的薄低温

SiGe 缓冲层，然后进行 710℃、20 min 的退火，再在 710℃下生长 200 nm 的 SiGe 层。在第一层缓冲层退火后，弛豫度得到极大的提高。

离子注入技术是通过在应变 SiGe 层或 Si 衬底中注入 H^+、Si^+ 等产生大量点缺陷位错源，或者说通过在缺陷带中的位错环优先成核，在应变 SiGe 层引入点缺陷，并最终使应变 SiGe 的应力释放，成为弛豫 SiGe 的技术。

1996 年，Follstaedt 进行了 He^+ 注入的应变 SiGe 弛豫实验。研究发现，引入的位错聚在稍低于异质结下而不在异质结界面处。

1998 年，德国的 Kasper 等人采用低能量 Si^+ 轰击 SiGe 缓冲层，发现 Si^+ 在表面产生了缺陷（如间隙原子和空位），使应变 SiGe 完全弛豫，且穿透位错密度较低。

1999 年，Mantl 采用 H^+ 对 Si (110) 衬底上 Ge 组分占比分别为 16.5% 和 22% 的应变 SiGe 层进行注入，注入能量为 25 keV、剂量为 $3×10^{16}$ cm^{-2}，最后在 450℃ 和 1100℃下 Ar 氛围中退火，成功制备了弛豫 SiGe 层。Mantl 在 TEM 图像中没有观察到穿透位错，说明位错密度至少小于 $1.0×10^7$ cm^{-2}。AFM 表明，弛豫 SiGe 层表面粗糙度较小，这是因为离子注入产生的是密集但规则的位错网络，而不是通常弛豫层中的位错，避免了材料表面的起伏。

实验发现，离子注入在 SiGe 层中产生的过度饱和的点缺陷可使应变 SiGe 层发生高度弛豫，且点缺陷和位错的相互作用还会导致穿透到表面的位错密度减小。

离子注入技术对位错源的位置和数量有相应的要求，位错源距离 SiGe/Si 异质界面太远或者位错源数量太少都不足以释放 SiGe 层中的应力，使其完全弛豫，这就对离子注入的离子源、注入能量和注入剂量提出了要求。

离子注入技术分为轻离子注入技术和重离子注入技术两种，其中轻离子注入技术以 H^+ 和 He^+ 注入为主，重离子注入技术则以 Ar^+、Si^+ 和 Ge^+ 注入为主。

1. 轻离子注入技术

轻离子注入技术以 H^+ 和 He^+ 注入为代表，其原理是离子注入后，在 SiGe/Si 异质界面下方形成气泡，这些气泡就成为位错成核的源。研究表明，这些气泡还有利于去除材料中的金属杂质，改变半导体的电子特性。

轻离子注入技术有两种工艺：一种是先生长 SiGe 层，再在 SiGe 层中注入 H^+ 或 He^+，这种工艺的缺点是 SiGe 层存留大量的缺陷，不利于降低 TDD；另一种是先在 Si 衬底中进行注入，再外延生长 SiGe 层，这种工艺能够避免 SiGe 层中形成大量的缺陷。

图 8.14 是 He^+ 注入并退火后的 SiGe/Si(100) 异质结剖面图和俯视图，在图 (a) 和图 (b) 中可以明显看到形成的气泡，图 (c) 和图 (d) 展示了气泡在界面的分布情况。

以 Si(010) 衬底为例，注入 SiGe/Si 界面下的 He^+ 或 H^+ 在 (010) 晶格平面聚集，在退火时会凝聚成气泡或片状物。气泡内部极高的压力将 (001) 平面上的 $[101]a/2$ 伯格斯矢量位错环推出，从而引起应变的弛豫。受气泡或片状物排斥且被界面镜像力吸引，位错环滑移或攀移到 SiGe/Si 界面，形成释放 SiGe 层中失配应力的失配位错。

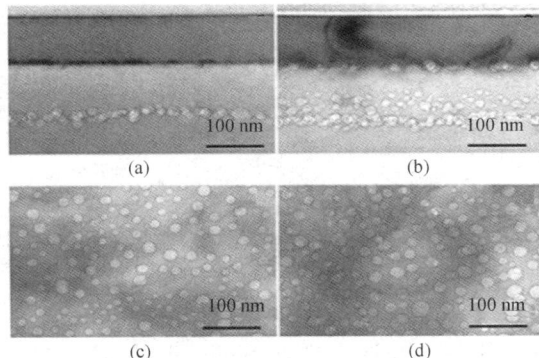

图 8.14　He^+ 注入并退火后的 SiGe/Si(100) 异质结剖面图和俯视图

如图 8.15 所示为 He^+ 注入 SiGe 层中的浓度分布图，其中 x 为注入深度。对于给定的 SiGe 层厚度，减少注入深度或增加注入剂量会提高 He^+ 在 SiGe 层的浓度，并提高 TD（穿透位错）浓度。有两种可能的机制会引起 SiGe 层的高 TD 浓度：一种机制是 SiGe/Si 界面高度集中的 He 气泡退火时大量位错环在 SiGe/Si 界面成核，因为位错环密度很大，所以每个位错环在到达低应变区域之前只能滑移一小段距离；另一种机制是界面处高浓度气泡或其他注入损伤会阻止位错滑移，这一方面阻碍了湮灭所需的 TD 的运动，另一方面驱使额外的失配位错成核来引起应力释放，从而引入不能有效湮灭的 TD。无论哪种机制，最终结果都是得到短的失配位错和高的 TD 浓度。因此，采用高注入剂量且深注入是比较好的方式，因为这种方式可以同时提高弛豫度并得到相对低的 TD 浓度。

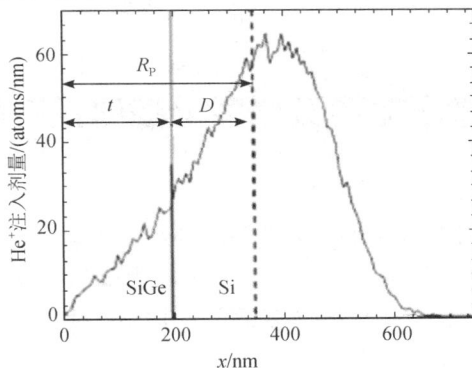

图 8.15　He^+ 注入 SiGe 层中的浓度分布图

但 IBM 的 S. H. 克里斯坦森等人对 He^+ 注入机理却提出了不同观点，他们认为弛豫的机制是：He^+ 注入后在 SiGe/Si 界面的下方（Si 衬底）产生了片晶，片晶导致了位错成核。片晶平行于 Si(001) 晶面，宽度可达 150 nm。

2. 重离子注入技术

重离子注入技术则以 Ar^+、Si^+ 注入为代表，先在 Si 衬底中注入重离子，然后生长 SiGe 层，最后进行退火。重离子注入实验步骤示意图如图 8.16 所示。这种先注入后生长的技术能够避免 SiGe 层中形成大量的缺陷。由于在 SiGe 层生长之前就进行了重离子注入，因此这种技术也称为间接注入技术。重离子注入所需要的离子剂量比轻离子注入小两个数量级，所以有更高的晶圆产量。

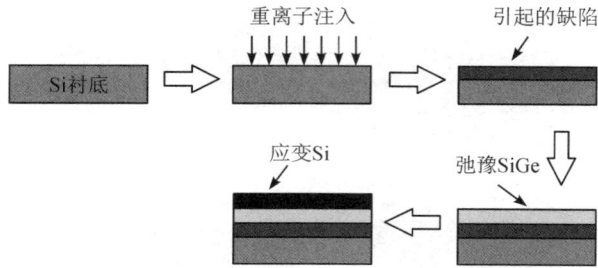

图 8.16　重离子注入实验步骤示意图

与轻离子相同，重离子的注入和退火也在 SiGe/Si 界面下方引起了高浓度的位错环，尽管它们的形成机理不同。如图 8.17 所示，重离子注入后，在 SiGe/Si 异质结界面下方形成了大量点缺陷。退火后虽然点缺陷减少，但位错环却增加了。这些位错环滑向 SiGe/Si 界面，启动了失配位错的形成，与 H^+ 或 He^+ 注入的情况所讨论的弛豫模型相似。

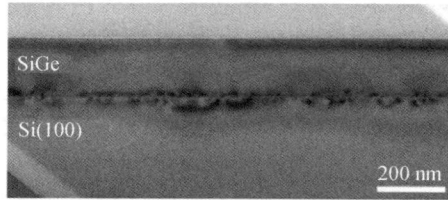

图 8.17　重离子注入并退火后 SiGe/Si 异质结的剖面 TEM 图像

8.4　硅基半导体应变材料的缺陷控制实验研究

根据应变 SiGe 弛豫技术的工艺特点，低温缓冲层技术的完全应变弛豫 SiGe 层厚度相对离子注入技术的大，会给外延层生长、后续器件处理和 Si 基集成电路的集成带来困难；而离子注入技术的高温退火会导致位错向表面扩散增殖，使得 SiGe 层表面的穿透位错密度和粗糙度都比低温缓冲层技术的高。

为了制备高质量、低穿透位错密度的薄弛豫 SiGe 外延层材料，根据低温 Si、渐变组分 SiGe 缓冲层以及离子注入技术的工艺原理，本节设计了三种控制缺陷及降低弛豫 SiGe 层厚度的材料结构与工艺流程，并基于 RPCVD 的工艺特性，进行了硅基半导体应变材料的缺陷控制实验研究。

8.4.1　低温 Si 结合渐变组分 SiGe 缓冲层的应变 Si 材料

1. 设计思想

渐变组分 SiGe 缓冲层技术虽能有效降低穿透位错密度，但其 SiGe 层厚度却高达数微米，甚至十几微米，这对热导率仅为 Si 的六分之一的 SiGe 材料而言，不仅耗费成本和时间，而且严重影响器件与电路的散热。而低温 Si 技术则是通过低温 Si 缓冲层的大量间隙 Si 和空位等点缺陷，在 SiGe/LT-Si 异质结界面处引起失配位错，使应变 SiGe 在临界厚度内将应力释放，同时点缺陷又可与失配位错发生交互作用，使表面的穿透位错密度大大降低。但未见有将低温 Si 技术和渐变组分 SiGe 缓冲层技术同时使用的研究报道。

　　本小节根据低温 Si 技术和渐变组分 SiGe 缓冲层技术的工艺原理及缺陷与位错的作用机理，提出了低温 Si 结合渐变组分 SiGe 缓冲层的缺陷控制方法，其原理是：① 利用低温 Si 的作用机理，达到减小弛豫 SiGe 层厚度和降低位错密度的目的；② 利用渐变组分 SiGe 缓冲层的作用机理，达到降低表面粗糙度的目的。

2. 材料结构与工艺流程设计

　　根据低温 Si 结合渐变组分 SiGe 缓冲层的缺陷控制方法的原理，本小节设计了相应的材料结构，其示意图如图 8.18 所示。

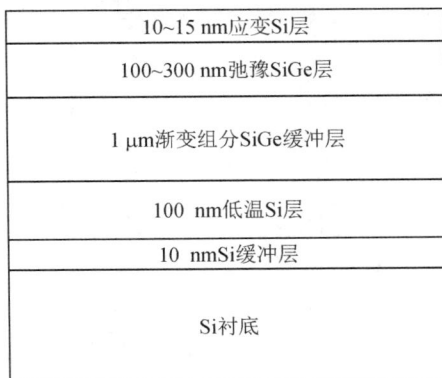

10~15 nm应变Si层
100~300 nm弛豫SiGe层
1 μm渐变组分SiGe缓冲层
100 nm低温Si层
10 nmSi缓冲层
Si衬底

图 8.18　低温 Si 结合渐变组分 SiGe 缓冲层的应变 Si 材料结构示意图

　　根据所设计的材料结构及 RPCVD 的工艺特性，本小节设计了材料生长的工艺流程和相应的工艺参数，具体如下。

　　(1) Si 缓冲层生长：Si 缓冲层的作用是改善生长的初始表面，其厚度为 10 nm，生长温度为 900℃。

　　(2) 低温 Si 层生长：厚度为 100 nm，生长温度为 600℃。

　　(3) 渐变组分 SiGe 缓冲层生长：厚度为 1 μm，渐变组分的变化范围为 0~0.2，渐变率为 20%，生长温度为 625℃。

　　(4) 弛豫 SiGe 层生长：Ge 组分占比为 0.2，厚度为 300 nm，生长温度为 625℃。

　　(5) 应变 Si 层生长：厚度为 10 nm，生长温度为 850℃。

3. 实验结果与分析

　　这里使用 ASM E200 RPCVD 工艺设备进行了材料生长实验；同时采用 AFM、Raman 光谱、TEM 以及 DIC 显微镜等测试方法，对实验样品(1 号、2 号、3 号)进行了表面形貌与粗糙度、弛豫度、位错机理与行为等表征，结果如图 8.19 至图 8.22 所示。由图 8.21 可知，低温 Si 在渐变组分 SiGe 缓冲层诱导出大量位错环，而位错环又和低温 Si 产生的点缺陷相互作用，阻止了位错向表面穿透。

(a) 1号样品三维形貌　　　　(b) 2号样品三维形貌　　　　(c) 3号样品三维形貌

(d) 1号样品二维形貌　　　　(e) 2号样品二维形貌　　　　(f) 3号样品二维形貌

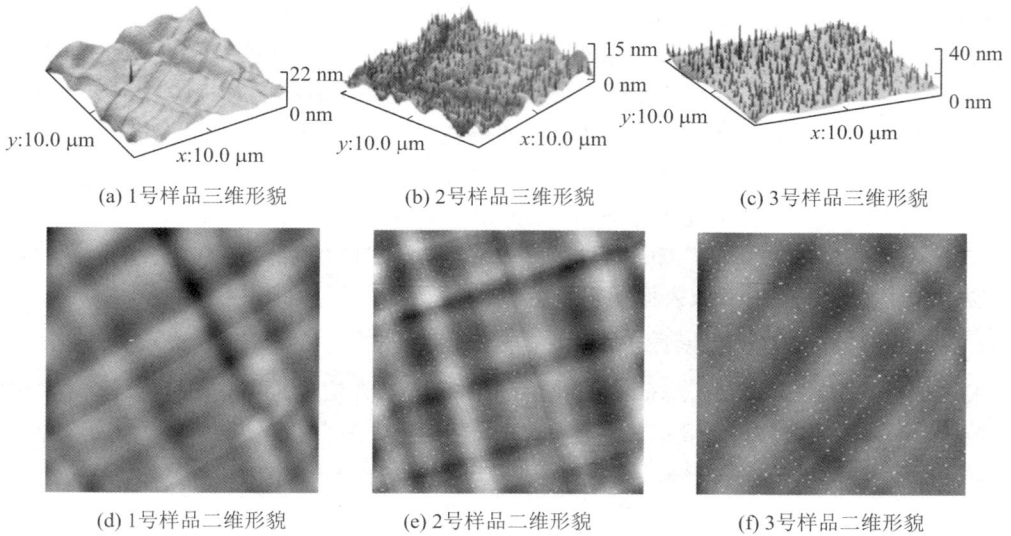

图 8.19　低温 Si 结合渐变组分 SiGe 缓冲层的应变 Si 材料的表面 AFM 形貌

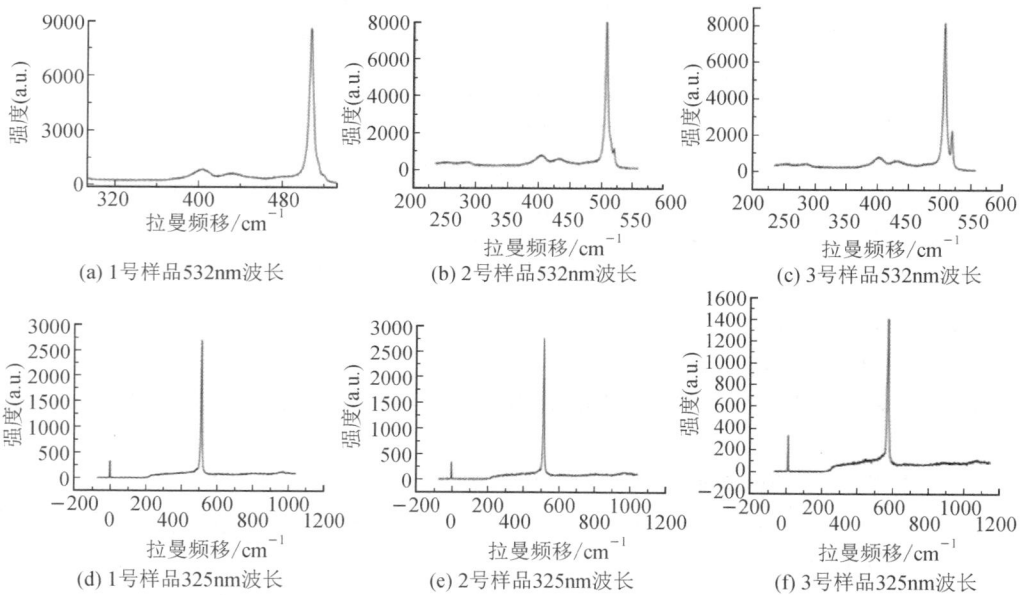

(a) 1号样品532nm波长　　　(b) 2号样品532nm波长　　　(c) 3号样品532nm波长

(d) 1号样品325nm波长　　　(e) 2号样品325nm波长　　　(f) 3号样品325nm波长

图 8.20　低温 Si 结合渐变组分 SiGe 缓冲层的应变 Si 材料的 Raman 光谱

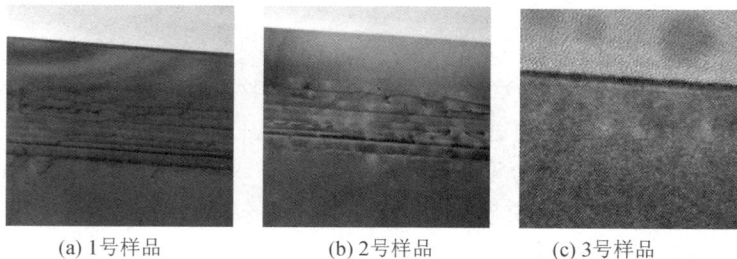

(a) 1号样品　　　　　　(b) 2号样品　　　　　　(c) 3号样品

图 8.21　低温 Si 结合渐变组分 SiGe 缓冲层的应变 Si 材料的 TEM 图像

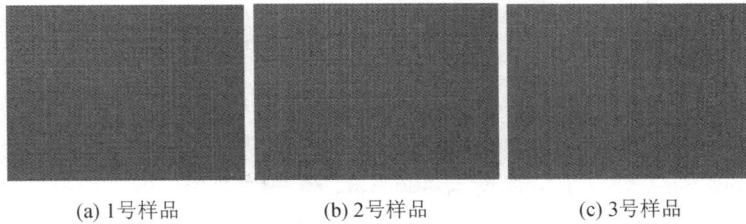

(a) 1号样品　　　　　　(b) 2号样品　　　　　　(c) 3号样品

图 8.22　低温 Si 结合渐变组分 SiGe 缓冲层的应变 Si 材料的 DIC 显微镜照片

根据表征结果，这里计算得到了样品表面的均方根（RMS）粗糙度和穿透位错密度（TDD），如表 8.1 所示。

表 8.1　低温 Si 结合渐变组分 SiGe 缓冲层的应变 Si 材料的特性

样品	Ge 组分占比（%）	弛豫度（%）	RMS 粗糙度/nm	TDD/cm^{-2}
1	19.4	95.29	1.83	—
2	19.4	95.29	1.78	4.2×10^4
3	19.8	86.44	1.56	—
平均	—	92.34	1.72	4.2×10^4

8.4.2　低温 Si 结合离子注入的应变 Si 材料

1. 设计思想

低温 Si 技术和离子注入技术的工艺不同，但机理相似，都有诱导产生位错和控制位错密度的双重作用。共同使用低温 Si 技术和离子注入技术，一可降低离子注入的能量与剂量；二可提高低温 Si 的生长温度，结合 RPCVD 工艺，能更好地诱导 SiGe 层的弛豫，并有效降低穿透位错密度和弛豫 SiGe 层厚度。

由于薄 Si 层下面的弛豫 SiGe 层面内的晶格常数大于体 Si 的晶格常数，因此 SiGe 层在离子注入及退火的过程中弛豫的同时，将促使其上生长的薄 Si 层产生相干应变的作用，限制位错沿生长方向的繁殖、延伸。较长时间的退火以及第二次 SiGe 外延薄膜生长过程中较高的温度，使得 SiGe 层能产生很高的弛豫度。同时，相干应变层的作用可以导致有更好的表面产生，从而得到较好的应变 Si 材料。

2. 材料结构与工艺流程设计

根据低温 Si 结合离子注入方法的原理，本小节设计了相应的材料结构，其示意图如图 8.23 所示。

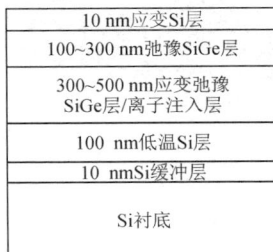

图 8.23　低温 Si 结合离子注入的应变 Si 材料结构示意图

根据 RPCVD 的工艺特性和所设计的材料结构，本小节设计了材料生长的工艺流程和相应的工艺参数，具体如下。

（1）Si 缓冲层生长：厚度为 10 nm，生长温度为 900℃。

（2）低温 Si 层生长：厚度为 100 nm，生长温度为 600℃。

（3）应变弛豫 SiGe 层生长：厚度为 300 nm，生长温度为 625℃。

（4）离子注入：根据轻离子注入技术的原理进行 He^+ 注入，注入剂量为 4×10^{15} cm^{-2}，注入能量为 20 keV，在应变弛豫 SiGe 层底部约 100 nm 注入。

（5）退火：在 850℃下进行炉退火，时间为 30 min。

（6）弛豫 SiGe 层生长：厚度为 200 nm，生长温度为 625℃。

（7）应变 Si 层生长：厚度为 10 nm，生长温度为 850℃。

3. 实验结果与分析

这里按照上述设计的工艺流程及工艺参数，进行了材料结构生长的 RPCVD 实验；同时采用 IM-200 型离子注入机，进行了 He^+ 注入，实验参数如表 8.2 所示。

表 8.2　He^+ 注入实验参数

注入源	靶室真空度/Torr	注入温度	注入能量/keV	注入剂量/cm^{-2}	退火温度/℃	退火时间/min	注入深度/nm
He^+	$<2.0 \times 10^{-6}$	室温	20	4×10^{15}	800	30	110

此外，实验采用 AFM、Raman 光谱、TEM 以及 DIC 显微镜等手段对样品（4 号、5 号、6 号）的表面形貌与粗糙度、弛豫度、位错行为和位错密度等进行了表征，结果如图 8.24 至图 8.27 所示。由图 8.26 可知，由于低温 Si 和离子注入的双重诱导作用，在应变 SiGe 层产生了释放应力的位错环，使应变 SiGe 层在较薄的范围内发生较大的弛豫。

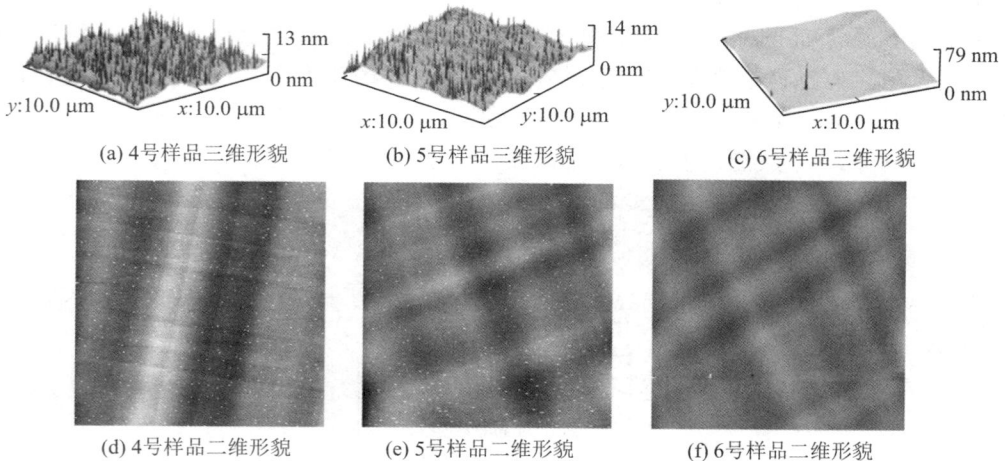

(a) 4号样品三维形貌　　(b) 5号样品三维形貌　　(c) 6号样品三维形貌

(d) 4号样品二维形貌　　(e) 5号样品二维形貌　　(f) 6号样品二维形貌

图 8.24　低温 Si 结合离子注入的应变 Si 材料的表面 AFM 形貌

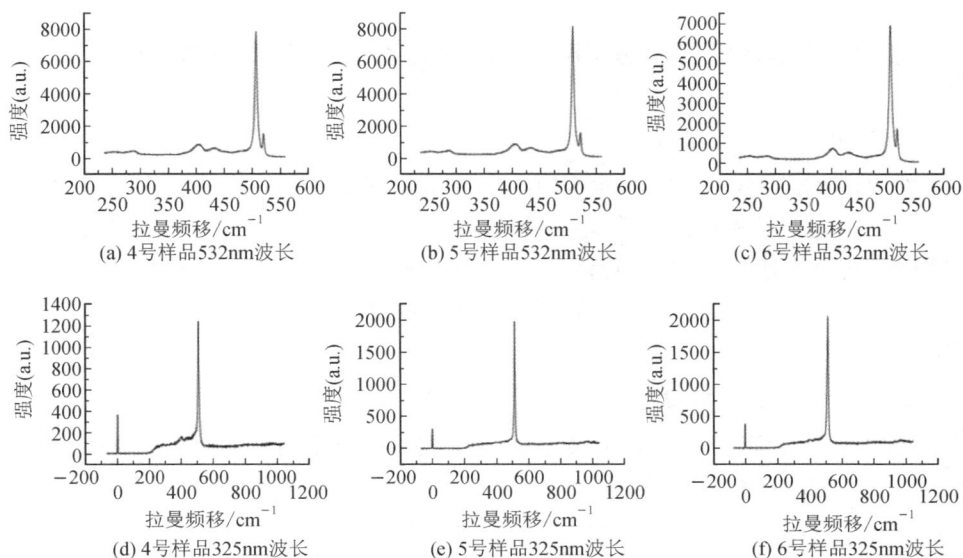

(a) 4号样品532nm波长　　(b) 5号样品532nm波长　　(c) 6号样品532nm波长

(d) 4号样品325nm波长　　(e) 5号样品325nm波长　　(f) 6号样品325nm波长

图 8.25　低温 Si 结合离子注入的应变 Si 材料的 Raman 光谱

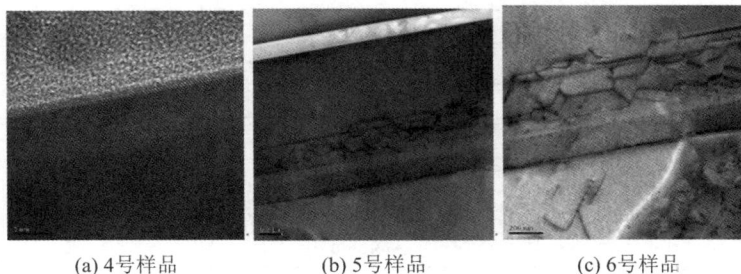

(a) 4号样品　　　　　(b) 5号样品　　　　　(c) 6号样品

图 8.26　低温 Si 结合离子注入的应变 Si 材料的 TEM 图像

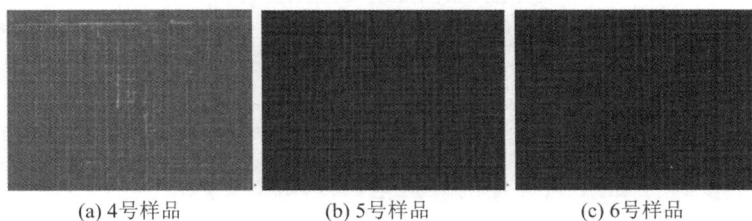

(a) 4号样品　　　　　(b) 5号样品　　　　　(c) 6号样品

图 8.27　低温 Si 结合离子注入的应变 Si 材料的 DIC 显微镜照片

　　根据表征结果，这里计算得到了样品表面的均方根（RMS）粗糙度和穿透位错密度（TDD），如表 8.3 所示。

表 8.3　低温 Si 结合离子注入的应变 Si 材料的特性

样品	Ge组分占比（%）	弛豫度（%）	RMS 粗糙度/nm	TDD/cm^{-2}
4	21.0	96.53	1.06	—
5	20.9	95.00	0.90	—
6	18.8	88.89	1.33	3.2×10^4
平均	—	93.47	1.09	3.2×10^4

8.4.3 低温 Si 结合渐变组分 SiGe 缓冲层与 Si 间隔层的应变 Si 材料

1. 设计思想

研究表明，位错滑移的活化能在 Si 中为 2.0 eV，在 SiGe 中为 1.5 eV。根据位错的这一机理，本小节设计将 Si 间隔层穿插在渐变组分 SiGe 缓冲层中，作为位错滑移的阻挡层，最终达到降低表面穿透位错密度的目的。和前面两种方法类似，低温 Si 层的使用，同样是为了诱导产生能实现弛豫的位错环，从而达到减小弛豫 SiGe 虚衬底的厚度，并同时控制位错的行为以降低位错密度的目的。

2. 材料结构与工艺流程设计

根据低温 Si 结合渐变组分 SiGe 缓冲层与 Si 间隔层方法的原理，本小节设计了相应的材料结构，其示意图如图 8.28 所示。

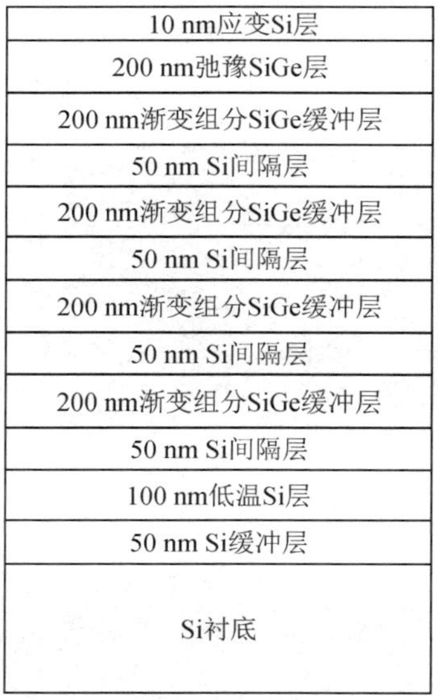

10 nm应变Si层
200 nm弛豫SiGe层
200 nm渐变组分SiGe缓冲层
50 nm Si间隔层
200 nm渐变组分SiGe缓冲层
50 nm Si间隔层
200 nm渐变组分SiGe缓冲层
50 nm Si间隔层
200 nm渐变组分SiGe缓冲层
50 nm Si间隔层
100 nm低温Si层
50 nm Si缓冲层
Si衬底

图 8.28 低温 Si 结合渐变组分 SiGe 缓冲层与 Si 间隔层的应变 Si 材料结构示意图

低温 Si 和渐变组分 SiGe 缓冲层的外延生长采用 RPCVD 工艺，该工艺流程和相应的工艺参数如下。

（1）Si 缓冲层生长：采用 RPCVD 工艺，生长 50 nm 厚的 Si 缓冲层，生长温度为 900℃。Si 缓冲层的作用是改善生长的初始表面。

（2）低温 Si 层生长：厚度为 100 nm，生长温度为 600℃。

（3）Si 间隔层生长：厚度为 50 nm，生长温度为 900℃。作为相干应变层，可将穿透位错限制在 Si 间隔层之下。

（4）渐变组分 SiGe 缓冲层生长：每层厚 200nm，共四层，渐变组分的变化范围为 0～0.2，渐变率为 20%，生长温度为 625℃。

（5）弛豫 SiGe 层生长：厚度为 200 nm，生长温度为 650℃。

（6）应变 Si 层生长：厚度为 10 nm，生长温度为 850℃。

3. 实验结果与分析

这里按照所设计的材料结构与工艺流程，采用 ASM E200 RPCVD 工艺设备进行了材料生长实验；同时采用 AFM、Raman 光谱、TEM 以及 DIC 显微镜等测试方法，对实验样品（7 号、8 号、9 号）进行了表面形貌与粗糙度、弛豫度、位错机理与行为等表征，结果如图 8.29 至图 8.32 所示。由图 8.31 可知，由于 Si 间隔层的阻挡作用，低温 Si 诱导产生的位错被限制在渐变组分 SiGe 缓冲层和 Si 间隔层中，最上面的弛豫 SiGe 层中几乎看不到位错。

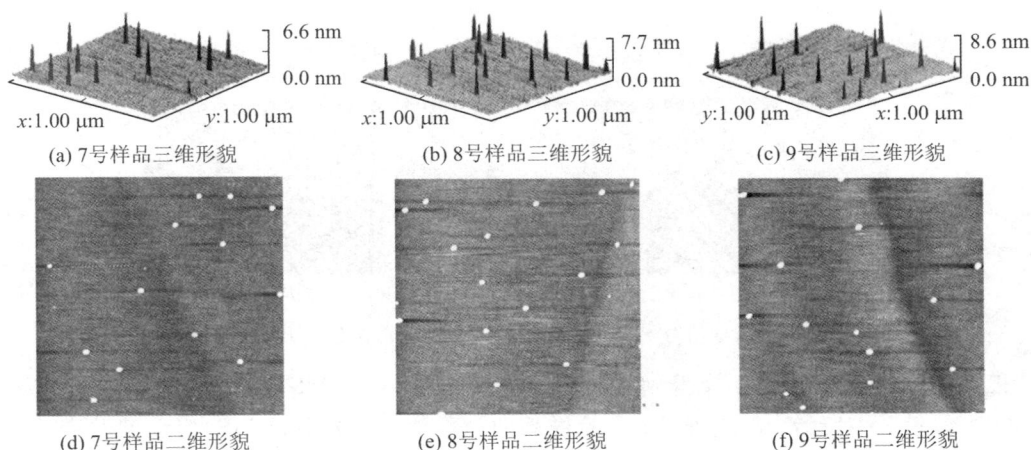

(a) 7号样品三维形貌　　(b) 8号样品三维形貌　　(c) 9号样品三维形貌

(d) 7号样品二维形貌　　(e) 8号样品二维形貌　　(f) 9号样品二维形貌

图 8.29　低温 Si 结合渐变组分 SiGe 缓冲层与 Si 间隔层的应变 Si 材料的表面 AFM 形貌

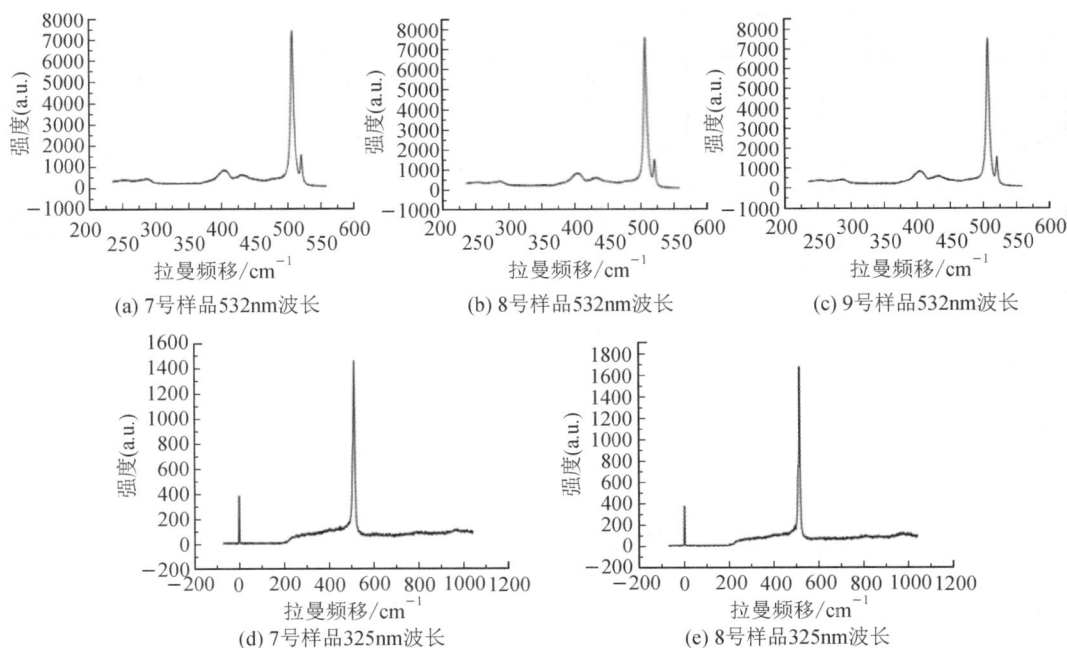

(a) 7号样品532nm波长　　(b) 8号样品532nm波长　　(c) 9号样品532nm波长

(d) 7号样品325nm波长　　(e) 8号样品325nm波长

图 8.30　低温 Si 结合渐变组分 SiGe 缓冲层与 Si 间隔层的应变 Si 材料的 Raman 光谱

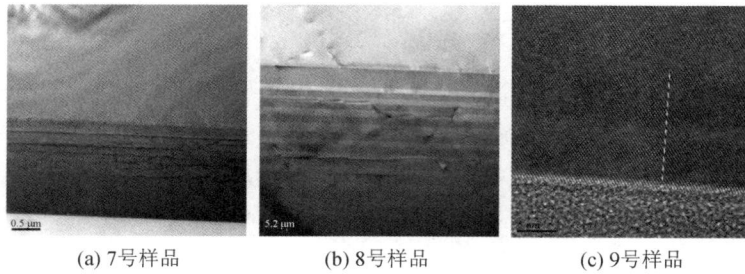

| (a) 7号样品 | (b) 8号样品 | (c) 9号样品 |

图 8.31　低温 Si 结合渐变组分 SiGe 缓冲层与 Si 间隔层的应变 Si 材料的 TEM 图像

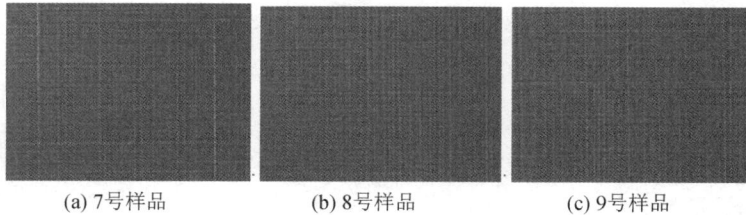

| (a) 7号样品 | (b) 8号样品 | (c) 9号样品 |

图 8.32　低温 Si 结合渐变组分 SiGe 缓冲层与 Si 间隔层的应变 Si 材料的 DIC 显微镜照片

　　根据表征结果，这里计算得到了样品表面的均方根（RMS）粗糙度与穿透位错密度（TDD），如表 8.4 所示。由表可见，实验样品的弛豫度、均方根（RMS）粗糙度及穿透位错密度（TDD）均优于前两种方法的结果。

表 8.4　低温 Si 结合渐变组分 SiGe 缓冲层与 Si 间隔层的应变 Si 材料的特性

样品	Ge 组分占比（%）	弛豫度（%）	RMS 粗糙度/nm	TDD/cm^{-2}
7	19.3	98.47	0.288	2.2×10^4
8	19.7	97.22	0.333	—
9	21.3	98.89	0.372	—
平均	—	98.19	0.331	2.2×10^4

9

第 9 章

硅基半导体应变材料的生长动力学与制备实验

本章将根据第 6 章 SiGe RPCVD 的 CFD 优化模拟结果和第 7 章硅基半导体应变材料 CVD 生长动力学模型，重点讨论硅基半导体应变材料的 RPCVD 生长实验，包括反映生长特性的生长动力学实验和降低位错密度与表面粗糙度的材料结构实验。实验中将采用 AFM(原子力显微镜)、DIC(微分干涉相衬)显微镜、Raman(拉曼)光谱、TEM(透射电子显微镜)等测试技术，对硅基半导体应变材料的表面粗糙度、表面位错密度、应力、Ge 组分、位错行为等材料性能与特性进行全面系统的表征。

9.1 RPCVD 工艺

本书所有硅基半导体应变材料的生长实验都采用了 RPCVD 工艺。相比 UHVCVD 工艺，RPCVD 工艺最大的特点是不需要背景的超高真空，可大大节约设备成本，同时大大节省了工艺时间。由于采用较高的工作压强和生长温度，RPCVD 工艺制备硅基半导体应变材料的时间大为缩短，特别适合商业化的批量制备要求。

9.1.1 RPCVD 系统结构

1. AM Centura Epi 200 mm RPCVD 系统

AM 公司的 Centura Epi 200 mm RPCVD 外延系统由硅片传送、气体供给、压力控制和外延反应生长等分系统组成，而外延反应生长系统主要由装载室(Loadlock，负载锁定)、传送室、CVD 减压反应室以及冷却室等腔体构成。

AM Centura Epi 200 mm RPCVD 系统的反应室结构示意图如图 9.1 所示，该反应室是卧式反应腔，有两个入气口，气体水平流过晶圆片。放置晶圆片的加热基座为外层涂敷了 SiC 材料的石墨，可旋转。晶圆片通过反应室上端的可控硅灯管照射加热，红外测温。反应室基座则通过反应室下端的可控硅灯管照射加热，热电偶测温。

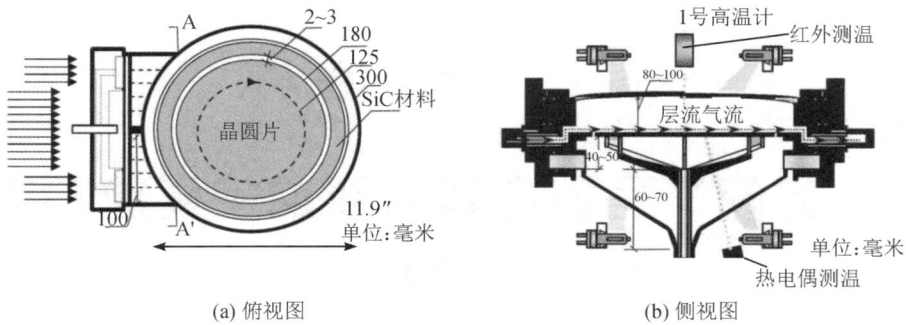

(a) 俯视图   (b) 侧视图

图 9.1　AM Centura Epi 200 mm RPCVD 系统的反应室结构示意图

AM Centura Epi 200 mm RPCVD 系统的反应温度范围为 600～900℃，工作压强范围为 20～100 Torr，气体流量范围为 5000～10 000 sccm。

2. ASM Epsilon E2000 RPCVD 系统

ASM Epsilon E2000 RPCVD 系统可用于直径为 5 英寸（125 mm）、6 英寸（150 mm）和 8 英寸（200 mm）的 Si 晶圆片的 Si 外延和 SiGe 外延。与 AM Centura Epi 200 mm RPCVD 系统不同，ASM Epsilon E2000 RPCVD 系统的反应室是矩形的。

图 9.2 是 ASM Epsilon E2000 RPCVD 系统的反应室结构示意图，该反应室有 5 个入气口调节阀，可调节进入反应室不同位置的气体流量大小，以保障材料生长的均匀性。反应室顶部石英罩外有一排 10 个红外灯管对晶圆片进行加热，同时反应室底部外也有一排 10 个红外灯管对基座进行加热。方形基座是恒温区且为石墨材质，外部由 SiC 涂层包裹。位于方形基座中心的圆形基座也是外部包裹 SiC 材料的石墨材质，可旋转，以保障材料生长的均匀性。

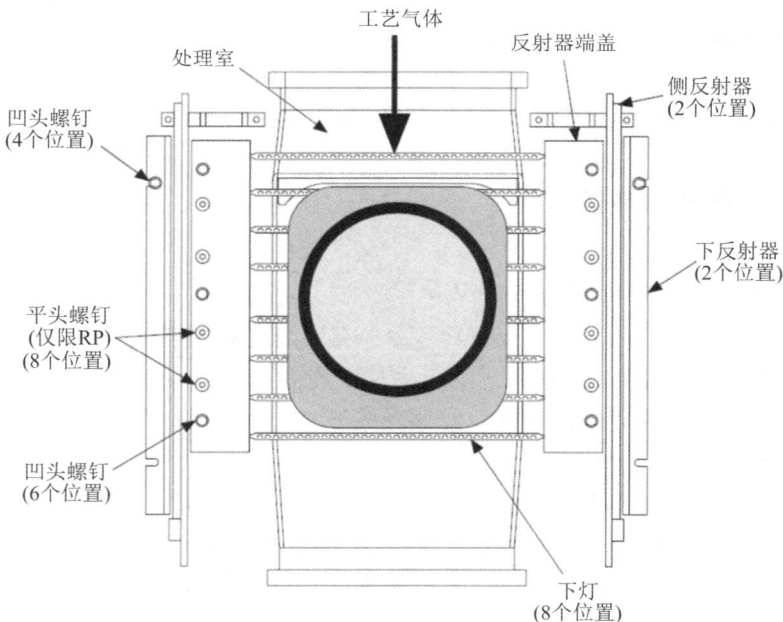

图 9.2　ASM Epsilon E2000 RPCVD 系统的反应室结构示意图

图 9.3 是 ASM Epsilon E2000 RPCVD 系统晶圆片的传递与工艺流程示意图。晶圆通过晶圆处理室，从装载室的装填盒传送到反应室进行工艺生长。工艺生长完毕后，晶圆又被传送回装填盒。

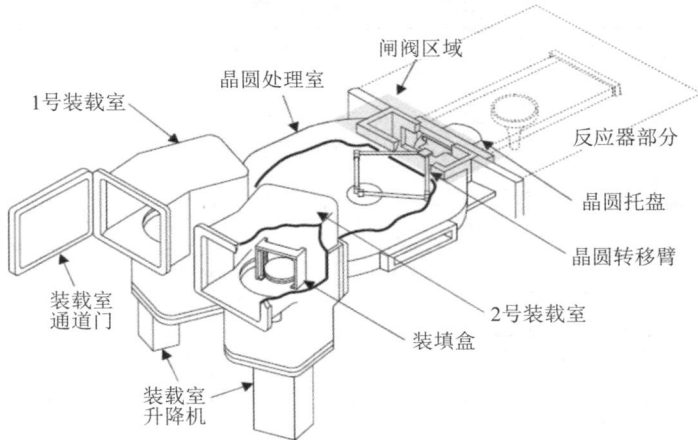

图 9.3　ASM Epsilon E2000 RPCVD 系统晶圆片的传递与工艺流程示意图

9.1.2　RPCVD 工艺特性

RPCVD 工艺特性介于 APCVD(常压化学气相沉积)和 LPCVD(低压化学气相沉积)之间，工作压强为 10～100 Torr，工作温度为 550℃(应变材料生长)～1100℃(弛豫材料生长)，气体流量为 5000～20 000 sccm/min，生长速率为 10～200 nm/min。

RPCVD 生长硅基半导体应变材料的 Si 源前驱体气体是 SiH_4 或 SiH_2Cl_2，而 Ge 源前驱体气体一般都采用 GeH_4。通常，在低温(550～650℃)下生长应变 SiGe 和应变 Si 时，采用 $SiH_4+GeH_4+H_2$ 的前驱体气源气体体系；而在高温(850～1100℃)下生长弛豫 SiGe 和 Si 时，则采用 $SiH_2Cl_2+GeH_4+H_2$ 的前驱体气源气体体系。

9.2　应变 SiGe 的 RPCVD 生长动力学实验研究

为了深入掌握硅基半导体应变材料的生长特性和验证硅基半导体应变材料的生长速率模型，本节进行了应变 SiGe 的 RPCVD 生长动力学实验研究，包括生长速率与温度的关系、生长速率与 GeH_4 流量的关系等。

9.2.1　生长速率与温度的关系

表 9.1 是不同生长温度下应变 SiGe 的生长速率，其中 H_2 和 SiH_4 的流量分别为 20 000 sccm 和 20 sccm，而 550℃、600℃和 650℃下的 GeH_4/SiH_4 流量比分别为 0.65、

0.3 和 0.07。图 9.4 是不同 GeH_4/SiH_4 流量比下应变 SiGe 外延薄膜材料 RPCVD 生长速率与温度的关系曲线。由表 9.1 和图 9.4 可以看出，应变 SiGe 材料 RPCVD 生长速率不仅随 GeH_4 流量的增加而增大，也随温度的增加而增大，这与文献报道的研究结果相一致。

表 9.1   不同生长温度下应变 SiGe 的生长速率

样品	生长温度/℃	生长压强/Torr	GeH_4/SiH_4 流量比	生长速率/(nm/min)
1	550	40	0.65	270
	600			360
	650			390
2	550	40	0.30	148
	600			200
	650			230
3	550	40	0.07	50
	600			80
	650			120

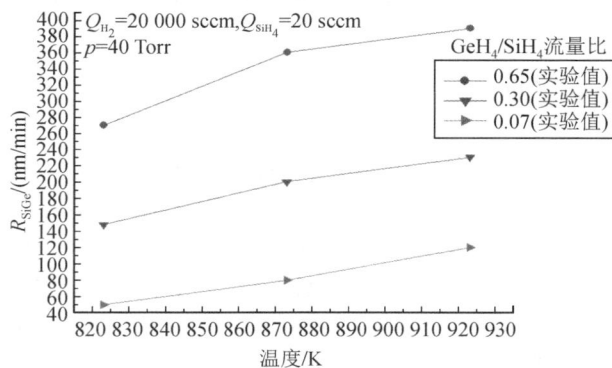

图 9.4   不同 GeH_4/SiH_4 流量比下应变 SiGe 生长速率与温度的关系曲线

9.2.2 生长速率与 GeH_4 流量的关系

表 9.2 是 550℃ 下不同 GeH_4/SiH_4 流量比时应变 SiGe 的生长速率，图 9.5 是 550℃ 下应变 SiGe 生长速率与 GeH_4/SiH_4 流量比的关系曲线，其中 H_2 和 SiH_4 的流量分别为 20 000 sccm 和 20 sccm，压强为 40 Torr。由表 9.2 和图 9.5 可知，应变 SiGe 的生长速率随 GeH_4/SiH_4 流量比的增加而线性增加。

表 9.2   550℃ 下不同 GeH_4/SiH_4 流量比时应变 SiGe 的生长速率

样品	Q_{H_2}/sccm	Q_{SiH_4}/sccm	Q_{GeH_4}/sccm	Ge 组分占比 x	生长速率/(nm/min)
1	20 000	20	0.8	0.26	40
2	20 000	20	1.4	0.34	50
3	20 000	20	6.0	0.56	148
4	20 000	20	13.0	0.64	270

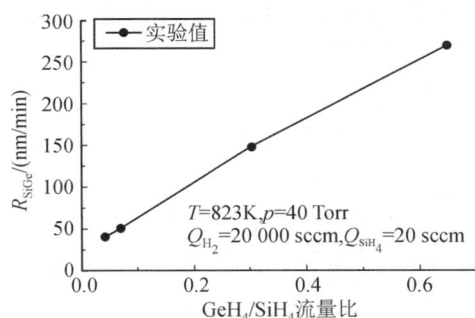

图 9.5　550℃下应变 SiGe 生长速率与 GeH$_4$/SiH$_4$ 流量比的关系曲线

表 9.3 是 600℃下不同 GeH$_4$/SiH$_4$ 流量比时应变 SiGe 的生长速率，图 9.6 是 600℃下应变 SiGe 生长速率与 GeH$_4$/SiH$_4$ 流量比的关系曲线，其中 H$_2$ 和 SiH$_4$ 的流量分别为 20 000 sccm 和 20 sccm，压强为 40 Torr。由表 9.3 和图 9.6 可知，应变 SiGe 的生长速率随 GeH$_4$/SiH$_4$ 流量比的增加而线性增加。

表 9.3　600℃下不同 GeH$_4$/SiH$_4$ 流量比时应变 SiGe 的生长速率

样品	Q_{H_2}/sccm	Q_{SiH_4}/sccm	Q_{GeH_4}/sccm	Ge 组分占比 x	生长速率/(nm/min)
1	20 000	20	0.8	0.20	65
2	20 000	20	1.4	0.30	80
3	20 000	20	6.0	0.46	200
4	20 000	20	13.0	0.52	360

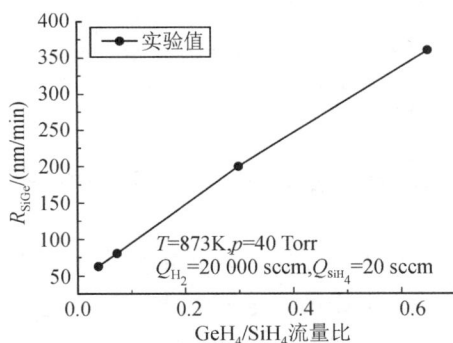

图 9.6　600℃下应变 SiGe 生长速率与 GeH$_4$/SiH$_4$ 流量比的关系曲线

表 9.4 是 650℃下不同 GeH$_4$/SiH$_4$ 流量比时应变 SiGe 的生长速率，图 9.7 是 650℃下应变 SiGe 生长速率与 GeH$_4$/SiH$_4$ 流量比的关系曲线，其中 H$_2$ 和 SiH$_4$ 的流量分别为 20 000 sccm 和 20 sccm，压强为 40 Torr。由表 9.4 和图 9.7 可知，应变 SiGe 的生长速率随 GeH$_4$/SiH$_4$ 流量比的增加而线性增加。

表 9.4　650℃下不同 GeH$_4$/SiH$_4$ 流量比时应变 SiGe 的生长速率

样品	Q_{H_2}/sccm	Q_{SiH_4}/sccm	Q_{GeH_4}/sccm	Ge 组分占比 x	生长速率/(nm/min)
1	20 000	20	1.4	0.20	120
2	20 000	20	6.0	0.26	230
3	20 000	20	13.0	0.34	390

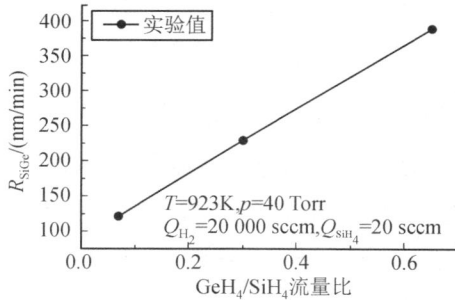

图 9.7　650℃下应变 SiGe 生长速率与 GeH$_4$/SiH$_4$ 流量比的关系曲线

9.3　硅基半导体应变材料的 RPCVD 生长实验研究

本节采用 ASM Epsilon E2000 RPCVD 系统，进行了硅基半导体应变材料的生长实验研究。为了能有效降低材料的缺陷密度和表面粗糙度，提高 SiGe 虚衬底的弛豫度和应变 Si 的应变度，获得高质量的硅基半导体应变材料，本节进行了渐变组分 SiGe 缓冲层、低温 Si 等工艺技术的研究。

根据材料应用的需要，本节实验采用 4 英寸或 6 英寸单面抛光 p 型 Si(100) 衬底片，Si 片的清洗采用 RCA 标准清洗法。

9.3.1　基于渐变组分 SiGe 缓冲层的应变 Si/SiGe 材料

渐变组分 SiGe 缓冲层技术是在 Si 衬底上先生长 Ge 组分从 0 逐渐梯度增加的 Si$_{1-x}$Ge$_x$ 过渡层，再生长 Ge 组分固定的弛豫 SiGe 层，最后生长所需的应变 Si 层。Ge 组分梯度渐变，降低了失配应变，从而降低位错成核的密度。在外延过程中，随着 Ge 组分的逐渐增加和 SiGe 缓冲层厚度的增加，失配应变逐渐释放，位错网络的形成及位错线的延伸减少。

渐变组分 SiGe 缓冲层技术的工艺实验参数如表 9.5 所示，其中 GeH$_4$ 气体浓度为 10%，弛豫 SiGe 层的 Ge 组分与渐变组分 SiGe 缓冲层的最大 Ge 组分相同，Ge 组分渐变率为 10%。

渐变组分 SiGe 缓冲层技术的材料结构参数如表 9.6 所示，其中弛豫 SiGe 层的弛豫度和表面穿透位错密度（TDD）分别采用 Raman 光谱和 DIC 显微镜进行表征。由表可知，采用渐变组分 SiGe 缓冲层技术的弛豫 SiGe 层的弛豫度较低、表面穿透位错密度（TDD）较大、表面粗糙度较高。

表 9.5　渐变组分 SiGe 缓冲层技术的工艺实验参数

H_2 流量/sccm	SiH_4 流量/sccm	GeH_4 流量/sccm	生长温度/℃	生长压强/Torr	组分渐变率（%）
20 000	20	68	600	40	10

表 9.6　渐变组分 SiGe 缓冲层技术的材料结构参数

样品	渐变组分占比（%）	渐变 SiGe 层厚度/μm	弛豫 SiGe 层厚度/μm	应变 Si 层厚度/nm	弛豫度（%）	TDD/cm^{-2}	粗糙度/nm
1	0～20	2.0	0.2	15	54.64	—	3.10
2	0～20	2.5	0.25	10	77.53	3.8×10^5	2.69
3	0～20	3.0	0.30	6	84.38	—	2.51

9.3.2　基于低温 Si 的应变 Si/SiGe 材料

渐变组分 SiGe 缓冲层技术虽能够有效地降低穿透位错密度，但其 SiGe 层厚度却高达数微米，这对热导率仅为 Si 的六分之一的 SiGe 材料而言，缺点是十分明显的。为了大大降低渐变组分 SiGe 缓冲层的厚度，并有效地降低穿透位错密度，本小节采用了基于低温 Si 的应变 Si/SiGe 材料。

低温 Si 技术的原理是：低温生长导致 Si 缓冲层存在大量间隙 Si 和空位等点缺陷，这些点缺陷在 SiGe/LT-Si 异质结界面处引起失配位错的产生，而大量失配位错最终使应变 SiGe 在临界厚度内将应力释放，形成弛豫 SiGe；同时，点缺陷又可与失配位错发生交互作用，使表面的穿透位错密度大大降低。

低温 Si 技术的工艺实验参数如表 9.7 所示。

表 9.7　低温 Si 技术的工艺实验参数

SiH_4 流量/sccm	H_2 流量/sccm	生长温度/℃	生长压强/Torr	生长时间/s
50	20 000	600	80	120

表 9.8 是基于低温 Si 的应变 Si/SiGe 材料结构参数与特性，其中弛豫度、TDD 及粗糙度分别采用 Raman 光谱、DIC 显微镜及 AFM 进行表征。由表可知，采用低温 Si 技术生长的弛豫 SiGe 层的弛豫度高于采用渐变组分 SiGe 缓冲层技术的数值，但 TDD 和粗糙度均小于采用渐变组分 SiGe 缓冲层技术的数值。

表 9.8　基于低温 Si 的应变 Si/SiGe 材料结构参数与特性

样品	低温 Si 层厚度/nm	弛豫 SiGe 层厚度/nm	Ge 组分占比（%）	应变 Si 层厚度/nm	弛豫度（%）	TDD/cm^{-2}	粗糙度/nm
4	100	300	20	10	83.72	7.7×10^4	2.46
5	100	300	20	10	88.65	—	2.34
6	100	300	20	10	83.33	—	2.17

9.3.3　基于低温 Si 与渐变组分 SiGe 缓冲层的应变 Si/SiGe 材料

为了获得更低的缺陷密度和表面粗糙度，本小节采用低温 Si 与渐变组分 SiGe 缓冲层相结合的方法，进行了应变 Si 的 RPCVD 生长实验，材料结构示意图如图 9.8 所示。

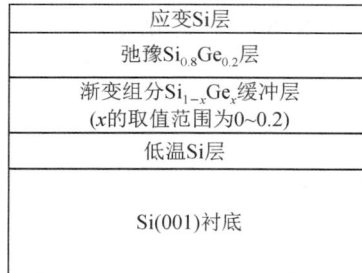

应变Si层
弛豫Si$_{0.8}$Ge$_{0.2}$层
渐变组分Si$_{1-x}$Ge$_x$缓冲层 （x的取值范围为0~0.2）
低温Si层
Si(001)衬底

图 9.8　基于低温 Si 与渐变组分 SiGe 缓冲层的应变 Si/SiGe 材料结构示意图

表 9.9 是基于低温 Si 与渐变组分 SiGe 缓冲层的应变 Si/SiGe 材料结构参数与特性，其中弛豫度和粗糙度的表征分别采用了 Raman 光谱和 AFM。

表 9.9　基于低温 Si 与渐变组分 SiGe 缓冲层的应变 Si/SiGe 材料结构参数与特性

样品	低温 Si 层厚度/nm	渐变 SiGe 层厚度/μm	弛豫 SiGe 层厚度/μm	应变 Si 层厚度/nm	弛豫度（%）	TDD/cm^{-2}	粗糙度/nm
7	100	1.0	0.3	10	95.29	—	1.83
8	100	1.0	0.3	10	95.29	4.2×10^4	1.78
9	100	1.0	0.3	10	86.44	—	1.56

9.3.4　SiGe HBT 材料

SiGe HBT 材料的 RPCVD 生长工艺参数和结构参数分别如表 9.10 和表 9.11 所示。该材料的生长工艺流程是：先生长 Si 缓冲层和非掺杂的 i-SiGe 缓冲层，再生长掺 B 的 SiGe HBT 材料层，最后生长非掺杂的 i-SiGe 帽层或 Si 帽层，其中同一个样品中 i-SiGe 层和 SiGe(B) 层的 Ge 组分相同。Ge 组分采用 Raman 光谱表征确定，占比均为 15%。B 掺杂浓度采用 SIMS（二次离子质谱法）或 XPS（X 射线光电子能谱法）确定，各样品的 B 掺杂浓度均为 $5.4 \times 10^{18} \, cm^{-2}$。

表 9.10　SiGe HBT 材料的 RPCVD 生长工艺参数

H$_2$ 流量/sccm	SiH$_4$ 流量/sccm	GeH$_4$ 流量/sccm	B$_2$H$_6$ 流量/sccm	生长温度/℃	生长压强/Torr
20 000	20	50	100	650	40

表 9.11　SiGe HBT 材料的结构参数

样品	Si 缓冲层厚度 /nm	第一 SiGe 层厚度 /nm	SiGe(B) 层厚度 /nm	第二 SiGe 层厚度 /nm	Si 帽层厚度/nm	弛豫度 （%）	TDD /cm^{-2}	粗糙度 /nm
10	100	12	40	5	43	30.81	—	11.31
11	100	12	40	5	0	58.82	—	3.99
12	100	57	0	0	0	21.00	6.5×10^6	2.87

9.4　硅基半导体应变材料的特性表征

本节采用 AFM、TEM、XRD(X 射线衍射)、Raman 光谱、DIC 显微镜等技术对硅基半导体应变材料的表面形貌、粗糙度、位错行为与分布、晶体质量、应力、Ge 组分、表面穿透位错密度等特性进行了全面系统的表征。

9.4.1　材料表面形貌及粗糙度的 AFM 表征

本小节使用 DI 公司的 D3100 型 AFM(原子力显微镜)，对硅基半导体应变材料的 1～15 号实验样品的表面形貌及粗糙度进行了测试，样品的测试范围为 $10~\mu\mathrm{m} \times 10~\mu\mathrm{m}$。

1. 基于渐变组分 SiGe 缓冲层的应变 Si/SiGe 材料

图 9.9 是基于渐变组分 SiGe 缓冲层的应变 Si/SiGe 材料样品的表面 AFM 形貌。该材料结构是：应变 Si/弛豫 SiGe/渐变组分 SiGe/Si 衬底。1～3 号样品二维形貌中十分明显的十字交叉线是硅基半导体应变材料典型的 Cross-hatch，是由应变异质结结构的失配位错引

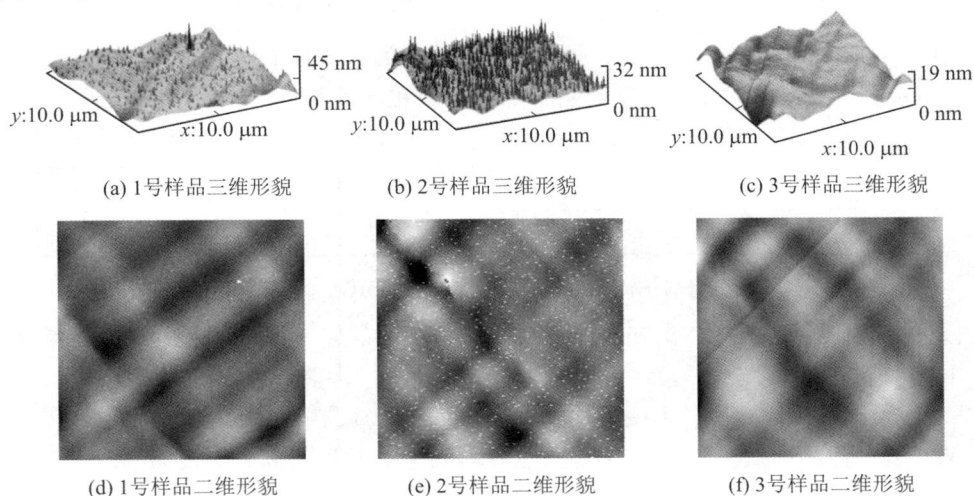

(a) 1号样品三维形貌　　(b) 2号样品三维形貌　　(c) 3号样品三维形貌

(d) 1号样品二维形貌　　(e) 2号样品二维形貌　　(f) 3号样品二维形貌

图 9.9　基于渐变组分 SiGe 缓冲层的应变 Si/SiGe 材料样品的表面 AFM 形貌

起的。而1号和2号样品二维形貌中的雪花点则是样品表面吸附的微粒所致，其三维形貌对应的就是明显的噪声峰。具有Cross-hatch的样品表面尤其容易吸附微粒，这是表面张力作用的缘故。

表9.12是基于渐变组分SiGe缓冲层的应变Si/SiGe材料样品的表面粗糙度。由表可知，该材料样品的平均粗糙度为2.77 nm。

表9.12 基于渐变组分SiGe缓冲层的应变Si/SiGe材料样品的表面粗糙度

样品	1	2	3	平均
表面粗糙度/nm	3.10	2.69	2.51	2.77

2. 基于低温Si的应变Si/SiGe材料

图9.10是基于低温Si的应变Si/SiGe材料样品的表面AFM形貌。该材料结构是：应变Si/弛豫虚衬底SiGe/低温Si/Si衬底。与1、2、3号样品相同，4、5、6号样品也具有典型的Cross-hatch。

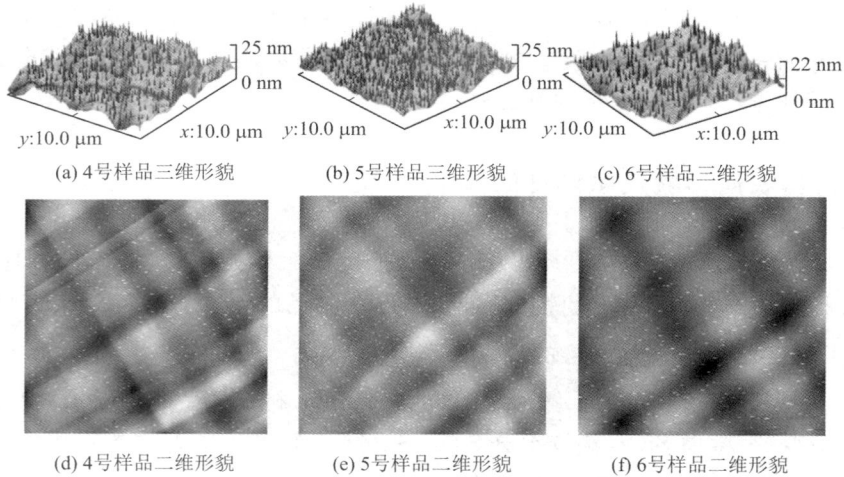

(a) 4号样品三维形貌　　　　(b) 5号样品三维形貌　　　　(c) 6号样品三维形貌

(d) 4号样品二维形貌　　　　(e) 5号样品二维形貌　　　　(f) 6号样品二维形貌

图9.10 基于低温Si的应变Si/SiGe材料样品的表面AFM形貌

表9.13是基于低温Si的应变Si/SiGe材料样品的表面粗糙度，其平均值小于基于渐变组分SiGe缓冲层的应变Si/SiGe材料样品的表面粗糙度平均值。

表9.13 基于低温Si的应变Si/SiGe材料样品的表面粗糙度

样品	4	5	6	平均
表面粗糙度/nm	2.46	2.34	2.17	2.32

3. 基于低温Si与渐变组分SiGe缓冲层的应变Si/SiGe材料

图9.11是基于低温Si与渐变组分SiGe缓冲层的应变Si/SiGe材料样品的表面AFM形貌，这些样品具有典型的Cross-hatch。

表9.14是基于低温Si与渐变组分SiGe缓冲层的应变Si/SiGe材料样品的表面粗糙度。由表可见，样品的表面粗糙度及其平均值均低于前两种材料的，说明组合使用低温Si与渐变组分SiGe缓冲层技术能降低位错密度与弛豫SiGe层的厚度，对应的表面粗糙度比单独使用这两种技术的表面粗糙度明显小得多。

(a) 7号样品三维形貌　　(b) 8号样品三维形貌　　(c) 9号样品三维形貌

(d) 7号样品二维形貌　　(e) 8号样品二维形貌　　(f) 9号样品二维形貌

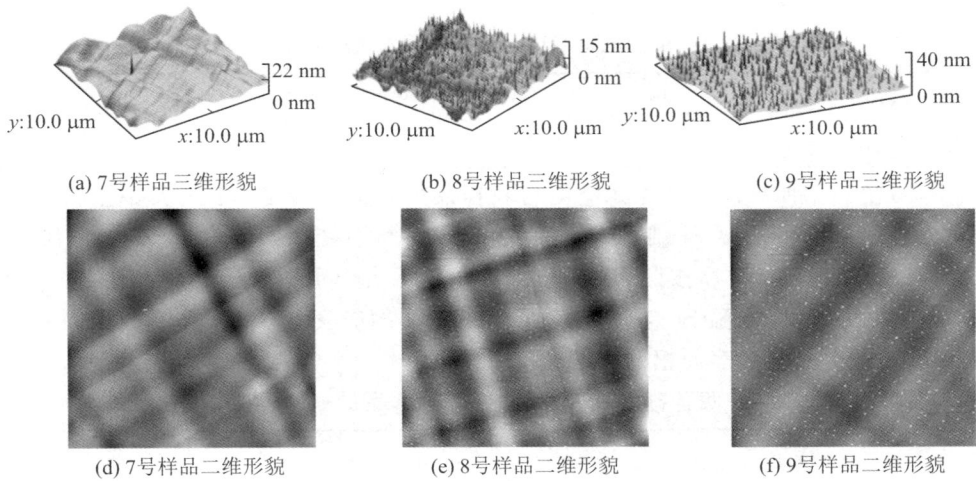

图 9.11　基于低温 Si 与渐变组分 SiGe 缓冲层的应变 Si/SiGe 材料样品的表面 AFM 形貌

表 9.14　基于低温 Si 与渐变组分 SiGe 缓冲层的应变 Si/SiGe 材料样品的表面粗糙度

样品	7	8	9	平均
表面粗糙度/nm	1.83	1.78	1.56	1.72

4. SiGe HBT 材料

图 9.12 是 SiGe HBT 材料样品的表面 AFM 形貌。该材料结构是：应变 SiGe/Si 衬底。相对前面几种材料，其表面粗糙度明显较高。

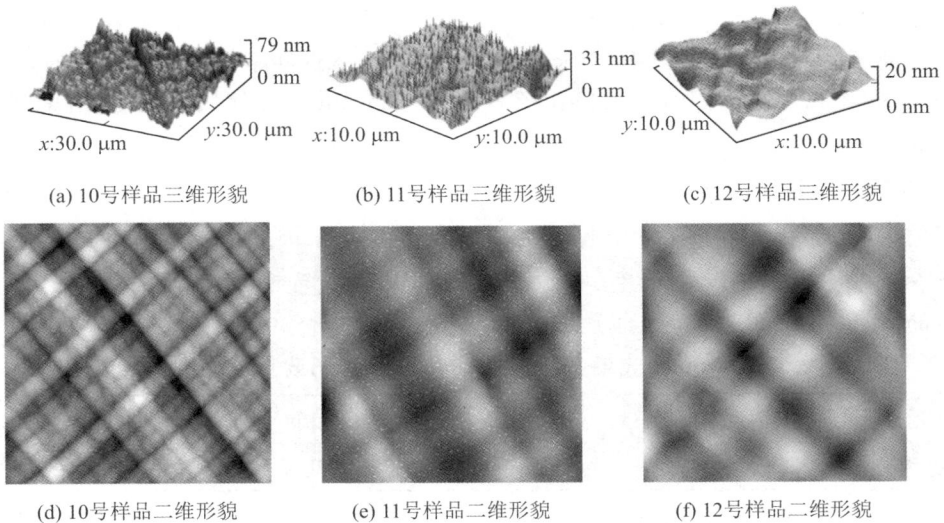

(a) 10号样品三维形貌　　(b) 11号样品三维形貌　　(c) 12号样品三维形貌

(d) 10号样品二维形貌　　(e) 11号样品二维形貌　　(f) 12号样品二维形貌

图 9.12　SiGe HBT 材料样品的表面 AFM 形貌

表 9.15 是 SiGe HBT 材料样品的表面粗糙度，其平均值为 3.43(6.06)nm，是四种材料中最高的。这是因为 SiGe HBT 材料没有如低温 Si 层和渐变组分 SiGe 缓冲层等有利于降低缺陷密度与粗糙度的结构，用于 HBT 基区的应变 SiGe 直接生长在 Si 衬底或 Si 缓冲层。此外，SiGe HBT 材料中 10 号样品的表面粗糙度明显高于其他两个样品，可能是测量

误差所致，也可能是材料质量太差所致。

表 9.15　SiGe HBT 材料样品的表面粗糙度

样品	10	11	12	平均
表面粗糙度/nm	(11.31)	3.99	2.87	3.43(6.06)

表 9.16 给出了四种硅基半导体应变材料样品的表面粗糙度对比，其中 I 代表渐变组分 SiGe 结构、II 代表低温 Si 结构、III 代表低温 Si 与渐变组分 SiGe 结构、IV 代表 SiGe HBT 结构，表面粗糙度排序按照从低到高，即 1 表示表面粗糙度最低，4 表示表面粗糙度最高。由表可知，具有低温 Si 与渐变组分 SiGe 结构的应变 Si/SiGe 材料的表面粗糙度最低，而 SiGe HBT 材料的表面粗糙度最高。

表 9.16　四种硅基半导体应变材料样品的表面粗糙度对比

样品	I	II	III	IV
表面粗糙度平均值/nm	2.77	2.32	1.72	3.43(6.06)
表面粗糙度排序	3	2	1	4

9.4.2　应力与 Ge 组分的 Raman 光谱表征

与其他技术相比，Raman 光谱技术具有实验测试方法简便、快速，精确度较高等优点，是表征硅基半导体应变材料应力与 Ge 组分的标准技术。

本小节硅基半导体应变材料样品的 Raman 光谱表征采用的是法国 Jobin Yvon HR800 显微拉曼光谱仪，325 nm 激光器为 Kimmon 公司 IK3301R-G HeCd 激光器，532 nm 激光器为长春新产业公司的 MSL-III-532 固态泵浦激光器，入射功率为 0.5 mW 左右。532 nm 激光使用的是 100 倍显微物镜，数值孔径为 0.9；325 nm 激光使用的是 40 倍紫外显微物镜，数值孔径为 0.5。

1. 入射光波长的选择

根据 Si 和 SiGe 材料的光学吸收特性，由于能量不同，因此不同波长的 Raman 入射光在体 Si 和 $Si_{1-x}Ge_x$ 中的入射深度不同。表 9.17 是 Raman 光谱实验常用的几种入射光波长及对应的能量。由表可见，波长越短，能量越高。

表 9.17　Raman 光谱实验常用的几种入射光波长及对应的能量

波长/nm	785	633	532	514	325	244
能量/eV	1.58	1.96	2.33	2.41	3.82	5.08

图 9.13 是不同波长入射光在体 Si 和 $Si_{0.78}Ge_{0.22}$ 中的入射深度。由图可见，波长越短（能量越高），入射深度越浅；波长越长（能量越低），入射深度越深。

图 9.14 是不同入射光波长下应变 Si/SiGe 虚衬底/Si 衬底材料结构的 Raman 光谱。由图可见，对于顶层应变 Si，325 nm 入射光波长的 Raman 峰值最强；对于 SiGe 虚衬底，488 nm 和 633 nm 入射光波长的 Raman 峰值显著；对于最底层的 Si 衬底，785 nm 入射光波长的 Raman 峰值最强。

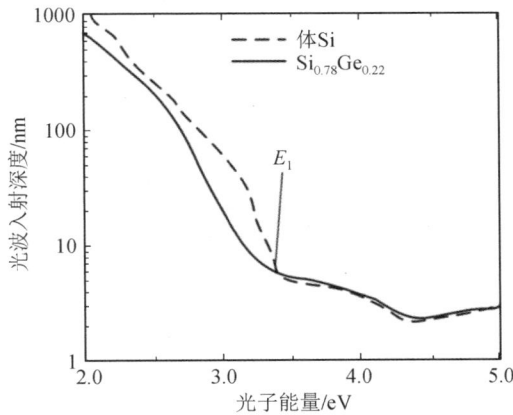

图 9.13　不同波长入射光在体 Si 和 $Si_{0.78}Ge_{0.22}$ 中的入射深度

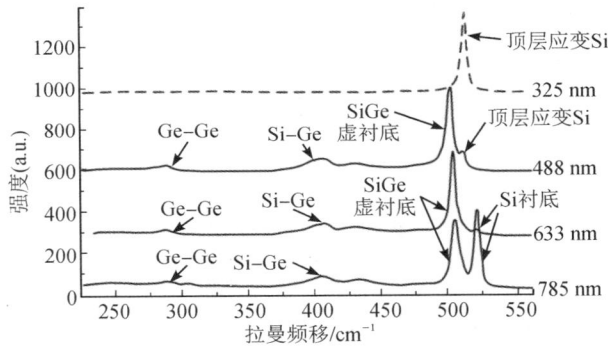

图 9.14　不同入射光波长下应变 Si/SiGe 虚衬底/Si 衬底材料结构的 Raman 光谱

2. 硅基半导体应变材料的 Raman 光谱

根据硅基半导体应变材料的 Raman 光谱的光学吸收特性，本小节确定采用 532 nm 波长的入射光进行 SiGe 虚衬底的 Raman 光谱表征，采用 325 nm 波长的入射光进行顶层应变 Si 的 Raman 光谱表征。

图 9.15 至图 9.17 分别是基于渐变组分 SiGe 缓冲层、基于低温 Si、基于低温 Si 与渐变组分 SiGe 缓冲层的应变 Si 材料的 532 nm 波长 Raman 光谱。由这些图可以看到，各样品的 532 nm 波长 Raman 光谱有 4 个清晰可辨的特征峰，分别是：$507\ cm^{-1}$ 附近强度最大的峰，这是 SiGe 层中的 Si—Si 键的特征峰；$405\ cm^{-1}$ 附近强度次之的峰，这是 SiGe 层中的 Si—Ge 键的特征峰；$430\ cm^{-1}$ 附近强度第三的峰，这是 SiGe 层中受周围 Ge 局域化的 Si—Si 键的振动峰，该振动峰与 $405\ cm^{-1}$ 的 SiGe 特征峰的不同之处在于，其 Si 原子周围的 Ge 原子较少，而特征峰的 Si 原子周围的 Ge 原子较多；$520.6\ cm^{-1}$ 的特征峰，这是体 Si 衬底的典型 Raman 特征峰。4 个特征峰中，$507\ cm^{-1}$ 附近的 Si—Si 键的特征峰强度最大且峰值的半高宽最小，说明 SiGe 层中 Si 的含量高且结晶状况很好。相对于体 Si 中 Si—Si 键振动的 $520.6\ cm^{-1}$ 附近的特征峰，由于受周围较大原子 Ge 的影响，SiGe 层中的 Si—Si 键的特征峰向低能方向偏移，其偏移量与应变大小和 Ge 组分有关。

图 9.18 是 SiGe HBT 材料的 532 nm 波长 Raman 光谱。由图可见，3 个样品的 Raman

光谱只有一个 520.6 cm^{-1} 的体 Si 特征峰。这是因为 3 个样品的 SiGe 层太薄，532 nm 波长的入射光的入射深度较深，到了 Si 衬底，因此 Raman 光谱反映的只有体 Si 的信息。

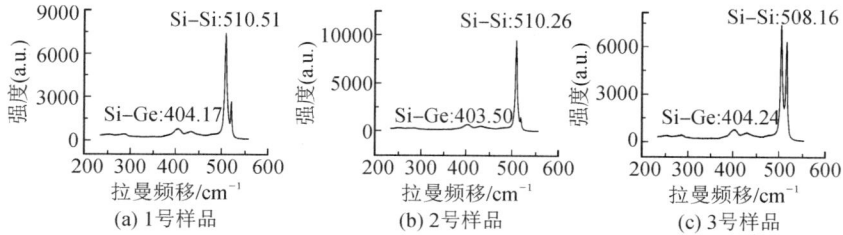

图 9.15　基于渐变组分 SiGe 缓冲层的应变 Si 材料的 532 nm 波长 Raman 光谱

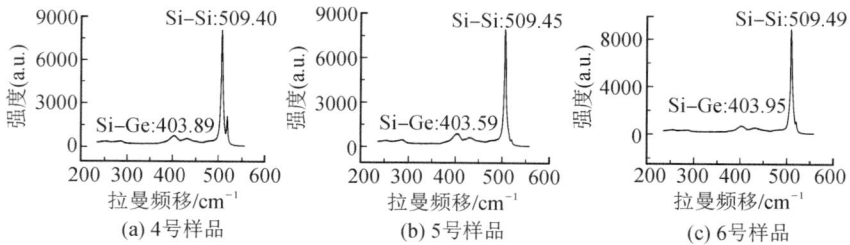

图 9.16　基于低温 Si 的应变 Si 材料的 532 nm 波长 Raman 光谱

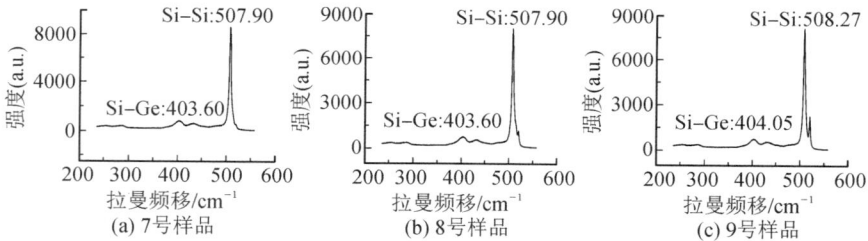

图 9.17　基于低温 Si 与渐变组分 SiGe 缓冲层的应变 Si 材料的 532 nm 波长 Raman 光谱

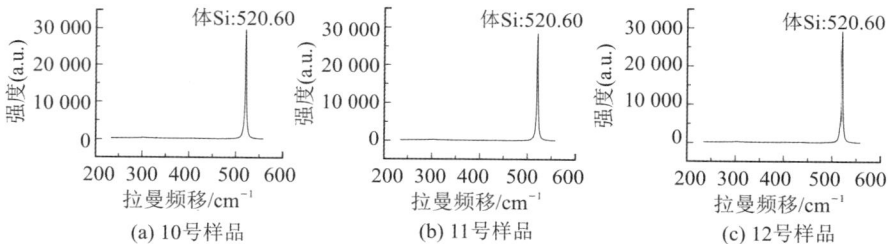

图 9.18　SiGe HBT 材料的 532 nm 波长 Raman 光谱

由图 9.15 至图 9.18 可知，532 nm 波长 Raman 光谱中顶层应变 Si 的特征峰值非常弱，这是因为能量较低的长波长入射光在样品中的入射深度较深，不能反映样品的顶层应变 Si 的信息。

因此，本小节又采用 325 nm 波长的入射光进行顶层应变 Si 的 Raman 光谱表征，结果如图 9.19 至图 9.22 所示。由图 9.19 至图 9.21 可知，各应变 Si 材料样品的 325 nm 波长 Raman 光谱在 510 cm^{-1} 附近都有较明显的峰，这是应变 Si 层中 Si—Si 键的特征峰。根据光的入射特性可知，325 nm 波长的入射光能量较高，在 Si 基材料中的入射深度较浅，仅有几纳米到几十纳米。因而，325 nm 波长 Raman 光谱反映的只是顶层应变 Si 的信息，故而仅有应变 Si 中的 Si—Si 键的特征峰，而基本没有 SiGe 层中的 Si—Si 键的特征峰或 Si—Ge 键的特征峰。

由图 9.22 可见，SiGe HBT 材料的 10 号样品只有一个显著的 520.6 cm^{-1} 峰，这是典型的体 Si 峰，说明该材料帽层 Si 已完全弛豫。而 11 号和 12 号样品没有帽层，其 Raman 峰的频移分别为 513.0 cm^{-1} 和 515.5 cm^{-1}，这是 SiGe 层中典型的 Si—Si 模式 Raman 峰。由于 SiGe HBT 材料的 Ge 组分占比约为 15%，因此其 Raman 峰的频移朝体 Si 进行。

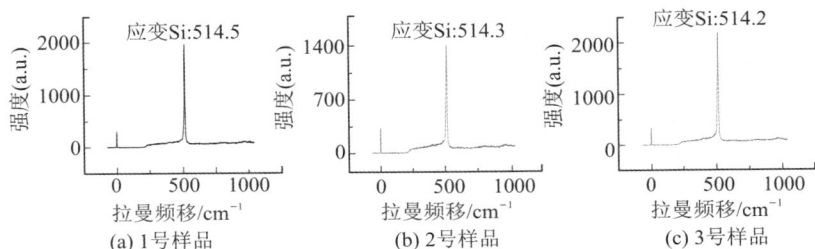

图 9.19　基于渐变组分 SiGe 缓冲层的应变 Si 材料的 325 nm 波长 Raman 光谱

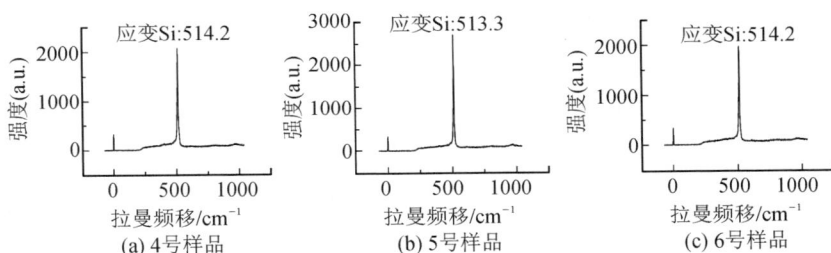

图 9.20　基于低温 Si 的应变 Si 材料的 325 nm 波长 Raman 光谱

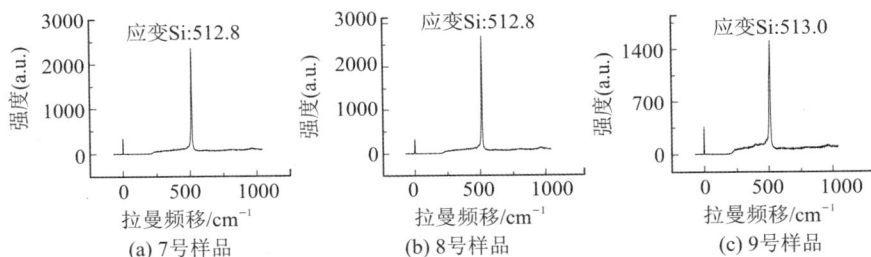

图 9.21　基于低温 Si 与渐变组分 SiGe 缓冲层的应变 Si 材料的 325 nm 波长 Raman 光谱

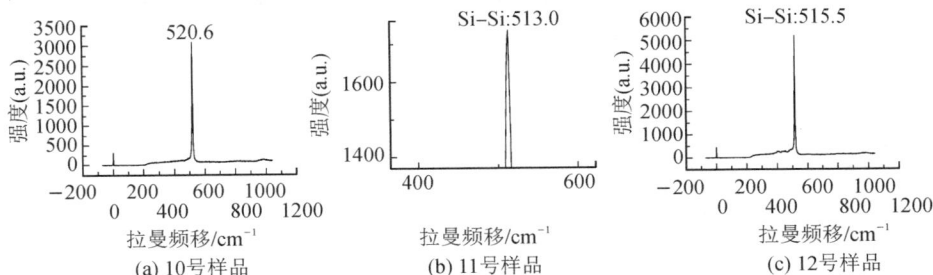

图 9.22　SiGe HBT 材料的 325 nm 波长 Raman 光谱

3. 应变 Si 材料的 Raman 谱应力模型

根据 Raman 光谱原理，应变可导致拉曼谱线频率的移动。求解 Secular 方程，可获得应变张量 ε 与拉曼谱线频移 ω 的定量关系。Si 基类金刚石结构材料的 Secular 方程如下：

$$\begin{vmatrix} p\varepsilon_{xx}+q(\varepsilon_{yy}+\varepsilon_{zz})-\lambda & 2r\varepsilon_{xy} & 2r\varepsilon_{zx} \\ 2r\varepsilon_{xy} & p\varepsilon_{yy}+q(\varepsilon_{xx}+\varepsilon_{zz})-\lambda & 2r\varepsilon_{yz} \\ 2r\varepsilon_{zx} & 2r\varepsilon_{yz} & p\varepsilon_{zz}+q(\varepsilon_{yy}+\varepsilon_{xx})-\lambda \end{vmatrix}=0 \quad (9-1)$$

式中，$\varepsilon_{ij}(i,j=x,y,z)$ 为应变张量分量；p、q、r 为光子材料常数，其值分别为 -1.85、-2.32 和 -0.71；λ 为方程(9-1)的本征值。λ 与 ω 有如下关系：

$$\Delta\omega=\omega-\omega_0\approx\frac{\lambda}{2\omega_0} \quad (9-2)$$

式中，ω_0 为(001)未应变 Si 材料的拉曼谱线波数(约为 520 cm^{-1})，ω 为应变状态下(001)Si 材料的拉曼谱线波数。

依据相关文献，(001) 应变 Si 有三种 Si—Si 振动模式，其中只有[001]晶向的纵向振动模式对 Raman 光谱在(001)应变 Si 表面向后散射有非零的散射效率，即只需求解 Secular 方程中[001]晶向纵向振动模式对应的本征值，便得到式(9-2)所需的 λ 值。因此，求解 Secular 方程中相应的本征值可得

$$\lambda=q\varepsilon_{xx}+q\varepsilon_{yy}+p\varepsilon_{zz} \quad (9-3)$$

设(001) Si 基半导体应变材料的双轴应力为 T，基于胡克定律，可得到(001)双轴应变 Si 的应变张量 ε 与双轴应力 T 之间的关系为

$$\varepsilon_{xx}=\frac{c_{11}+c_{12}}{2c_{11}c_{12}+c_{11}^2}T,\ \varepsilon_{yy}=\frac{c_{11}+c_{12}}{2c_{11}c_{12}+c_{11}^2}T,\ \varepsilon_{zz}=\frac{-c_{12}}{2c_{11}c_{12}+c_{11}^2}T,\ \varepsilon_{xy}=\varepsilon_{xz}=\varepsilon_{yz}=0$$

$$(9-4)$$

将所得由双轴应力表示的应变张量分量及光子材料常数 p、q 代入式(9-3)，可得 λ 与双轴应力 T 的关系。进一步将由 T 表示的 λ 代入式(9-2)，便可得(001)Si 基半导体应变材料双轴应力 T 与拉曼谱线的解析关系理论模型，即

$$\Delta\omega_3=-5.072\,802\,249\,297\,09T \quad (9-5)$$

式中，$\Delta\omega_3$ 是应变 Si 的拉曼频移与体 Si(未应变 Si)的拉曼频移之差。

根据图 9.19 至图 9.21 的 325 nm 波长 Raman 光谱，采用上面建立的应力模型，即式(9-5)，这里计算得到了应变 Si 材料的应力，如表 9.18 所示。

表 9.18   应变 Si 材料的 325 nm 波长的拉曼频移及应力计算结果

样品	应变 Si 峰频移/cm^{-1}	$\Delta\omega_3$/ cm^{-1}	T/GPa
1	514.5	6.1	1.20
2	514.3	6.3	1.24
3	514.2	6.4	1.26
4	514.2	7.0	1.38
5	513.3	7.3	1.44
6	514.2	6.4	1.26

样品	应变 Si 峰频移/cm^{-1}	$\Delta\omega_3$/cm^{-1}	T/GPa
7	512.8	7.8	1.54
8	512.8	7.8	1.54
9	513.0	7.64	1.51

4. 应变 SiGe 材料组分与弛豫度的 Raman 模型

根据 Raman 光谱技术的原理和实验结果,有文献给出了 SiGe 材料的拉曼频移特征峰值 ω 与应变张量 ε 和 Ge 组分占比 x 的关系,即有

$$\omega_{Si—Si} = 520.6 - 68x + 37\varepsilon \tag{9-6}$$

$$\omega_{Si—Ge} = 400.5 + 14.2x + 24\varepsilon \tag{9-7}$$

式中,$\omega_{Si—Si}$ 和 $\omega_{Si—Ge}$ 分别是应变 SiGe 材料的 Si—Si 键和 Si—Ge 键的拉曼频移特征峰值,520.6 是体 Si(未应变 Si)的 Si—Si 键的拉曼频移特征峰值,它们的单位都是 cm^{-1}。

这里根据样品的 Raman 光谱,通过对 Raman 光谱的拟合,提取了样品 SiGe 层中的 Si—Si 键和 Si—Ge 键的拉曼频移特征峰值,并根据式(9-6)和式(9-7),计算了弛豫 SiGe 虚衬底和 SiGe HBT 材料的 Ge 组分占比,结果如表 9.19 所示。其中,1~9 号样品的 Raman 入射光波长是 532 nm,而 10~12 号样品的 Raman 入射光波长是 514 nm。由表可见,各应变 Si 材料弛豫 SiGe 虚衬底的 Ge 组分占比计算值与工艺估计值基本一致,但大多偏低,这可能与渐变组分 SiGe 缓冲层(Ge 组分低于弛豫 SiGe 虚衬底的)对 Raman 光谱的影响有关。

表 9.19　应变 Si 材料的 532/514 nm 波长的拉曼频移与 Ge 组分占比

样品	Si—Si 频移/cm^{-1}	Si—Ge 频移/cm^{-1}	Ge 组分占比计算值(%)	Ge 组分占比工艺估计值(%)
1	510.51	404.17	19.74	20
2	510.26	403.50	17.55	20
3	508.16	404.24	20.27	20
4	509.40	403.89	18.27	20
5	509.45	403.59	17.70	20
6	509.49	403.95	18.16	20
7	507.90	403.60	19.44	20
8	507.90	403.60	19.44	20
9	508.27	404.05	19.81	20
10	514.30	405.00	14.73	15
11	513.00	403.00	14.46	15
12	515.20	405.00	13.73	15

相对于体 Si,由于受大原子 Ge 的影响,SiGe 层中 Si—Si 模式向低能端偏移,其偏移量(拉曼频移差)与 SiGe 层中的 Ge 组分和应力有关。对任意 Ge 组分,偏移量有两个极值,一个是完全应变下的极小值 Δ_s,另一个是完全弛豫下的极大值 Δ_r。实际的偏移量介于这两

个极值之间，通过与这两个极值进行比较，可以得到内应力和弛豫度。根据式(9-6)，可得出 SiGe 完全弛豫和完全应变时 Si—Si 模式的偏移量与 Ge 组分占比 x 的关系为

$$\Delta_r = 67x \tag{9-8}$$

$$\Delta_s = 32x \tag{9-9}$$

式中，Δ_r 和 Δ_s 分别是完全弛豫和完全应变时 SiGe 层中 Si—Si 模式相对于体 Si 衬底的偏移量。由这两个关系式可以看出，完全弛豫 SiGe 层中 Si—Si 模式的拉曼频移比完全应变时的小，这与弛豫状态下 Si 的纵向光学声子具有较低能量的结论相符合。

根据弛豫度的定义，可得到 SiGe 层的弛豫度 R 与 Δ_r 和 Δ_s 的关系为

$$R = \frac{\Delta_{exp} - \Delta_s}{\Delta_r - \Delta_s} \tag{9-10}$$

式中，Δ_{exp} 是 SiGe 层中 Si—Si 模式峰频移实验值相对于体 Si 衬底的偏移量。在完全弛豫的 SiGe 薄膜中，Ge—Ge 模式峰频移与 SiGe 薄膜的 Ge 组分占比成线性关系，但在 SiGe 薄膜处于应变状态时，Ge—Ge 模式峰频移与 Ge 组分占比不成线性关系。所以，常用 Si—Si 模式峰频移来计算 SiGe 薄膜中的应变与弛豫状态参数。

根据表 9.19 的测试参数，采用式(9-8)、式(9-9)和式(9-10)，这里计算了应变 Si/SiGe 材料的 SiGe 虚衬底的弛豫度，结果如表 9.20 所示。由表可见，基于低温 Si 与渐变组分 SiGe 缓冲层的应变 Si/SiGe 材料的 SiGe 虚衬底的弛豫度最高，说明多重弛豫作用的材料结构对弛豫度的提高是有明显作用的；基于低温 Si 的材料次之；而 SiGe HBT 材料（10、11 和 12 号样品）的弛豫度最低，这是因为该材料没有能提高弛豫度的渐变组分 SiGe 缓冲层或低温 Si 层，应变 SiGe 直接外延生长在 Si 衬底或 Si 缓冲层上，用作 SiGe HBT 器件结构的基区材料。

表 9.20　应变 Si/SiGe 材料的 SiGe 虚衬底的弛豫度

样品	Ge 组分占比(%)	Δ_r/cm^{-1}	Δ_s/cm^{-1}	Δ_{exp}/cm^{-1}	弛豫度
1	19.74	13.22	6.32	10.09	54.64
2	17.55	11.76	5.44	10.34	77.53
3	20.27	13.58	6.28	12.44	84.38
4	18.27	12.24	5.85	11.2	83.72
5	17.70	11.86	5.66	11.15	88.65
6	18.16	12.17	5.81	11.11	83.33
7	19.44	13.02	6.22	12.70	95.29
8	19.44	13.02	6.22	12.70	95.29
9	19.81	13.27	6.34	12.33	86.44
10	14.73	9.87	4.71	6.3	30.81
11	14.46	9.69	4.63	7.6	58.82
12	13.73	9.20	4.39	5.4	21.00

9.4.3　缺陷的 TEM 表征

TEM(透射电子显微镜)是研究材料微观结构的重要技术,可直观分析样品内部的形貌、物相特点、晶体结构、晶粒大小、晶体缺陷等。1934 年,Taylor 等提出位错理论时受到许多人的怀疑和反对,但 TEM 的出现终结了关于位错理论的争论。目前,TEM 是硅基半导体应变材料缺陷分析最基本和最重要的测试手段。

本小节使用的 TEM 测试设备是日本电子的 JEOL1230,其点分辨率为 0.36 nm,线分辨率为 0.20 nm,加速电压为 40~120 kV,放大倍数为 30 万倍。

1. 基于渐变组分 SiGe 缓冲层的应变 Si/SiGe 材料

图 9.23 是基于渐变组分 SiGe 缓冲层的应变 Si/SiGe 材料的 TEM 图像。由图可见,在渐变组分 SiGe 缓冲层形成了位错网络,位错穿过弛豫 SiGe 层到达应变 Si 表面,形成穿透位错。

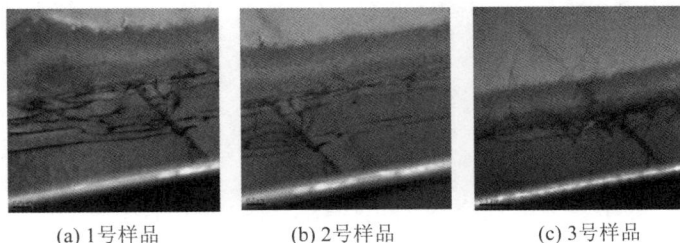

(a) 1号样品　　　　(b) 2号样品　　　　(c) 3号样品

图 9.23　基于渐变组分 SiGe 缓冲层的应变 Si/SiGe 材料的 TEM 图像

2. 基于低温 Si 的应变 Si/SiGe 材料

图 9.24 是基于低温 Si 的应变 Si/SiGe 材料的 TEM 图像。由图可见,在低温 Si 层产生了点缺陷,而点缺陷导致在低温 Si/SiGe 界面处产生位错,最终位错使应变 SiGe 弛豫。

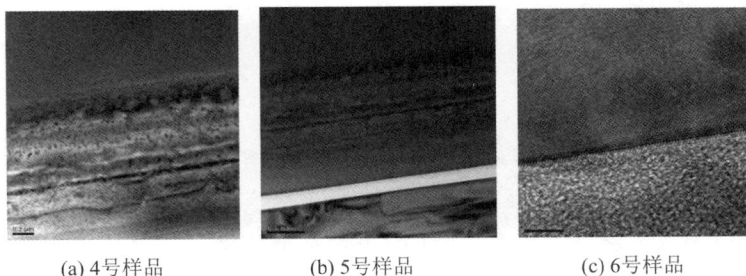

(a) 4号样品　　　　(b) 5号样品　　　　(c) 6号样品

图 9.24　基于低温 Si 的应变 Si/SiGe 材料的 TEM 图像

3. 基于低温 Si 与渐变组分 SiGe 缓冲层的应变 Si/SiGe 材料

图 9.25 是基于低温 Si 与渐变组分 SiGe 缓冲层的应变 Si/SiGe 材料的 TEM 图像。由图可见,低温 Si 诱导的位错线较渐变组分 SiGe 缓冲层的短,且弛豫 SiGe 层位错较少,说明低温 Si 和渐变组分 SiGe 缓冲层的共同弛豫作用和控制位错作用与效果优于单独使用低

温 Si 或渐变组分 SiGe 缓冲层的情况。

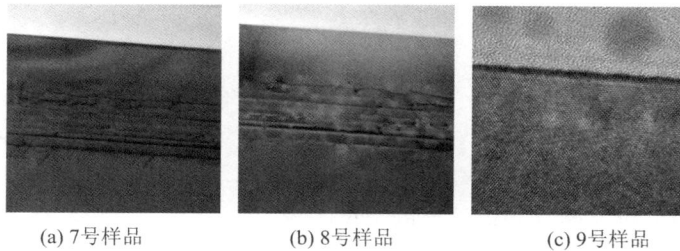

(a) 7号样品　　　　　　　(b) 8号样品　　　　　　　(c) 9号样品

图 9.25　基于低温 Si 与渐变组分 SiGe 缓冲层的应变 Si/SiGe 材料的 TEM 图像

4. SiGe HBT 材料

图 9.26 是 SiGe HBT 材料的 TEM 图像。由图可见，位错线较长，这是应变 SiGe 或渐变组分 SiGe 材料弛豫时产生的位错线的特征。由于没有任何的降低位错的材料结构，如低温 Si 或渐变组分 SiGe 缓冲层等的作用，因此 SiGe 材料的位错较高且弛豫度相对较低。

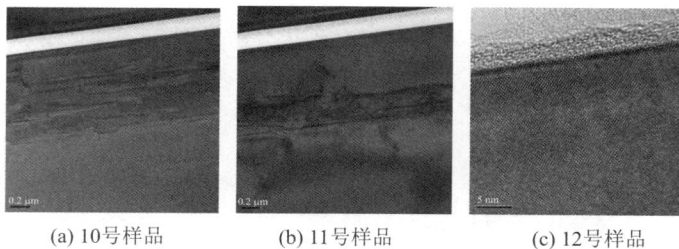

(a) 10号样品　　　　　　(b) 11号样品　　　　　　(c) 12号样品

图 9.26　SiGe HBT 材料的 TEM 图像

9.4.4　表面穿透位错密度的 DIC 显微镜表征

本小节采用标准的表面腐蚀与微分干涉相衬(DIC)显微镜拍照的方法，对硅基半导体应变材料的表面穿透位错密度进行了表征。

1. 样品的腐蚀

1) 样品的预处理

(1) 将样片放入配好的丙酮溶液中，并将放有该溶液的容器放入超声波清洗机中，时间为 3~5 min。

(2) 将样片取出放入配好的无水乙醇中，并将放有该溶液的容器放入超声波清洗机中，时间为 3~5 min。

(3) 将样片取出放入离子水中，清洗 3~5 min。

2) 样品的腐蚀

这里采用 Schimmel 溶液对样品进行表面腐蚀。Schimmel 溶液配方和腐蚀方法及步骤如下。

(1) Schimmel 溶液配方。先将 CrO_3 配成铬酸标准液，配方为 $CrO_3 : H_2O = 50\ g : 100\ ml$。

再将铬酸标准液与 HF 溶液混合配成腐蚀硅基半导体应变材料表面所需的多种腐蚀液：A 标准液，铬酸标准液：$HF(40\%\sim42\%)=2:1$，用于慢速腐蚀；B 标准液，铬酸标准液：$HF(40\%\sim42\%)=3:2$，用于中速腐蚀；C 标准液，铬酸标准液：$HF(40\%\sim42\%)=1:1$，用于快速腐蚀；D 标准液，铬酸标准液：$HF(40\%\sim42\%)=1:2$，用于快速腐蚀。根据材料的结构特征，本小节采用了中速腐蚀的 B 标准液。

　　（2）腐蚀方法及步骤。由于是化学腐蚀，因此腐蚀温度和腐蚀时间将决定材料被腐蚀的厚度。对硅基半导体应变材料而言，由于是多层薄膜材料结构，因此腐蚀时间将决定腐蚀停止在哪个材料层。

　　图 9.27 是室温下采用 Schimmel 溶液对 1 号样品腐蚀 40 s、50 s 和 70 s 的 DIC 显微镜照片。由图可见，腐蚀 40 s 和 50 s 的 DIC 显微镜照片中并没有出现比较清晰的位错坑，而在腐蚀 70 s 的 DIC 显微镜照片中出现了比较明显的位错坑。

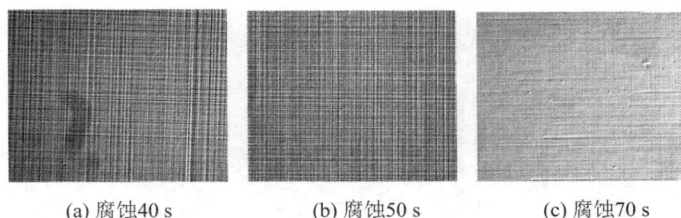

(a) 腐蚀40 s　　　　　　(b) 腐蚀50 s　　　　　　(c) 腐蚀70 s

图 9.27　1 号样品不同腐蚀时间的 DIC 显微镜照片

　　为了快速有效地确定不同样品的最佳腐蚀时间，本小节采用了梯度腐蚀法，即用镊子夹住样品，先将样片的 1/4 部分放入腐蚀液，腐蚀 $10\sim20$ s，再将样片向下放入 1/4，腐蚀 $10\sim20$ s，再放入 1/4，直至将样片全部放入腐蚀液中。图 9.28 是 $1\sim3$ 号样品梯度腐蚀法的 DIC 显微镜照片。由图可见，不同腐蚀时间下位错有明显的不同。

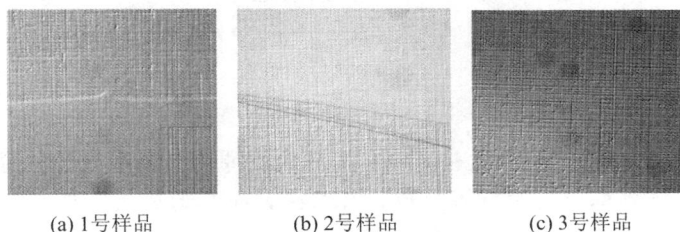

(a) 1号样品　　　　　　(b) 2号样品　　　　　　(c) 3号样品

图 9.28　$1\sim3$ 号样品梯度腐蚀法的 DIC 显微镜照片

2. DIC 显微镜照片

　　采用 DIC 显微镜，对腐蚀后的样品表面进行观察与拍照，所得照片如图 9.29 至图 9.32 所示。从图中可以看到，样品表面有大量的十字交叉线（Cross-hatch），这是由失配应力引起的，即失配应力的存在，会造成有位错和无位错的区域外延沉积厚度不一致，因而会产生大量的十字交叉线。

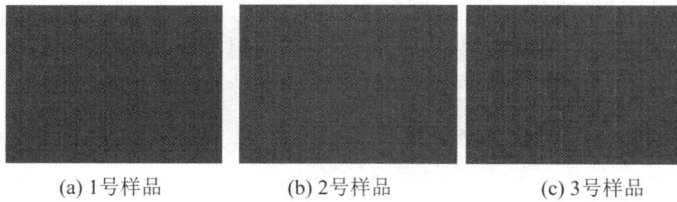

(a) 1号样品　　　　　(b) 2号样品　　　　　(c) 3号样品

图 9.29　基于渐变组分 SiGe 缓冲层的应变 Si/SiGe 材料的 DIC 显微镜照片

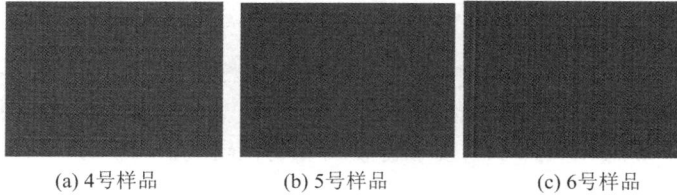

(a) 4号样品　　　　　(b) 5号样品　　　　　(c) 6号样品

图 9.30　基于低温 Si 的应变 Si/SiGe 材料的 DIC 显微镜照片

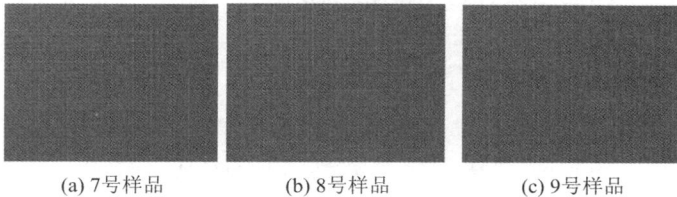

(a) 7号样品　　　　　(b) 8号样品　　　　　(c) 9号样品

图 9.31　基于低温 Si 与渐变组分 SiGe 缓冲层的应变 Si/SiGe 材料的 DIC 显微镜照片

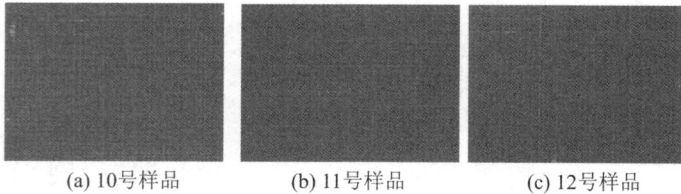

(a) 10号样品　　　　　(b) 11号样品　　　　　(c) 12号样品

图 9.32　SiGe HBT 材料的 DIC 显微镜照片

SiGe 缓冲层的应力失配是引起表面粗糙度的根本原因。失配应力的存在，会造成有位错的和无位错的区域外延生长厚度不一致，因而在表面会形成大量的十字交叉线，交叉线上即是表面凹凸不平的地方。插入渐变组分 SiGe 缓冲层，可大幅减少失配应力，从而降低在界面处形成的位错的密度，减少位错堆积，抑制位错排的形成及位错线的延伸，并从微观范围控制失配应力的不均匀性，从而降低表面穿透位错密度（TDD）和表面粗糙度。

3. 位错密度计算

本小节 DIC 显微镜的视场面积为 $572~\mu m \times 429~\mu m$，显微镜的物镜倍数为 100，标尺中每小格为 $10~\mu m$。用带摄像头的光学显微放大镜成像，在硅片 9 点处（中心 1 点、边缘 4 点、二分之一半径处 4 点）统计取平均值，或用一个直径上从左到右所有的位错总数除以面积，获得最终的失配位错密度。

根据位错密度公式 $N = n/S$（N、n、S 分别为位错密度、位错总数和所考虑的面积），这里计算得到了 4 种结构的应变 Si/SiGe 材料样品的表面穿透位错密度，如表 9.21 所示。

其中，Ⅰ代表渐变组分 SiGe 结构、Ⅱ代表低温 Si 结构、Ⅲ代表低温 Si 与渐变组分 SiGe 结构、Ⅳ代表 SiGe HBT 结构。由表可见，具有低温 Si 与渐变组分 SiGe 结构的应变 Si/SiGe 材料的 TDD 最低，而 SiGe HBT 材料的 TDD 最高。

表 9.21　4 种结构的应变 Si/SiGe 材料样品的表面穿透位错密度(TDD)

样品	Ⅰ	Ⅱ	Ⅲ	Ⅳ
TDD	3.8×10^5	7.7×10^4	4.2×10^4	6.5×10^6

参 考 文 献

[1]　JING Y, XU H, MIAO D, et al. The Strain Model for Globally Strained Silicon on Insulator Wafer Based on High-stress SiN Film Deposition[J]. Silicon, 2023, 15 (12): 5115－5120.

[2]　SHARMA R, RANA A K, KAUSHAL S, et al. Analysis of Underlap Strained Silicon on Insulator MOSFET for Accurate and Compact Modeling[J]. Silicon, 2022, 14(6): 2793－2801.

[3]　MIAO D, WU S, DAI X, et al. The formation mechanism of globally biaxial strain in He^+ implanted silicon-on-insulator wafer based on the plastic deformation and smooth sliding of buried SiO_2 film [J]. Applied Physics Letters, 2018, 113 (22): 221602.

[4]　MOREA M, BRENDEL C E, ZANG K, et al. Passivation of multiple-quantum-well $Ge_{0.97}Sn_{0.03}$/Ge p-i-n photodetectors [J]. Applied Physics Letters, 2017, 110 (9): 091109.

[5]　SENARATNE C L, WALLACE P M, GALLAGHER J D, et al. Direct gap $Ge_{1-y}Sn_y$ alloys: Fabrication and design of mid-IR photodiodes[J]. Journal of Applied Physics, 2016, 120(2): 025701.

[6]　HART J, ADAM T, KIM Y, et al. Temperature varying photoconductivity of GeSn alloys grown by chemical vapor deposition with Sn concentrations from 4% to 11% [J]. Journal of Applied Physics, 2016, 119(9): 093105.

[7]　ZHOU Y, DOU W, DU W, et al. Systematic study of GeSn heterostructure-based light-emitting diodes towards mid-infrared applications [J]. Journal of Applied Physics, 2016, 120(2): 023102.

[8]　WIRTHS S, GEIGER R, VON DEN DRIESCH N, et al. Lasing in direct-bandgap GeSn alloy grown on Si[J]. Nature Photonics, 2015, 9(2): 88－92.

[9]　LIU Y, YAN J, WANG H J, et al. Strained Germanium-Tin (GeSn) P-Channel Metal-Oxide-Semiconductor Field-Effect Transistors Featuring High Effective Hole Mobility[J]. International Journal of Thermophysics, 2015, 36(5/6): 980－986.

[10]　TAOKA N, CAPELLINI G, SCHLYKOW V, et al. Electrical and optical properties improvement of GeSn layers formed at high temperature under well-controlled Sn migration[J]. Materials Science in Semiconductor Processing, 2017, 70: 139－144.

[11]　HUANG Y S, TSOU Y J, HUANG C H, et al. High-Mobility CVD-Grown Ge/ Strained $Ge_{0.9}Sn_{0.1}$/Ge Quantum-Well p-MOSFETs on Si by Optimizing Ge Cap Thickness[J]. IEEE Transactions on Electron Devices, 2017, 64(6): 2498－2504.

[12] MARGETIS J, MOSLEH A, AL-KABI S, et al. Study of low-defect and strain-relaxed GeSn growth via reduced pressure CVD in H_2 and N_2 carrier gas[J]. Journal of Crystal Growth, 2017, 463: 128 – 133.

[13] MOSLEH A, ALHER M, COUSAR L C, et al. Buffer-Free GeSn and SiGeSn Growth on Si Substrate Using In Situ SnD_4 Gas Mixing[J]. Journal of Electronic Materials, 2016, 45(4): 2051 – 2058.

[14] KURDI M E, FISHMAN G, SAUVAGE S, et al. Band structure and optical gain of tensile-strained germanium based on a 30 band $k \cdot p$ formalism[J]. Journal of Applied Physics, 2010, 107(1): 013710.

[15] LIU L, ZHANG M, HU L J, et al. Effect of tensile strain on the electronic structure of Ge: A first-principles calculation[J]. Journal of Applied Physics, 2014, 116(11): 113105.

[16] BAI M, XUAN R X, SONG J J, et al. Hole scattering and mobility in compressively strained $Ge/(001)Si_{1-x}Ge_x$[J]. Acta Physica Sinica, 2015, 64(3): 038501.

[17] MADELUNG O. Semiconductors: Group IV Elements and III-V Compounds[M]. Berlin: Springer-Verlag, 1991: 2801 – 3106.

[18] WANG X Y, ZHANG H M, SONG J J, et al. Electron mobility of strained $Si/(001)Si_{1-x}Ge_x$[J]. Acta Physica Sinica, 2011, 60(7): 077205.

[19] SONG J J, ZHANG H M, HU H Y, et al. Hole scattering mechanism in tetragonal strained Si[J]. Acta Physica Sinica, 2012, 61(5): 057304.

[20] SONG P, CAI L C, TAO T J, et al. Melting along the Hugoniot and solid phase transition for Sn via sound velocity measurements[J]. Journal of Applied Physics, 2016, 120(19): 195101.

[21] CHEN R, LIN H, HUO Y, et al. Increased photoluminescence of strain-reduced, high-Sn composition $Ge_{1-x}Sn_x$ alloys grown by molecular beam epitaxy[J]. Applied Physics Letters, 2011, 99(18): 181125.

[22] LIN H, CHEN R, HUO Y, et al. Raman study of strained $Ge_{1-x}Sn_x$ alloys[J]. Applied Physics Letters, 2011, 98(26): 261917.

[23] LIN H, CHEN R, LU W, et al. Investigation of the direct band gaps in $Ge_{1-x}Sn_x$ alloys with strain control by photoreflectance spectroscopy[J]. Applied Physics Letters, 2012, 100(10): 102109.

[24] GASSENQ A, MILORD L, AUBIN J, et al. Gamma bandgap determination in pseudomorphic GeSn layers grown on Ge with up to 15% Sn content[J]. Applied Physics Letters, 2016, 109(24): 242107.

[25] LIETEN R R, SEO J W, DECOSTER S, et al. Tensile strained GeSn on Si by solid phase epitaxy[J]. Applied Physics Letters, 2013, 102(5): 052106.

[26] WIRTHS S, STANGE D, PAMPILLóN M A, et al. High-k Gate Stacks on Low Bandgap Tensile Strained Ge and GeSn Alloys for Field-Effect Transistors[J]. ACS Applied Materials & Interfaces, 2015, 7(1): 62 – 67.

[27] KAO K H, VERHULST A S, VAN DE PUT M, et al. Tensile strained Ge tunnel field-effect transistors: $k \cdot p$ material modeling and numerical device simulation [J]. Journal of Applied Physics, 2014, 115(4): 044505.

[28] SUN Y, THOMPSON S E, NISHIDA T. Strain Effect in Semiconductors: Theory and Device Applications [M]. Berlin: Springer, 2010: 118 – 124.

[29] SUKHDEO D S, NAM D, KANG J H, et al. Direct bandgap germanium-on-silicon inferred from 5.7% ⟨100⟩ uniaxial tensile strain [Invited][J]. Photonics Research, 2014, 2(3): A8 – A13.

[30] 胡先志. 光器件及其应用[M]. 北京: 电子工业出版社, 2010: 139.

[31] 黄诗浩, 李成, 陈城钊, 等. N 型掺杂应变 Ge 发光性质[J]. 物理学报, 2012, 61 (3): 356 – 363.

[32] 马建立, 张鹤鸣, 宋建军, 等. 单轴应力锗能带结构研究[J]. 中国科学(物理学 力学 天文学), 2012, 42(1): 15-21.

[33] HOEFFLINGER B. The International Technology Roadmap for Semiconductors [M]. Berlin: Springer, 2011: 161 – 174.

[34] MOHTA N, THOMPSON S. Mobility Enhancement [J]. IEEE Circuits and Devices Magazine, 2005, 21(5): 18 – 23.

[35] LEE M L, FITZGERALD E A, BULSARA M T, et al. Strained Si, SiGe, and Ge channels for high-mobility metal-oxide-semiconductor field-effect transistors[J]. Journal of Applied Physics, 2005, 97(1): 011101.

[36] PAUL D J. Si/SiGe heterostructures: from material and physics to devices andcircuits [J]. Semiconductor Science and Technology, 2004, 19(10): R75 – R108.

[37] LIAO J H. Characterization of strained silicon [D]. Arizona: Arizona State University, 2006.

[38] HOYT J L, NAYFEH H M, EGUCHI S, et al. Strained silicon MOSFET technology: International Electron Devices Meeting, San Francisco, CA, USA, December 8-11, 2002[C]. New York: IEEE, 2003: 23 – 26.

[39] SANUKI T, OISHI A, MORIMASA Y, et al. Scalability of strained silicon CMOSFET and high drive current enhancement in the 40 nm gate length technology: IEEE International Electron Devices Meeting, Washington, DC, USA, December 8-10, 2003 [C]. New York: IEEE, 2004: 65 – 68.

[40] SUGII N, HISAMOTO D, WASHIO K, et al. Performance enhancement of strained-Si MOSFETs fabricated on a chemical-mechanical-polished SiGe substrate [J]. IEEE Transactions on Electron Devices, 2002, 49(12): 2237 – 2243.

[41] OH J, LEE S H, MIN K S, et al. SiGe CMOS on (110) channel orientation with mobility boosters: Surface orientation, channel directions, and uniaxial strain: Symposium on VLSI Technology, Honolulu, HI, USA, June 15-17, 2010 [C]. New York: IEEE, 2010: 39 – 40.

[42] HUANG L J, CHU J O, CANAPERI D F, et al. SiGe-on-insulator prepared by

wafer bonding and layer transfer for high-performance field-efect transistors[J]. Applied Physics Letters, 2001, 78(9): 1267 - 1269.

[43]　AL-SADI M, FREGONESE S, MANEUX C, et al. Modeling of a novel NPN-SiGe-HBT device structure using strain engineering technology in the collector region for enhanced electrical performance: IEEE Bipolar/Bi CMOS Circuits and Technology Meeting(BCTM), Austin, TX, USA, October 4-6, 2010[C]. New York: IEEE, 2010: 216 - 219.

[44]　XIE H Y, ZHANG W R, SHEN P, et al. Impact of bias current and geometry on noise performance of SiGe HBT low noise amplifier: International Conference on Microwave and Millimeter Wave Technology, Chengdu, China, May 8-11, 2010 [C]. New York: IEEE, 2010: 492 - 495.

[45]　UGAJIN M, KUNII Y, KUWAGAKI M, et al. SiGe drift base bipolar trasistor with self-aligned selective CVD-tungsten electrodes [J]. IEEE Transactions on Electron Devices, 1994, 41(3): 427 - 432.

[46]　POTYRAJ P A, PETROSKY K J, HOBART K D, et al. A 230-Watt S-band SiGe heterojunction bipolar transistor[J]. IEEE Transactions on Microwave Theory and Techniques, 1996, 44(12): 2392 - 2397.

[47]　WASHIO K, OHUE E, SHIMAMOTO H, et al. A 0.2-μm 180-GHz-f_{max} 6.7-ps-ECL SOI/HRS self-aligned SEG SiGe HBT/CMOS technology for microwave and high-speed digital applications[J]. IEEE Transactions on Electron Devices, 2002, 49(2): 271 - 278.

[48]　RIEH J S, JAGANNATHAN B, CHEN H, et al. SiGe HBTs with cut-off frequency of 350 GHz: International Electron Devices Meeting, San Francisco, CA, USA, December 8-11, 2002 [C]. New York: IEEE, 2003: 771 - 774.

[49]　MIZUNO T, SUGIYAMA N, SATAKE H, et al. Symposium on VLSI Technology: Digest of technical papers, June 13-15, 2000[C]. New York : IEEE, 2000: 210 - 211.

[50]　RIM K, CHU J, CHEN H, et al. Characteristics and device design of sub-100 nm strained Si N- and PMOSFETs: Symposium on VLSI Technology, Honolulu, HI, USA ,June 11-13, 2002[C]. New York : IEEE, 2002, 98 - 99.

[51]　YANG H S, MALIK R, NARASIMHA S, et al. Dual stress liner for high performance sub-45nm gate length SOI CMOS manufacturing: International Electron Devices Meeting, San Francisco, CA, USA, December 13-15, 2004 [C]. New York: IEEE, 2005: 1075 - 1077.

[52]　TAN K M, ZHU M, FANG W W, et al. A New Liner Stressor with Very High Intrinsic Stress ($\gg$ 6 GPa) and Low Permittivity Comprising Diamond-Like Carbon (DLC) for Strained P-Channel Transistors: IEEE International Electron Devices Meeting, Washington, DC, USA, December 10-12, 2007[C]. New York: IEEE, 2008: 127 - 130.

[53] WEBER O, BOGUMILOWICZ Y, ERNST T, et al. Strained Si and Ge MOSFETs with high-k/metal gate stack for high mobility dual channel CMOS: IEEE International Electron Devices Meeting, Washington, DC, USA, December 5-5, 2005 [C]. New York: IEEE, 2006: 137 - 140.

[54] HARTMANN J M, BURDIN M, ROLLAND G, et al. Growth kinetics of Si and SiGe on Si(100), Si(110) and Si(111) surfaces[J]. Journal of Crystal Growth, 2006, 294(2): 288 - 295.

[55] LEE M L, PITERA A J, FITZGERALD E A. Growth of strained Si and strained Ge heterostructures on relaxed $Si_{1-x}Ge_x$ by ultrahigh vacuum chemical vapor deposition[J]. Journal of Vacuum Science & Technology B, 2004, 22(1): 158 - 164.

[56] ESCOBEDO-COUSIN E, OLSEN S H, BULL S J, et al. Study of Surface Roughness and Dislocation Generation in Strained Si Layers Grown on Thin Strain-Relaxed Buffers for High Performance MOSFETs: International SiGe Technology and Device Meeting, Princeton, NJ, USA, May 15 - 17, 2006 [C]. New York: IEEE, 2006: 1 - 2.

[57] 王敬, 梁仁荣, 徐阳, 等. 用减压化学气相沉积技术制备应变硅材料[J]. 半导体学报, 2006, 27(z1): 179 - 182.

[58] KIM K, CHUANG C T, RIM K, et al. Performance assessment of scaled strained-Si channel-on-insulator (SSOI) CMOS[J]. Solid-State Electronics, 2004, 48(2): 239 - 243.

[59] TARASCHI G, LANGDO T A, CURRIE M T, et al. Relaxed SiGe-on-insulator fabricated via wafer bonding and etch back [J]. Journal of Vacuum Science & Technology B, 2002, 20(2): 725 - 727.

[60] TEZUKA T, SUGIYAMA N, TAKAGI S. Fabrication of strained Si on an ultrathin SiGe-on-insulator virtual substrate with a high-Ge fraction[J]. Applied Physics Letters, 2001, 79(12): 1798 - 1800.

[61] LANGDO T, LOCHTEFELD A, CURRIE M, et al. Preparation of novel SiGe-free strained Si on insulator substrates: IEEE International Silicon-on-Insulator Conference, Williamsburg, VA, USA, October 7-10, 2002[C]. New York: IEEE, 2002: 211 - 212.

[62] TANG H P, VESCAN L, LÜTH H. Equilibrium thermodynamic analysis of the Si—Ge-Cl-H system for atmospheric and low pressure CVD of $Si_{1-x}Ge_x$[J]. Journal of Crystal Growth, 1992, 116(1/2): 1 - 14.

[63] MEYERSON B S, URAM K J, LEGOUES F K. Cooperative growth phenomena in silicon/germanium low - temperature epitaxy[J]. Applied Physics Letters, 1988, 53(25): 2555 - 2557.

[64] GARONE P M, STURM J C, SCHWARTZ P V, et al. Silicon vapor phase epitaxial growth catalysis by the presence of germane[J]. Applied Physics Letters, 1990, 56(13): 1275 - 1277.

[65] LOVTSUS A A, SEGAL A S, SID'KO A P, et al. Kinetics of SiGe chemical vapor deposition from chloride precursors[J]. Journal of Crystal Growth, 2006, 287(2): 446 – 449.

[66] HARTMANN J M. Low temperature growth kinetics of high Ge content SiGe in reduced pressure-chemical vapor deposition[J]. Journal of Crystal Growth, 2007, 305(1): 113 – 121.

[67] 李培咸, 孙建诚, 胡辉勇. 光化学气相沉积 SiGe/Si 材料的机制分析[J]. 光子学报, 2002, 31(3): 293 – 296.

[68] 雷震霖. $Ge_x Si_{1-x}$/Si 异质结材料的 UHVCVD 设备、工艺及生长特性研究[D]. 沈阳: 东北大学, 1998: 28 – 32.

[69] 于卓, 李代宗, 成步文, 等. UHV/CVD 外延生长 SiGe/Si 表面反应动力学[J]. 半导体学报, 2000, 21(6): 564 – 569.

[70] KASPER E, HERZOG H J, KIBBEL H. A one-dimensional SiGe superlattice grown by UHV epitaxy[J]. Applied Physics, 1975, 8(3): 199 – 205.

[71] FITZGERALD E A, XIE Y H, GREEN M L, et al. Totally relaxed $Ge_x Si_{1-x}$ layers with low threading dislocation densities grown on Si substrates[J]. Applied Physics Letters, 1991, 59(7): 811 – 813.

[72] CURRIE M T, SAMAVEDAM S B, LANGDO T A, et al. Controlling threading disloeation densities in Ge on Si using graded SiGe layers and chemical-mechanical polishing[J]. Applied Physics Letters, 1998, 72(14): 1718 – 1720.

[73] LUAN H C, LIM D R, LEE K K, et al. High-quality Ge epilayers on Si with low threading-dislocation densities[J]. Applied Physics Letters, 1999, 75(19): 2909 – 2911.

[74] CHEN H, GUO L W, CUI Q, et al. Low-temperature buffer layer for growth of a low-dislocation-density SiGe layer on Si by molecular-beam epitaxy[J]. Journal of Applied Physics, 1996, 79(2): 1167 – 1169.

[75] LINDER K K, ZHANG F C, RIEH J S, et al. Reduction of dislocation density in mismatched SiGe/Si using a low-temperature Si buffer layer[J]. Applied Physics Letters, 1997, 70(24): 3224 – 3226.

[76] LEE S W, CHEN P S, TSAI M J, et al. The growth of high-quality SiGe films with an intermediate Si layer[J]. Thin Solid Films, 2004, 447/448(1): 302 – 305.

[77] SHAH V A, DOBBIE A, MYRONOV M, et al. Reverse graded relaxed buffers for high Ge content SiGe virtual substrates[J]. Applied Physics Letters, 2008, 93 (19): 192103.

[78] 杨鸿斌, 樊永良. Si 间隔层对利用低温 Si 缓冲层生长高弛豫 SiGe 层的影响[J]. 半导体学报, 2006, 27(z1): 144 – 147.

[79] RIEGER M M, VOGL P. Electronic-band parameters in strained $Si_{1-x} Ge_x$ alloys on $Si_{1-y} Ge_y$ substrates[J]. Physical Review B, 1993, 48(19): 14276 – 14287.

[80] PAUL D J. Silicon-germanium strained layer materials in microelectronics[J].

Advanced Materials，1999，11(3)：191－204.

[81] VAN DER MERWE J H. Erratum：Crystal Interfaces：Part II. Finite Overgrowths [J]. Journal of Applied Physics，1963，34(11)：123－127.

[82] KASPER E，HERZOG H J. Elastic strain and misfit dislocation density in $Si_{0.92}Ge_{0.08}$ films on silicon substrates[J]. Thin Solid Films，1977，44(3)：357－370.

[83] PEOPLE R，BEAN J C. Calculation of critical layer thickness versus lattice mismatch for Ge_xSi_{1-x}/Si strained-layer heterostructures [J]. Applied Physics Letters，1985，47(3)：322－324.

[84] 黄靖云，叶志镇，阙端麟. $Si_{1-x}Ge_x/Si$ 异质结构中热应力对临界厚度的影响[J]. 物理学报，1997，46(10)：2010－2014.

[85] MATTHEWS J W. Defects associated with the accommodation of misfit between crystals[J]. Journal of Vacuum Science and Technology，1975，12 (1)：126－133.

[86] RIM K，ANDERSON R，BOYD D，et al. Strained Si CMOS （SS CMOS） technology：opportunities and challenges[J]. Solid-State Electronics，2003，47(7)：1133－1139.

[87] 陈治明，王建农. 半导体器件的材料物理学基础[M]. 北京：科学出版社，1999.

[88] KASPER E. 硅锗的性质[M]. 余金中，译. 北京：国防工业出版社，2002：33－56.

[89] 克莱，西蒙. 半导体锗材料与器件[M]. 屠海令，等译. 北京：冶金工业出版社，2010：326.

[90] NAYAK D K，WOO J C S，PARK J S，et al. Enhancement-mode quantum-well Ge_xSi_{1-x} PMOS[J]. IEEE Electron Device Letters，1991，12(4)：19－22.

[91] 为国译. 国际半导体技术发展路线图(ITRS)2009 年版综述(3)[J]. 中国集成电路，2010，4(131)：17－28.

[92] SONG J J，ZHANG H M，HU H Y，et al. Determination of conduction band edge characteristics of strained $Si/Si_{1-x}Ge_x$[J]. Chinese Physics B，2007，16(12)：3827－3831.

[93] 戴显英，杨程，宋建军，等. 应变 $Ge/Si_{1-x}Ge_x$ 价带色散模型[J]. 物理学报，2012，61(13)：387－393.

[94] 戴显英，杨程，宋建军，等. 应变 Ge 空穴有效质量的各向异性与各向同性[J]. 物理学报，2012，61(23)：237102.

[95] LEE M L，FITZGERALD E A. Strained Si/strained Ge dual-channel heterostructures on relaxed $Si_{0.5}Ge_{0.5}$ for symmetric mobility p-type and n-type metal-oxide-semiconductor field-effect transistors[J]. Applied Physics Letters，2003，83 (20)：4202－4204.

[96] 顾祖毅，田立林，富力文. 半导体物理学[M]. 北京：电子工业出版社，1995.

[97] 邓志杰，郑安生. 半导体材料[M]. 北京：化学工业出版社，2004：28－30.

[98] NIKANOROV S P，BURENKOV Y A，STEPANOV A V. Elastic properties of silicon[J]. Fizika Tverdogo Tela，1971，13(10)：3001－3004.

[99] 材料科学技术百科全书编辑委员会. 材料科学技术百科全书：上卷[M]. 北京：中国

大百科全书出版社，1995：485.

[100]　BOGUMILOWICZ Y，HARTMANN J M，ROLLAND G，et al. SiGe high-temperature growth kinetics in reduced pressure-chemical vapor deposition[J]. Journal of Crystal Growth，2005，274(1/2)：28 – 37.

[101]　SONG Y J，LIM J W，KANG J Y，et al. High transconductance modulation-doped SiGe pMOSFETs by RPCVD[J]. Electronics Letters，2002，38(23)：1479 – 1480.

[102]　戴显英，金国强，董洁琼，等. 锗硅/硅异质结材料的化学气相淀积生长动力学模型[J]. 物理学报，2011，60(6)：065101.

[103]　金晓军，梁骏吾. GeSi CVD 系统的流体力学和表面反应动力学模型[J]. 电子学报，1996，24(5)：7 – 12.

[104]　张鸣远，景思睿，李国君. 高等工程流体力学[M]. 西安：西安交通大学出版社，2006：246.

[105]　林建忠，阮晓东，陈邦国，等. 流体力学[M]. 2 版. 北京：清华大学出版社，2013.

[106]　翟建华. 计算流体力学(CFD)的通用软件[J]. 河北科技大学学报，2005，26(2)：160 – 165.

[107]　王福军. 计算流体动力学分析：CFD 软件原理与应用[M]. 北京：清华大学出版社，2004：51 – 60.

[108]　刘霞，葛新锋. FLUENT 软件及其在我国的应用[J]. 能源研究与利用，2003(2)：36 – 38.

[109]　YAO Z H，YODER G，CULBERTSON C T，et al. Numerical simulation of dispersion generated by a 180° turn in a microchannel[J]. Chinese Physics，2002，11(3)：226 – 232.

[110]　MOHAPATRA D R，RAI P，MISRA A，et al. Parameter window of diamond growth on GaN films by microwave plasma chemical vapor deposition[J]. Diamond and Related Materials，2008，17(7/8/9/10)：1775 – 1779.

[111]　吴浩扬，常炳国，朱长纯. 遗传算法的一种特例：正交试验设计法[J]. 软件学报，2001，12 (1)：148 – 153.

[112]　郝拉娣，于化东. 正交试验设计表的使用分析[J]. 编辑学报，2005，17(5)：334 – 335.

[113]　王国富，王志忠. 应用统计[M]. 长沙：中南大学出版社，2003：33 – 36.

[114]　刘恩科，朱秉升，罗晋生，等. 半导体物理学[M]. 4 版. 北京：国防工业出版社，1997.

[115]　MUI C K L. Growth and functionalization of group-Ⅳ semiconductor surfaces[D]. Palo Alto：Stanford University，2003：169 – 173.

[116]　KONDO Y，AMAKUSA T，IWATSUKI M，et al. Phase transition of the Si(001) surface below 100 K[J]. Surface Science，2000，453(1/2/3)：L318 – L322.

[117]　TAGAMI K，TSUKADA M. Simulated noncontact atomic force microscopy images of Si(001) surface with silicon tip[J]. Japanese Journal of Applied Physics，2000，39(10)：6025 – 6028.

[118]　YOKOYAMA T，TAKAYANAGI K. Anomalous flipping motions of buckled dimers on the Si(001) surface at 5 K[J]. Physical Review B，2000，61(8)：R5078 - R5081.

[119]　CAI J，WANG J S. Reconstruction of Si(001)：A Comparison Study of Many Body Potential Calculations[J]. Physica Status Solidi B-basic Solid State Physics，2001，223(3)：773 - 778.

[120]　FU C C，WEISSMANN M，SAUL A. Molecular dynamics study of dimer fipping on perfect and defective Si(001) surfaces[J]. Surface Science，2001，494(2)：119 - 130.

[121]　HATA K，YASUDA S，SHIGEKAWA H. Reinterpretation of the scanning tunneling Microscopy images of Si(001)-(2×1) dimers[J]. Physical Review B，1999，60(11)：8164 - 8170.

[122]　SHOEMAKER J，BURGGRAF L W，GORDON M S. An ab initio cluster study of the structure of the Si(001) surface[J]. Journal of Chemical Physics，2000，112(6)：2994 - 3005.

[123]　HEALY S B，FILIPPI C，KRATZER P，et al. Role of electronic correlation in the Si(001) reconstruction：a quantum Monte Carlo study[J]. Physical Review Letters，2001，87(1)：016105.

[124]　HOFER U，LI L P，HEINZ T F. Desorption of Hydrogen from Si(100)-2×1 at Low Coverages：The Influence of π-Bonded Dimers on the Kineics[J]. Physical Review，1992，45(16)：9485 - 9488.

[125]　D'EVELYN M P，COHEN S M，ROUCHOUZE E，et al. Surface π bonding and the near-first-order desorption kinetics of hydrogen from Ge(100)-2×1[J]. The Journal of Chemical Physics，1993，98(4)：3560 - 3563.

[126]　FLOWERS M C，JONATHAN N B H，LIU Y，et al. Temperature programmed desorption of molecular hydrogen from a Si(100)-2×1 surface：Theory and experiment[J]. The Journal of Chemical Physics，1993，99(9)：7038 - 7048.

[127]　BULLOCK E L，GUNNELLA R，PATTHEY L，et al. Surface Core-Level Photoelectron Diffraction from Si Dimers at the Si(001)-(2×1) Surface[J]. Physical Review Letters，1995，74(14)：2756 - 2759.

[128]　UHRBERG R I G，LANDEMARK E，CHAP Y C. High-resolution core-level studies of silicon surfaces[J]. Journal of Electron Spectroscopy and Related Phenomenon，1995，75：197 - 207.

[129]　D'EVELYN M P，YANG Y L，SUTCU L F. π-bonded dimmers, preferential pairing, and first-order desorption kinetics of hydrogen on Si(100)-(2×1)[J]. The Journal of Chemical Physics，1992，96(1)：852 - 855.

[130]　RADEKE M R，CARTER E A. A dynamically and kinetically consistent mechanism for H_2 adsorption/desorption from Si(100)-2×1[J]. Physical Review B，1996，54(16)：11803 - 11817.

[131] BIEDERMANN A，KNOESEL E，HU Z，et al. Dissociative Adsorption of H$_2$ on Si (100) Induced by Atomic H[J]. Physical Review Letters，1999，83(9)：1810 –1813.

[132] DüRR M，RASCHKE M B，PEHLKE E，et al. Structure Sensitive Reaction Channels of Molecular Hydrogen on Silicon Surfaces[J]. Physical Review Letters，2001，86(1)：123 – 126.

[133] BROWN A R，DOREN D J. Dissociative adsorption of silane on the Si(100)-(2×1)surface[J]. The Journal of Chemical Physics，1999，110(5)：2643 – 2651.

[134] GATES S M，KULKARNI S K. Kinetics of surface reactions in very low-pressure chemical vapor deposition of Si from SiH$_4$[J]. Applied Physics Letters，1991，58 (25)：2963 – 2965.

[135] 刘彬，卢荣. 物理化学[M]. 武汉：华中科技大学出版社，2007：134 – 136.

[136] 郭永怀. 边界层理论讲义[M]. 合肥：中国科学技术大学出版社，2008：40 – 47.

[137] 重庆大学物理化学教研室. 物理化学[M]. 重庆：重庆大学出版社，2008：103.

[138] 傅献彩，沈文霞，姚天扬，等. 物理化学：上册[M]. 5 版. 北京：高等教育出版社，2005.

[139] ROBBINS D J，GLASPER J L，CULLIS A G，et al. A model for heterogeneous growth of Si$_{1-x}$Ge$_x$ films from hydrides[J]. Journal of Applied Physics，1991，69 (6)：3729 – 3732.

[140] 华南师范学院江琳才. 物理化学[M]. 北京：人民教育出版社，1980.

[141] ZHANG Y，LI C，CAI K，et al. Experimental evidence of oxidant-diffusion-limited oxidation of SiGe alloys[J]. Journal of Applied Physics，2009，106 (6)：063508.

[142] 关旭东. 硅集成电路工艺基础[M]. 2 版. 北京：北京大学出版社，2014.

[143] 叶志镇，吕建国，吕斌，等. 半导体薄膜技术与物理[M]. 杭州：浙江大学出版社，2009.

[144] KAMINS T I，MEYER D J. Kinetics of silicon-germanium deposition by atmospheric-pressure chemical vapor deposition[J]. Applied Physics Letters，1991，59(2)：178 – 180.

[145] BOUCAUD P，GLOWACKV F，CAMPIDELLV Y，et al. Growth and in situ ellipsometric analysis of Si$_{1-x}$Ge$_x$ alloys deposited by chemical beam epitaxy[J]. Journal of Electronic Materials，1994，23：565 – 568.

[146] 克莱，西蒙. 半导体锗材料与器件[M]. 屠令海，等译. 北京：冶金工业出版社，2010：29.

[147] 王亚男，陈树江，董希淳. 位错理论及其应用[M]. 北京：冶金工业出版社，2007：7 – 9.

[148] GODET J，PIZZAGALLI L，BROCHARD S，et al. Theoretical study of dislocation nucleation from simple surface defects in semiconductors[J]. Physical Review B，2004，70(5)：054109.

[149] BULATOV V V，JUSTO J F，CAI W，et al. Parameter-free modelling of

dislocation motion：the case of silicon［J］. Philosophical Magazine A，2001，81 (5)：1257－1281.

[150] 严群，冯庆芬. 材料科学基础［M］. 北京：国防工业出版社，2009：160－162.

[151] LEGOUES F K，MEYERSON B S，MORAR J F，et al. Mechanism and conditions for anomalous strain relaxation in graded thin films and superlattices ［J］. Journal of Applied Physics，1992，71(9)：4230－4243.

[152] PENG C S，ZHAO Z Y，CHEN H，et al. Relaxed $Ge_{0.9}Si_{0.1}$ alloy layers with low threading dislocation densities grown on low-temperature Si buffers［J］. Applied Physics Letters，1998，72(24)：3160－3162.

[153] 马通达，屠海令，成步文，等. 低温 SiGe 异质结构的热处理行为［C］//中国电子学会. 第十四届全国化合物半导体材料、微波器件和光电器件学术会议论文集. 北京：中国电子学会工作委员会，2006.

[154] IWANO H，YOSHIKAWA K，KOJIMA A，et al. Novel method of strain-relaxed $Si_{1-x}Ge_x$ growth on Si(100) by MBE［J］. Applied Surface Science，1996，100/101：487－490.

[155] FOLLSTAEDT D M，MYERS S M，PETERSEN G A，et al. Cavity formation and impurity gettering in He-implanted Si［J］. Journal of Electronic Materials，1996，25(1)：157－164.

[156] KASPER E，LYUTOVICH K，BAUER M，et al. New virtual substrate concept for vertical MOS transistors［J］. Thin Solid Films，1998，336(1/2)：319－322.

[157] MANTL S，HOLLÄNDER B，LIEDTKE R，et al. Strain relaxation of epitaxial SiGe layers on Si (100) improved by hydrogen implantation ［J］. Nuclear Instruments and Methods in Physics Research Section B：Beam Interactions with Materials and Atoms，1999，147(1/2/3/4)：29－34.

[158] TRINKAUS H，HOLLÄNDER B，RONGEN S，et al. Strain relaxation mechanism for hydrogen-implanted $Si_{1-x}Ge_x$/Si(100) heterostructures［J］. Applied Physics Letters，2000，76(24)：3552－3554.

[159] CAI J，MOONEY P M，CHRISTIANSEN S H，et al. Strain relaxation and threading dislocation density in helium-implanted and annealed $Si_{1-x}Ge_x$ Si (100) heterostructures［J］. Journal of Applied Physics，2004，95(10)：5347－5351.

[160] 克里斯坦森，初，格里尔，等. 通过离子注入和热退火获得的在 Si 或绝缘体上硅衬底上的弛豫 SiGe 层：200380103517.3［P］. 2005－12－21.

[161] HOLLÄNDER B，BUCA D，LENK S，et al. Strain relaxation of pseudomorphic $Si_{1-x}Ge_x$/Si (100) heterostructures by Si^+ ion implantation ［J］. Nuclear Instruments and Methods in Physics Research Section B：Beam Interactions with Materials and Atoms，2006，242(1/2)：568－571.

[162] 许向东，郭福隆，周卫，等. 离子注入诱导下制备薄的高弛豫 SiGe［J］. 半导体学报，2006，27(z1)：140－143.

[163] 徐世六，谢孟贤，张正璠. SiGe 微电子技术［M］. 北京：国防工业出版社，2007：

77－78.

[164] PEZZOLI F，BONERA E，GRILLI E，et al. Raman spectroscopy determination of composition and strain in $Si_{1-x}Ge_x$/Si heterostructures[J]. Materials Science in Semiconductor Processing，2008，11(5/6)：279-284.

[165] WONG L H，WONG C C，LIU J P，et al. Determination of Raman Phonon Strain Shift Coefficient of Strained Silicon and Strained SiGe[J]. Japanese Journal of Applied Physics，2005，44：7922.

[166] 钱劲. 一种新型微流量计的设计、制备及力学分析[D]. 北京：中国科学院研究生院，2003：45－51.

[167] ANASTASSAKIS E，CANTARERO A，CARDONA M. Piezo-Raman measurements and anharmonic parameters in silicon and diamond[J]. Physical Review B，1990，41(11)：7529－7535.

[168] BRANTLEY W A. Calculated elastic constants for stress problems associated with semiconductor devices[J]. Journal of Applied Physics，1973，44：534－535.

[169] ANASTASSAKIS E，PINCZUK A，BURSTEIN E，et al. Effect of static uniaxial stress on the Raman spectrum of silicon[J]. Solid State Communications，1970，8(2)：133－138.

[170] 刘文西，黄孝瑛，陈玉如. 材料结构电子显微分析[M]. 天津：天津大学出版社，1989：26.

[171] ZHAO W，HE J，BELFORD R E，et al. Partially depleted SOI MOSFETs under uniaxial tensile strain[J]. IEEE Transactions on Electron Devices，2004，51(3)：317－323.

[172] HAUGERUD B M，BOSWORTH L A，BELFORD R E. Mechanically induced strain enhancement of metal-oxide-semiconductor field effect transistors[J]. Journal of Applied Physics，2003，94(6)：4102－4107.

[173] MIYATA H，YAMADA T，FERRY D K. Electron transport properties of a strained Si layer on a relaxed $Si_{1-x}Ge_x$ substrate by Monte Carlo simulation[J]. Applied Physics Letters，1993，62(21)：2661－2663.

[174] DALAPATI G K，CHATTOPADHYAY S，KWA K S K，et al. Impact of strained-Si thickness and Ge out-diffusion on gate oxide quality for strained-Si surface channel n-MOSFETs[J]. IEEE Transactions on Electron Devices，2006，53(5)：1142－1152.

[175] HIMCINSCHI C，RADU I，MUSTER F. Uniaxially strained silicon by wafer bonding and layer transfer[J]. Solid-state Electronics，2007，51(2)：226－230.

[176] 李碧波，黄福敏，张树霖. 用显微拉曼扫描成像法测集成电路中 $CoSi_2$ 电极引起的应力[J]. 半导体学报，1998，19(4)：299－303.

[177] 王光钦. 弹性力学[M]. 北京：中国铁道出版社，2008：18－21.